咸阳师范学院学术著作出版基金资助
咸阳师范学院"青蓝人才"资助（XSYQL201708）

世界视野下的
唐代科技文明

王颜 / 著

科学出版社
北京

内 容 简 介

科学技术发展史是人类认识自然、改造自然的历史，也是人类文明史的重要组成部分。唐代的科学技术成就灿烂辉煌，在数学、物理、化学、地理、医学、天文、农学、制瓷、造纸、印刷、纺织、冶金等领域，都取得了令人瞩目的成就。

本书通过对 7～10 世纪中国与域外科技发展情况进行对比研究，揭示这一时期各国科学技术的发展水平。全书分为基础科学的发展、应用科学的发展、技术科学的发展、科技教育的地位与特点、唐代科技繁荣的原因及历史贡献五部分，对于推动人们客观地评估这一时期中国科学技术在世界科学技术史上的地位，正确认识中国古代科技对世界文明进程的贡献以及对创建未来科学的影响，具有重要学术价值。

本书可供中国史、科学技术史等研究领域的学者及相关专业的研究生、本科生阅读与参考。

图书在版编目（CIP）数据

世界视野下的唐代科技文明/王颜著. —北京：科学出版社，2018.8
ISBN 978-7-03-058681-0

Ⅰ. ①世…　Ⅱ. ①王…　Ⅲ. ①科学技术-技术史-研究-中国-唐代
Ⅳ. ①N092

中国版本图书馆 CIP 数据核字（2018）第 197241 号

责任编辑：赵云杰 / 责任校对：贾娜娜
责任印制：张　伟 / 封面设计：墨轩教育

科 学 出 版 社 出版
北京东黄城根北街 16 号
邮政编码：100717
http://www.sciencep.com
北京中石油彩色印刷有限责任公司 印刷
科学出版社发行　各地新华书店经销
*
2018 年 8 月第 一 版　　开本：720×1000　B5
2019 年 1 月第二次印刷　　印张：13
字数：240 000
定价：85.00 元
（如有印装质量问题，我社负责调换）

序

关于唐代科技发展史的研究，在改革开放以前由于不受重视，国内研究成果不仅数量少，而且研究质量堪忧，大都是从歌颂国家悠久历史的角度进行的，缺乏严谨的科学精神。自从 20 世纪 80 年代以来，这种情况发生了较大的变化，涌现出了一批相关科研成果，极大地缩小了我国与国外研究水平的差距，尤其是一些自然科学工作者的参与，使得我国科技史的研究水平有了进一步的提高。目前我国科技史的研究有两个明显的特点：一是单个学科的研究成果颇多，无论是基础科学还是应用科学，均有一批论著问世；二是通论性的研究成果不少，虽然还没有像英国学者李约瑟的《中国科学技术史》那样大部头的书问世，但也出现了数部科技史的著作，如杜石然等的《中国科学技术史稿》、张慰丰的《自然科学史纲要》、卢嘉锡等的《中国科学技术史》等，至于通论性的论文就更多了。当然也有不足的方面，如有关唐代科技史的著作就较少，有的多是单个学科方面的论著，至于从世界视野的角度考察有唐一代的科技发展情况以及其在世界上的地位的论著就更少了，王颜博士的这部著作就具有弥补这一研究不足的学术意义。这也是该书取名为《世界视野下的唐代科技文明》的根本原因。

该书是王颜在其博士学位论文基础上修改增订而成的，与其答辩时的学位论文相比，在容量与质量两个方面均发生了一定的变化，说明作者并没有停下脚步，而是一直进行着不懈的探索和研究。该书的内容也有一些明显的特点，主要表现在如下几个方面：

其一，对学术史的整理与回顾比较全面系统。该书不仅把国内的研究成果基本都涉及了，有些成果还追溯到八九十年以前，这是非常不容易的。同时，该书对海外的研究成果也进行了广泛的搜集，包括日本、韩国及欧美等国家与地区的学术研究成果。作者在这方面扎实的工作与客观的分析，为其进一步的研究打下了坚实的基础。

其二，该书的部分章节在一定程度上填补了学术研究的不足。第五章科技教育的地位与特点，对唐代科技教育的完整性、内容的先进性、考试制度的严格性以及科技教育的特点等方面进行了深入研究,同时还将唐朝与欧洲中世纪各国的教育体制进行了客观的比较研究,论证了唐朝科技教育的领先地位。除此之外,在对其他学科的研究中,该书都有一些闪光点存在,如在数学方面,比较了唐朝、印度、阿拉伯的发展状况;在物理学方面,主要比较了唐朝与世界各国所取得的成就;在化学方面,比较了唐朝与印度、阿拉伯、日本、朝鲜及欧洲国家的成就。该书通过这些比较,论述了唐朝在这些学科所取得的突出成就以及对这些国家的影响,提出了一些具有创新意义的观点。

其三,纠正了一些不准确的结论。有些学者因为中国自明清以来在自然科学技术方面处于落后状态,从而否认中国古代科技所取得的成就,甚至认为由于唐朝文学的繁荣牺牲了科技的发展,从宏观角度看唐代的科技水平不高。这些观点显然不符合中国科技史的实际情况,英国著名学者李约瑟早就指出:"中国的技术发明在公元前后的十三个世纪中,曾不断地倾注到欧洲,正如后来的技术潮流流向东方一样,这一论点现在终于达到了公认的地步。"既然这是一个公认的学术观点,如何能说唐代的科技水平落后呢?这显然是妄自菲薄,是站不住脚的。该书也通过一些实例纠正这些错误的观点,如天宝中,长安出现的自雨亭子,是利用虹吸原理建设的降温设施,但长期以来其被认为是吸收了东罗马的科技成就而创建的,甚至有的著名的老一辈学者也持这一观点。在该书第二章中,作者指出,在《后汉书》的记载中就出现了利用这一原理制造的翻车、渴乌,唐人李贤作注说:"渴乌,为曲筒,以气引水上也。"1977年出土的安徽阜阳汉墓竹简中还发现了这种器具的文字记载。因此,作者认为现在对唐代这一建筑是否受东罗马的影响,还不能下结论,还需要更直接的证据来证明。再比如,在唐代有不少国家向中国进贡过火珠,论者认为至少在7~8世纪,这些地区的人已经懂得了凹凸透镜聚焦阳光的物理原理。然而据《淮南子》记载,我国早在西周时期就已经懂得使用"阳燧"聚光取火了,在时间上要早于这些国家。至于唐代发明的火药、印刷术等的外传,都对世界文明的进步发挥了极大的促进作用,这里就不一一列举了。

其四,该书取名为《世界视野下的唐代科技文明》,在研究方法上就不能不采用中外科技史比较研究的方法,从而加大了研究工作的难度。作者通过对中外科技成就的比较,确立了唐朝在世界科技史上的地位,对其科技发展的特点进行了明确的定位与评估,并且探讨了唐代科技繁荣的原因。该书在肯定唐代科技发展的同时，也没有一味地赞扬与歌颂，还指出了其发展存在的不足，或者说局限性。比如，重视"致用"的学科，轻视基础理论的探讨；重经验而轻实验；政治对科技的影响较大，有的学科甚至禁止民间涉入，如天文历法；农业社会的特点阻碍了唐代科学技术的发展，伟大的科技成就缺乏强劲的后续发展动力等。这一切都是难能可贵的。

　　当然，作为一部科技史方面的著作，没有缺点也是不可能的，有一点必须强调，即该书的篇幅不大，有些方面还可以再展开一些，假以时日，相信所论将会更加完善。当然，学无止境，人无完人，希望作者在以后的学术道路上勤奋努力，勇于探索，争取取得更大的成果。

杜文玉

2018 年 4 月 17 日于古都西安

目　录

第一章 绪 论

一、研究史的回顾

1. 国内研究状况

关于中国大陆对中国古代科技发展情况的研究，近百年来，大体上可以分为两个阶段，从 20 世纪初至 80 年代初，为第一个阶段；自 20 世纪 80 年代至今，为第二个阶段。在第一个阶段中，由于受传统史学思潮及"以阶级斗争为纲"思潮的影响，史学界对古代科技发展的研究不够重视，即使有一些研究成果，为政治服务的色彩也很浓，主要出于歌颂祖国悠久历史的需要，缺乏严谨科学的精神。至于对唐代科技发展水平的研究就更少了，更谈不上在世界范围内客观地评估唐代科技的发展水平。在第二个阶段中，随着改革开放步伐的加快，尤其是外国学者对中国古代科技研究成果的不断输入，极大地刺激了国内学者，同时也激发了学术界的研究兴趣。尤为可贵的是，一些自然科学工作者的加入，使得这一阶段的研究成果大大超过了前一阶段，国内外研究水平的差距被缩小，在唐代科技发展水平的研究上更是如此。

在 20 世纪初期，为了客观评估中国科技史在世界科技史上的地位，我国老一辈学者已经做了一些开创性的工作，其中，李俨、钱宝琮、朱文鑫、李乔平、王振铎、钱临照、王庸、李涛、刘仙洲、梁思成等分别研究了中国古代的数学、天文学、化学、物理学、地理学、医学、机械工程、建筑等不同学科。[1]他们所做的工作主要是搜集中国古代有关科技的典籍，按照现代学科的划分标准摘录史料并做了一些考证，把古代知识翻译成现代的科技语言或进行复原，并开展了专题研究，分学科史进行了比较深入的研究，取得了一定的研究成果。[2]

---

[1] 席泽宗：《中国科技史研究的回顾与前瞻》，《科学史八讲》，台北：联经出版事业公司，1994 年，第 19—43 页。

[2] 林文照：《中国科学史研究的回顾与展望》，《中国科技史杂志》1981 年第 3 期，第 1—4 页。

属于天文史方面的主要论著有朱文鑫的《天文学小史》①、陈久金的《天文学简史》②、陈遵妫的《中国天文学史》③等；属于数学史的主要成果有钱宝琮的《中国数学史》④、王渝生的《中国算学史》⑤等；化学史方面的成果有张子高的《中国化学史稿》⑥；地理学史方面的有侯仁之的《中国古代地理学简史》⑦。此外，还陆续出现了一些专题史方面的研究成果，如张秀民的《中国印刷术的发明及其影响》⑧、冯家升的《火药的发现及其传布》⑨、陈万里的《中国青瓷史略》⑩、李家治等的《中国古代陶瓷科学技术成就》⑪、刘仙洲的《中国机械工程发明史》⑫及《中国古代农业机械发明史》⑬、华觉明等的《中国古代金属技术》⑭、郑肇经的《中国水利史》⑮、中国科学院自然科学史研究所主编的《中国古代建筑技术史》⑯、祝慈寿的《中国古代工业史》⑰、陈维稷等的《中国纺织科学技术史》⑱、李仁溥的《中国古代纺织史稿》⑲、杨宽的《中国古代冶铁技术发展史》⑳等。

随着西方史学理论及方法的输入，自 20 世纪 80 年代以来，我国学术界出现了一批综合性的科技史方面的论著，主要有杜石然等的《中国科学技术

---

① 朱文鑫：《天文学小史》，上海：商务印书馆，1935 年。

② 陈久金编著：《天文学简史》，北京：科学出版社，1985 年。

③ 陈遵妫：《中国天文学史》，上海：上海人民出版社，2006 年。

④ 钱宝琮主编：《中国数学史》，北京：科学出版社，1964 年。

⑤ 王渝生：《中国算学史》，上海：上海人民出版社，2006 年。

⑥ 张子高：《中国化学史稿》，北京：科学出版社，1964 年。

⑦ 侯仁之主编：《中国古代地理学简史》，北京：科学出版社，1962 年。

⑧ 张秀民：《中国印刷术的发明及其影响》，上海：上海人民出版社，2009 年。

⑨ 冯家升：《火药的发现及其传布》，国立北平研究院史学研究所，1947 年。

⑩ 陈万里：《中国青瓷史略》，上海：上海人民出版社，1956 年。

⑪ 李家治、陈显求、张福康，等：《中国古代陶瓷科学技术成就》，上海：上海科学技术出版社，1985 年。

⑫ 刘仙洲编著：《中国机械工程发明史》（第一编），北京：科学出版社，1962 年。

⑬ 刘仙洲编著：《中国古代农业机械发明史》，北京：科学出版社，1963 年。

⑭ 华觉明：《中国古代金属技术》，郑州：大象出版社，1999 年。

⑮ 郑肇经：《中国水利史》，上海：商务印书馆，1939 年。

⑯ 中国科学院自然科学史研究所主编：《中国古代建筑技术史》，北京：科学出版社，1985 年。

⑰ 祝慈寿：《中国古代工业史》，上海：学林出版社，1988 年。

⑱ 陈维稷主编：《中国纺织科学技术史》，北京：科学出版社，1984 年。

⑲ 李仁溥：《中国古代纺织史稿》，长沙：岳麓书社，1983 年。

⑳ 杨宽：《中国古代冶铁技术发展史》，上海：上海人民出版社，1982 年。

史稿》①、张慰丰的《自然科学史纲要》②、冯天瑜、周积明的《中国古文化的
奥秘》③、任继愈等的《中国科学技术典籍通汇》④、卢嘉锡等的《中国科学技
术史》⑤等。同时还出现了探讨古代文化思想与科学技术之间深层关系的研究
成果，其中属于专著的成果有王振铎的《科技考古论丛》⑥、乐爱国的《儒家
文化与中国古代科技》⑦、代钦的《儒家思想与中国传统数学》⑧等。

　　除了以上专著外，我国学术界还出现了大量专题性论文，如刘仙洲的《中
国机械工程史料》⑨及《我国古代在计时器方面的发明》⑩、唐耕耦的《唐代水
车的使用与推广》⑪、陆敬严的《中国古代机械发展概况》⑫、季鸿崑的《中国
本草学和炼丹术中的化学成就及其在化学史上的地位》⑬、朱晓军等的《从中
国古代造船史看科学和技术发展的规律》⑭、王双怀的《论盛唐时期的水利建
设》⑮、梁华东的《隋唐五代时期皖南地区工矿业发展概述》⑯、吴少祯的《论
隋唐时期我国的小儿医学》⑰、张骅的《唐代的水利科技》⑱等。

　　对史料的发掘和揭示方面也涌现了一批研究成果，如陈玲的《〈唐会要〉
科技思想研究》⑲、范洪义的《唐诗中飘出的科技信息》⑳、于年湖的《从唐诗

①　杜石然、范楚玉、陈美东，等编著：《中国科学技术史稿》，北京：科学出版社，1982 年。

②　张慰丰编著：《自然科学史纲要》，哈尔滨：黑龙江科学技术出版社，1984 年。

③　冯天瑜、周积明：《中国古文化的奥秘》，武汉：湖北人民出版社，1986 年。

④　任继愈主编：《中国科学技术典籍通汇》，郑州：河南教育出版社，1993 年。

⑤　卢嘉锡总主编：《中国科学技术史》，北京：科学出版社，1998 年。

⑥　王振铎：《科技考古论丛》，北京：文物出版社，1989 年。

⑦　乐爱国：《儒家文化与中国古代科技》，北京：中华书局，2002 年。

⑧　代钦：《儒家思想与中国传统数学》，北京：商务印书馆，2003 年。

⑨　刘仙洲：《中国机械工程史料》，《清华大学土木工程会刊》，1937 年。

⑩　刘仙洲：《我国古代在计时器方面的发明》，《清华北大理工学报》1975 年第 2 期。

⑪　唐耕耦：《唐代水车的使用与推广》，《文史哲》1978 年第 4 期。

⑫　陆敬严：《中国古代机械发展概况》，《机械工程》1989 年第 2 期。

⑬　季鸿崑：《中国本草学和炼丹术中的化学成就及其在化学史上的地位》，《扬州师院学报（自然科学版）》1982 年第 1 期。

⑭　朱晓军、钟书华：《从中国古代造船史看科学和技术发展的规律》，《船舶工程》2006 年第 6 期。

⑮　王双怀：《论盛唐时期的水利建设》，《陕西师大学报（哲学社会科学版）》1995 年第 3 期。

⑯　梁华东：《隋唐五代时期皖南地区工矿业发展概述》，《巢湖学院学报》2003 年第 1 期。

⑰　吴少祯：《论隋唐时期我国的小儿医学》，《中医药信息》1989 年第 6 期。

⑱　张骅：《唐代的水利科技》，《河北水利科技》2000 年第 1 期。

⑲　陈玲：《〈唐会要〉科技思想研究》，厦门大学 2007 年博士学位论文。

⑳　范洪义：《唐诗中飘出的科技信息》，《世界科学》2007 年第 8 期。

看唐代的手工业和商业状况》①等。这些论著从不同角度为科技史研究者提供了资料，但严格来讲并不算真正意义上的科技史研究。

另外，也有学者开始关注中国古代科技与同时期世界各地文明的发展或交流传播情况，与此相关的著作如崔振华等的《世界天文学史》②、许海山的《文明中国简史》③、林成滔的《科学简史》④、李兆华的《汉字文化圈数学传统与数学教育》⑤、潘吉星的《中国金属活字印刷技术史》⑥等。这方面的学术论文主要有刘兆伟的《朝鲜半岛与中国文化交流史概说》⑦、郭书兰的《印度古代天文学概述》⑧、石云里的《古代中国天文学在朝鲜半岛的流传和影响》⑨、江晓原的《古埃及天学三问题及其与巴比伦及中国之关系》⑩、金虎俊的《历史上的中国天算在朝鲜半岛的传播》⑪等。

我国台湾地区的学者在中国科技史方面的成果虽然比较少，但却有着自己的独特特点，尤其在占有海外的研究资料方面具有明显的优势，如万迪棣的《中国机械科技之发展》⑫、李兆华的《中国数学史》⑬等论著均是如此。

上述研究成果，为中国科技史的进一步发展奠定了坚实的基础，也为我们研究唐代科技的发展状况提供了一个良好的基础。这些研究尽管分门别类地对古代中国或世界上的科技发展水平进行了纵向的探索，或者针对某个具体问题进行了深入研究，然而并没有对某个具体历史时期的科技发展状况进行系统的研究。目前，有关唐代科技史的专门研究还比较少，据笔者检索，真正属于这方面的成果仅有一部，即张奎元、王常山的《中国隋唐五代科技史》⑭一书。

① 于年湖：《从唐诗看唐代的手工业和商业状况》，《商场现代化》2007年第9期。
② 崔振华、陈丹：《世界天文学史》，长春：吉林教育出版社，1993年。
③ 许海山主编：《文明古国简史》，北京：中国言实出版社，2006年。
④ 林成滔编著：《科学简史》，北京：中国友谊出版公司，2004年。
⑤ 李兆华主编：《汉字文化圈数学传统与数学教育》，北京：科学出版社，2004年。
⑥ 潘吉星：《中国金属活字印刷技术史》，沈阳：辽宁科学技术出版社，2001年。
⑦ 刘兆伟：《朝鲜半岛与中国文化交流史概说》，《锦州师范学院学报（哲学社会科学版）》1998年第1期。
⑧ 郭书兰：《印度古代天文学概述》，《南亚研究》1989年第2期。
⑨ 石云里：《古代中国天文学在朝鲜半岛的流传和影响》，《大自然探索》1997年第2期。
⑩ 江晓原：《古埃及天学三问题及其与巴比伦及中国之关系》，《大自然探索》1992年第2期。
⑪ 金虎俊：《历史上的中国天算在朝鲜半岛的传播》，《中国科技史料》1995年第4期。
⑫ 万迪棣：《中国机械科技之发展》，台北："中央文物供应社"，1987年。
⑬ 李兆华：《中国数学史》，台北：文津出版社，1995年。
⑭ 张奎元、王常山：《中国隋唐五代科技史》，北京：人民出版社，1994年。

除了这部书外，对于唐代科技史的研究，主要集中在某些重要事件、成就、仪器、方法、著作或人物等方面，这些研究大都是针对某个具体问题进行比较详尽的研究，缺乏对科技总体发展水平的深入研究，尤其对与中国唐代处于同一历史时期的东西方各国的科技发展状况没有做全面的研究，对中西方同一时期科技发展进行横向比较的研究则更少，即使有一些比较性的成果，其关注点也往往是中国古代创造的世界第一，侧重于发现中国古代的发明创造曾领先于西方多少年，而看不到同时期中西方科技发展中所表现出的特点及出现这种状况的深层原因。这种研究方式和成果，显然不是科技史研究的真正目的，科技史的研究，应当是一种综合研究，不仅要发现和探索某一时代所取得的科学成就，还应该全面结合具体时代的社会环境和人文环境，以求了解当时科技发展的原因及影响因素，只有这样，才能总结经验，取得研究古代科技史的现实意义。

唐代不仅是中国古代社会政治、文化发展的顶峰，而且在世界文明中也曾具有显赫的地位，出现这种繁荣局面的原因是多方面的，其中，科技的高度发展是原因之一。因此，对唐代的科技发展状况做一整体性的梳理就极有必要，唯有如此，才能对唐代的总体科技水平有一个全面了解。而要正确评估唐代科技水平在当时世界上所处的实际地位，就必须对同时期世界上其他国家和地区的科技发展状况有一个比较全面的把握。在这一方面，中外许多学者都已做出了大量研究并取得了一定的研究成果，从而为本书的研究提供了大量的参考资料，或者说奠定了较坚实的基础，大大地提高了研究的可行性。

2. 海外研究状况

自 20 世纪 50 年代以来，一些新学科的出现，促进了自然科学、社会科学的深入变革。为了更全面地认识中国古代的科学技术，促使科学和科学思想在高层次上向整体性、综合性回归，西方科学界一部分科学家把视野转向东方，转向中国，开始关注中国古代的科技发展状况。越来越多的海外学者努力地学习东方语言，深入研究中国古代文献中所透露出的科学技术方面的信息。

外国学者通过深入的研究，对中国古代的科学技术给予了很高的评价，如耗散结构理论的创始人普里戈津总结道："西方的科学家和学术家惯于从分析的角度和个体的关系来研究现实。而当代演化发展的一个难题，恰恰是如何从整体的角度来理解世界的多样性的发展。"卡普拉在他的《物理学之道》中说："东方哲学的有机的、生态的世界观无疑是他们最近在西方泛滥的主要原因之一。在我们西方文化中，占统治地位的仍然是机构的局部世界观。……有许多人转向东方式的解放道路……而向东方哲学求教。"俄罗斯信息科学院院长石琳称中国传统的科学是"活的科学"，他认为中国传统的有机宇宙科学"是古人馈赠给后代的智慧，它既给中国人，也给全人类直至我们这一代增添了聪明和才智"。[①]正是出于以上这些认识，西方不少学者都把研究方向转到了中国古代科学史，希望通过深入的研究，来探索东方古代智慧对人类社会发展的贡献。

西方学者在中国科学史研究领域中所取得的成果主要有卡特的《中国印刷术的发明和它的西传》[②]、李约瑟的《中国科学技术史》[③]、罗伯特·K. G. 坦普尔的《中国发明与发现的国度——中国科学技术史精华》[④]、凯兹的《数学简史》[⑤]、恰特莱的《古代中国机械学的发展》[⑥]、伏古勒尔的《天文学简史》[⑦]、穆尔的《天文史话》[⑧]等。其中，研究成果最突出的是英国人李约瑟博士，他在《中国科学技术史》一书中，对中国古代的科学文化史进行了系统全面的研究，肯定了中国古代发明对世界科技发展的巨大贡献。他认为中国传统的思想体系，可能不仅仅只是迷信或者一种"原始思想"，其中也许还包含了产生中国文明的某些特征性的东西，并对其他文明起过促进作用。同时，他也提出了一个令中外学者倍感兴趣的困惑，即"为何中国在科技发展上长期领先西方，而现代科学竟出现于西方而不是中国？"关于这一问题，国内外学者相继做了大量的探索，这些探索分别从社会原因、经济原因、思维方式、文化语境及哲学视角等不同层面对"李约瑟难题"进行了解答，虽然这些解答未必准确全面，但"李约瑟难题"的提出，引发了一系列的思考和启示，使人们从此从一个崭

---

① 转引自卢嘉锡、路甬祥主编：《中国古代科学史纲》，石家庄：河北科学技术出版社，1998 年，序言，第 3 页。

② 〔美〕卡特著，吴泽炎译：《中国印刷术的发明和它的西传》，北京：商务印书馆，1957 年。

③ 〔英〕李约瑟著，《中国科学技术史》翻译小组译：《中国科学技术史》，北京：科学出版社，1975—1990 年。

④ 〔美〕罗伯特·K. G. 坦普尔著，陈养正、陈小慧、李耕耕，等译：《中国：发明与发现的国度——中国科学技术史精华》，南昌：21 世纪出版社，1995 年。

⑤ 〔美〕凯兹：《数学简史》，北京：机械工业出版社，2004 年。

⑥ Chatley H. The development of mechanisms in ancient China. *Transactions of the Newcomen Society*, 1941, 22(1): 117-137.

⑦ 〔法〕G. de 伏古勒尔著，李晓舫译：《天文学简史》，上海：上海科学技术出版社，1959 年。

⑧ 〔英〕P. 穆尔著，张大卫译：《天文史话》，北京：科学出版社，1988 年。

新的角度去审视中国文明的价值,并努力寻求科学发展的条件和规律。此外,还出现了将中国古代科技与世界科技进行比较研究的专论,这就是邓荫柯所著的《中国古代发明》[①]一书,其中提出了不少值得重视的研究结论,对正确认识中国古代文明对世界的贡献有着重要的意义。

在中国科技史的研究方面,东方学者也作出了不少贡献,主要以日本学者为主。由于日本文化与中国同源的缘故,加之中国古代文化对日本有着深刻的影响,其中也包括科技方面的影响,日本学者对中国科技史的研究兴趣比西方学者有过之而无不及。其研究内容多样且成果突出,反映了中国科学史的研究在日本学界所占有的重要地位。

日本学者在中国科学史研究方面所取得的巨大成果,主要表现在数学、医学和天文学方面。在数学方面主要有三上义夫的《支那思想——科学(数学)》[②]、薮内清的《中国的数学》[③]等;在医学方面主要有富士川游的《支那思想——科学(医学)》[④]、廖温仁的《支那中世医学史》[⑤]、大塚敬节的《东洋医学史》[⑥]等;在天文学方面主要有新城新藏的《支那思想——科学(天文)》[⑦]、能田忠亮的《东洋天文学史论丛》[⑧]、桥本增吉的《支那古代历法史研究》[⑨]、薮内清的《隋唐历法史的研究》[⑩]等。

除此之外,日本学者还在其他方面取得相当大的成就,如在农业史方面主要有天野元之助的《中国农业史研究》[⑪]及《中国古农书考》[⑫]、米田贤次郎的《中国古代农业技术史研究》[⑬]等;在工业技术方面有伊藤武敏的《中国古代工

① 邓荫柯著,王平兴译:《中国古代发明》,北京:五洲传播出版社,2005年。
② 〔日〕三上义夫:《支那思想——科学(数学)》,东京:岩波书店,1934年。
③ 〔日〕薮内清:《中国的数学》,东京:岩波书店,1974年。
④ 〔日〕富士川游:《支那思想——科学(医学)》,东京:岩波书店,1934年。
⑤ 〔日〕廖温仁:《支那中世医学史》,东京:科学书院,1981年。
⑥ 〔日〕大塚敬节:《东洋医学史》,东京:山雅房,1941年。
⑦ 〔日〕新城新藏:《支那思想——科学(天文)》,东京:岩波书店,1934年。
⑧ 〔日〕能田忠亮:《东洋天文学史论丛》,东京:恒星社,1943年。
⑨ 〔日〕桥本增吉:《支那古代历法史研究》,东京:东洋书林,1982年。
⑩ 〔日〕薮内清:《隋唐历法史的研究》,东京:三省堂,1944年。
⑪ 〔日〕天野元之助:《中国农业史研究》,东京:御茶水书房,1979年。
⑫ 〔日〕天野元之助:《中国古农书考》,东京:龙溪书舍,1975年。
⑬ 〔日〕米田贤次郎:《中国古代农业技术史研究》,京都:同朋舍,1991年。

业史的研究》①及《中国古代绢织物史的研究》②等；在历史地理学方面有小川琢治的《支那历史地理研究》③；在建筑学方面有伊藤清造的《支那的建筑》④、伊东忠太的《东洋建筑的研究》⑤、村田治郎的《东洋建筑史》⑥、竹岛卓一的《中国的建筑》⑦、田中淡的《中国建筑史的研究》⑧等；在气象学方面有田村专之助的《中国气象学史研究》⑨等。

　　对中国科学史进行系统研究的主要有薮内清的《中国古代的科学》⑩《中国的科学文明》⑪《中国古代科学技术史的研究》⑫《中国中世科学技术史的研究》⑬，吉田光邦的《中国科学技术史论集》⑭，山田庆儿的《中国古代科学史论》⑮及《中国古代科学史论续篇》⑯等。日本学者对中国科技史的研究具有两个明显的特点：其一，就研究深入程度而言，比西方学者更加细微，这是日本学者在中国古文字方面比西方学者具有明显优势的缘故；其二，对中国科技在世界的影响，尤其是在东亚地区的影响方面具有独到的研究，这是因为中日两国均属于东亚汉文化圈范围的缘故，因此比西方学者有着更直接的体会。

　　此外，日本学者还对朝鲜科技史有一定的研究，如三木荣的《朝鲜医学史及疾病史》⑰等。韩国学者对本国科技史也有一些成果问世，如洪以燮撰写的《朝鲜科学史》⑱一书就是其中之一。前面已经论到，中国古代科技对东亚各国都曾有过深刻的影响，以上这些研究成果，都或多或少地涉及了中国古代科技

① 〔日〕伊藤武敏：《中国古代工业史的研究》，东京：吉川弘文馆，1962 年。
② 〔日〕伊藤武敏：《中国古代绢织物史的研究》，东京：风间书房，1977—1978 年。
③ 〔日〕小川琢治：《支那历史地理研究》，东京：弘文堂，1928—1929 年。
④ 〔日〕伊藤清造：《支那的建筑》，东京：大阪屋号书店，1929 年。
⑤ 〔日〕伊东忠太：《东洋建筑的研究》，东京：龙吟社，1945 年。
⑥ 〔日〕村田治郎：《东洋建筑史》，东京：彰国社，1972 年。
⑦ 〔日〕竹岛卓一：《中国的建筑》，东京：中央公论美术出版，1970 年。
⑧ 〔日〕田中淡：《中国建筑史的研究》，东京：弘文堂，1989 年。
⑨ 〔日〕田村专之助：《中国气象学史研究》，东京：淡路书房，1973—1977 年。
⑩ 〔日〕薮内清：《中国古代的科学》，东京：角川书店，1964 年。
⑪ 〔日〕薮内清：《中国的科学文明》，东京：岩波书店，1970 年。
⑫ 〔日〕薮内清：《中国古代科学技术史的研究》，京都：京都大学人文科学研究所，1959 年。
⑬ 〔日〕薮内清：《中国中世科学技术史的研究》，东京：角川书店，1963 年。
⑭ 〔日〕吉田光邦：《中国科学技术史论集》，东京：日本放送出版协会，1972 年。
⑮ 〔日〕山田庆儿：《中国古代科学史论》，京都：京都大学人文科学研究所，1989 年。
⑯ 〔日〕山田庆儿：《中国古代科学史论续篇》，京都：京都大学人文科学研究所，1991 年。
⑰ 〔日〕三木荣：《朝鲜医学史及疾病史》，1955 年。
⑱ 〔韩〕洪以燮：《朝鲜科学史》，汉城：正音社，1946 年。

在朝鲜半岛的传播及影响问题，因此在研究中国古代科技史时，这些方面的问题都是必须要关注的。

以上这些中外学者的研究成果，为继续研究和深入了解中国科学技术史的发展状况提供了极大方便，是进行本研究必须参考的研究资料。

但是这些研究成果无论是综合性的中国科技史研究，还是分学科、分专题的研究，无一例外地属于纵向性质的研究，还算不上系统的唐代科技史研究。即使有个别研究成果涉及了唐代科技的发展情况，却对唐代科技在当时世界上所处的地位缺乏深入的考察，因此有必要在这个方面进行深入研究，以便从世界的视野观察大唐帝国的科技发展水平，并对其地位给予一个科学的客观的评价。

二、本书的情况

1. 缘起和意义

科技史是人类文明史中一个重要的组成部分，世界各民族都曾为现代科学的发展作出过贡献，然而中国文明对世界科学技术的贡献，直到今天还未被全部认识，这固然是由于中国所使用的文字是一种与拼音文字截然不同的文字，对西方学者了解中国文化造成了不少困难；而中国的科学技术工作者，因为对古代文献的生疏，也往往忽略了自己的祖先在这方面的伟大贡献。

中国的科学技术在 15 世纪之前远远超过了同时代的欧洲，唐朝是中国古代社会发展中一个灿烂辉煌的时期，它不仅在政治制度、文化学术等层面上进行了全方位的变革，还"拥有居于世界前列的高度发展的生产力，有先进的农业、手工业和欣欣向荣的科学技术"[①]。唐代科技文明对东亚各国曾产生过巨大影响，推动了这些国家社会文明的快速发展，同时也为西方各国走出黑暗的中世纪，复兴科学起到了不容忽视的重要作用。英国著名科技史学家李约瑟指出："中国的技术发明在公元前后的十三个世纪中，曾不断地倾注到欧洲，正如后来的技术潮流流向东方一样，这一论点现在终于达到了公认的地步。"[②]然而中国学术界却并没有对这一点有共同的明确的认知，直至今日，对唐代科技在当时世界上到底处于一个什么样的地位，仍旧没有一个清晰的结论。造成这

---

① 陕西省博物馆编：《隋唐文化》，上海：学林出版社，1990 年，第 21 页。
② 〔英〕李约瑟著，《中国科学技术史》翻译小组译：《中国科学技术史》（中译本）第一卷，北京：科学出版社，1990 年，第 1954 页。

种状况的原因，是中国古代与科技有关的史料往往没有明确的分类，一些政治、经济或文学作品中都夹杂有科技类资料，而人文、科学两种研究视野又长期相互疏离，人文学者缺乏从科学的视野去考察唐代科技的具体发展状况，而科学研究者又不能全面地考察各类文献，因此，也就不能全面地透视唐代科技的发展状况，这使得中国史学界对中国古代科技发展的认识存在着许多不足。

这种认识上的误区导致国内有人提出了唐代科技相对落后的观点，如"唐代文学的繁荣付出了牺牲科学的代价"①，"唐代两种文化表现为文学艺术史学等人文文化的高度繁荣和科学文化的相对迟滞"②，"注意从宏观上评估唐代科学技术水平的学者，一般对唐代科学技术水平评价不高"③等一些论点。这些观点的出现，充分说明了国内学术界对这一问题认识的严重不足，更不要说对唐代科技所具有的世界地位进行客观的评价了。因此，有必要对唐代的科技水平进行全面系统的研究，并将其纳入世界视野下，以便准确定位，进而使中国古代科技，特别是唐代科技在世界科学史中获得应有的地位。

2. 存在的问题与不足

本书的研究既有有利的条件，也存在着不少问题，其不足方面主要表现在如下几个方面。

（1）研究资料及方向分布不均。历史研究必须凭借翔实的史料，在唐代科技文明的研究中也是如此。但是，目前的史料分布明显地呈现出时空不均的状况：一方面在历史典籍及其他文字资料中，由于受传统历史观念之影响，对历史的记述更多地集中在政治、文化等方面，而与科技文化相关的史料则往往凤毛麟角；另一方面，考古遗迹及出土文物在时代、地域上也呈现出分布不均的特点。受这些因素的影响与制约，后世研究者往往对前一个方面轻车熟驾，多从这些资料较为集中的领域入手，其他领域的研究尤其科技方面则相对薄弱。这些情况的存在使本书的研究可资参考的前期成果相对不足，许多方面都要从头做起，研究周期相对较长。

---

① 胡戟：《试论为唐代文学的繁荣付出了牺牲科学的代价》，《陕西师范大学学报（哲学社会科学版）》1996 年第 2 期，第 100—103 页。

② 李岩：《唐代学术文化的流变》，中华书局编辑部编：《中华同人学术论集》，北京：中华书局，2002 年，第 23—42 页。

③ 胡戟主编：《二十世纪唐研究》，北京：中国社会科学出版社，2002 年，第 613 页。

（2）目前已有的相关研究成果呈现出零星而不集中的态势，基本还处于科技成就的描述阶段，虽然在对某一国家、某一地区、某一方面或某一层次的科技发展上有着较详尽深入的探索，但由于缺乏对其的总体宏观把握，不仅难以形成体系化认识，阻挠了对唐代科技文化传播及输出的深刻及整体优势意义的发现，而且也在一定程度上制约了研究的进一步深入发展。

（3）在对外国科技史的研究中，中国学者因为语言、资料、思维等问题，研究无法深入；或囿于民族情结之偏狭，或限于东西思维之迥异，或受制于资料之匮乏，往往有偏激而失客观公允之辞。这些都影响了对中西方科技发展的整体对比。

指出这些存在的问题，分析其成因，目的在于确立克服这些问题与困难的正确思路，找出解决问题的方法，以便在具体的研究中少走弯路，使研究工作能够沿着正确的轨道前进，取得预期的研究成果。

3. 研究的特色与创新

本书的主要研究特色：广泛地收集中外科技方面的资料，借鉴前人已有的研究成果，采用比较研究的方法，将我国 7～10 世纪的科学技术发展状况搞清楚，并通过与东西方各国的比较研究，对中国科技对世界文明发展的贡献进行科学的评价，对这一时期中国在世界上的科技地位给予客观的评估。与此同时，还要搞清楚这一时期中外科技发展的特点以及中外科技交流的详细情况。从前人已有的研究情况看，这一时期中国的科技水平明显要比世界其他各国发达，但是造成中外科技水平差异的原因，学术界却论述不多，因此，本书将在这个方面进行比较深入的探讨，搞清其具体情况。尤其要从中西思想体系、意识形态、社会环境的不同入手，对其各自走过的科学技术发展道路进行讨论，实事求是地评估中国古代主要是唐代科学技术对世界文明的贡献及内在缺陷。具体而言，本书从以下几个方面进行深入的探讨。

（1）本书从世界视野的角度观察唐代科技的发展状况，从宏观上比较系统全面地梳理这一时期中外科技文化发展的具体情况，从而对唐代的科技地位有一个较为清晰具体的勾勒，开拓了研究新视野。由于唐代是中国古代文化发展的鼎盛时期，其典章制度、教育制度、法律制度以及文学、艺术、思想、宗教等各个方面都对周边各国产生过深刻的影响，这一切中外学术界都有过深入的研究。但是对唐代科学技术的影响及中外交流情况却涉及不多，因此有必要在这方面进行深入的探讨，只有这样才能弥补以往研究的不足，从而对唐代文明与世界文明的关系有一个全面系统的了解。

（2）本书从宏观角度纵向剖析和横向比较以寻觅唐代科技文明与世界各国、各地区科技文明的成因、特征以及主要类型，在这一过程中动态地、系统地揭示各国科技文化的内在结构、发展模式，以及文明交流的基本情况。众所周知，中国古代科技发展较快的原因，除了中国古代传统哲学中的理性主义促进了传统科学技术的发展外，长期占统治地位的儒家思想提倡"入世"和"治世"，要求为官者掌握包括天文历法知识在内的各种学问，也对中国传统科技发展起了不容忽视的作用。而欧洲中世纪的科技之所以落后，首先在于蛮族入侵以及继之而来的西欧社会动乱影响了西欧科技发展，它把古代文明、古代哲学、政治和法律一扫而光。其次，天主教文化专制主义也摧残了其发展，在这一历史时期，天主教会具有至高无上的地位，僧侣处于知识教育的垄断地位，因而教育本身渗透了神学性质。在这种神学笼罩氛围下，西方当时的哲学、文学、艺术、科学、教育等无一不是神学的婢女，无一不受到摧残。最后，西方没有廉价的纸张和印刷术，也是其科技发展受限制的原因之一。探讨东西方科技发展的这些具体原因，也是本书的主要任务之一。

（3）本书全面系统地总结中国古代主要是隋唐时期在生产技术领域对世界文明的贡献，尤其是农业和手工业科学技术方面的成就和贡献。有关中国古代包括隋唐时期在生产技术方面所取得的成就，中外学术界都有不少的研究成果，但是对其在各国生产中的影响以及在世界文明发展中的贡献，研究还不够深入，还需要继续努力。本书主要对各种具体的技术进行深入的探讨，如手工业方面主要在冶金、纺织、造船、造纸、建筑、印刷术、瓷器、漆器、酿酒、采矿等方面进行探讨，农业方面主要在生产技术、生产工具、优良品种等方面进行探讨。在搞清这一历史时期中国各种生产技术的实际水平情况外，还要对同一时期世界其他国家的情况进行探讨，并对中外生产技术进行比较研究，以探讨中国方面在这一领域中所应占有的实际地位。

（4）本书研究东西方科技教育体制，以探讨中外科技发展的不同道路以及科技发展水平不均衡的根本原因。中国古代很早就建立了科技教育的官方体制，尤其是唐代的官办科技教育体制更加健全，其在天文学、数学、医学等教育体制方面更是走在了世界各国的前头，培养了大批的人才，保证了这些学科持续发展的动力。此外，唐朝政府还采取各种措施，如科举制度开设相关科目，保证一些科技人员能够入仕做官，也在一定程度上促进了唐代科技教育的发展。所有这一切都对唐朝周边的国家和地区产生了深刻的影响，其纷纷仿效唐朝建立官办科技教育机构，从而使东方各国在科技教育方面把西方各国远远地抛在了后面。而中世纪的欧洲各国，不存在官办的科技教育体制，其已有的教育只是神学教育，学习内容与科技全然无关。直到 12 世纪，欧洲一些国家的神学院中除了神学教育之外，才开始有了所谓的"七艺"教育，与科技有关的只有数学（算术与几何）和天文两科。这就说明，在相当于隋唐时期的欧洲尚不存在真正意义上的科技教育体制，那时的科学研究仅仅只是少数科学家的个人行为。在这一历史时期，只有阿拉伯人在科技教育上稍有可观之处，虽然其科技教育的建立比欧洲早了数百年时间，但也比唐朝晚了许多年。至于印度这一文明古国，尽管在天文、数学、物理、医学、农学等方面都有不俗的成就，但在科技教育方面，仍然比较落后，没有建立起独立于宗教之外的科技教育体制，因而其对世界科技文明的贡献尚不能与中国相提并论。

三、研究资料和研究方法

1. 研究资料

我国是一个史学极其发达的国家，历代统治者均比较重视文献典籍的收集与整理，历朝在政府主持下都进行过大规模的文献整理工作，然而对科技史资料的整理却很少涉及。中国古代社会长期重视经学，轻视科学，很少有专门从事科学研究的科学家，尽管有专门的科学著作，但数量相对较少，门类也不齐全。科技文献在古籍分类法中没有直接而明确的类目，除了子部农家、医家、天文历算、术数、杂家等类目中集中了较多的科技专门文献外，经部、史部及集部虽然也都包含有科技文献资料，但大多比较零散，需要仔细地发掘和分离。

西方科技史的研究是随着近代科技的发展而兴起的，18 世纪中期才出现了较多的相关著作。虽然在古希腊时期就有欧几里得的《几何原本》、托勒密的《天文学大成》，古罗马时期有科路美拉的《论农业》、斯特拉波的《地理学》等科学著作，但数量比起中国古代明显少了许多，因此可资参考的西方古代科学著作并不十分丰富。

事实上，古代科学总是在一定的文化背景中孕育出来的，早期的科学与文化有着密切的关系，无论中国还是西方，概莫能外。既然古代中外科技都程度不同地蕴藏于古代文化之中，那么要想对古代世界科技有一个全面了解，就必须对古代各国文化作一深入分析和细致梳理。

在浩如烟海的中国古代文化典籍方面，科技文献所占比例虽然不大，但仍然能够较广泛、全面地反映唐代科学技术的辉煌成就。史料的支持方面：历史类的典籍如《旧唐书》《新唐书》《资治通鉴》《唐会要》《通典》《续事始》等书中有大量的关于科技的记载；中国古代的类书中也有一些关于科技的文献资料，如《艺文类聚》《初学记》《白氏六帖》《太平御览》《永乐大典》《古今图书集成》等大型综合性类书，均保存了大量的科技资料；古籍丛书也对保存古代科技文献起了重要作用，各类科技文献多通过自己的专科丛书保存了下来。此外，一些综合性丛书，如《四库全书》《四库全书存目丛书》《古今逸史》《八史经籍志》《武英殿聚珍版书》《玉函山房辑佚书》及续编等都收录有古代科技文献；古代笔记、小说杂著中也保存有许多科技资料，如《宝藏畅微论》《梦溪笔谈》等。另外，文学作品也以它特有的方式记载了大量科技知识，如刘禹锡的《机汲记》和陈廷章的《水轮赋》，对长江流域出现的半机械化水转筒车都有所描述，白居易在《白氏长庆集》序中记载了雕版印刷术。出土文献中也有一些科技文献资料，如敦煌遗书中就有数学方面的算经、算术，天文学方面的日历、星图，印刷术、兵器、酿造、炼铁以及大量的医学方面资料。

西方中世纪的医学是古代医学传统的自然发展和延续，罗马帝国崩溃引起了社会与经济的混乱，学校衰微和公共设施逐渐消失，医学的传承受到了一定的影响，但仍有相当一部分的医学知识保留下来并得到传承，如早期塞尔苏斯、老普林尼和塞维尔的伊西多尔各自编著的拉丁百科全书都涉及一些医学知识，其他还有如盖伦和希波克拉底的几部作品都涉及了医学知识。而迪奥斯科里德斯的《药典》则是希腊医学的伟大成就，该书对近 900 种据说有药用价值的植物、动物和矿物质进行了详细描述，并于 6 世纪被译成拉丁文。事实上，从 8 世纪起，人们开始将希腊的医学著作翻译成阿拉伯文，这项工作持续到整个 10 世纪，因此，大多数的重要希腊医学著作都能够找到阿拉伯文的译本。

鉴于科技史对当今科学研究的重大作用，自 20 世纪中期以来，为了促进当代科学技术的发展，越来越多的国内外学者开始对中国古代科技文献资料进行搜集、整理和研究，出版了一些相关学术著作，如《中国科学技术史》《中国科学技术典籍通汇》《自然科学史纲要》《中国古文化的奥秘》等，这些资料也为撰写本书提供了极大的便利。

2. 研究方法

本书以历史唯物主义相关理论作为研究的指导思想，从科技史研究的角度重新审视唐代与当时世界各国科技文化交流这一重大历史课题。在横向方面，本书以现代科学之学科为框架，分别梳理不同地区和国家科技文化发展状况及其与唐朝交流的具体内容和影响，从而对这一历史过程有一个比较系统全面的认知，同时比较分析其成因及特征，从宏观的层次把握其世界性的历史与文化意义；在纵向方面，本书明确唐代科技文化在历史发展过程中的作用，剖析其对当时世界各国科技文化及社会经济发展的影响和作用。

科技史是关于科学技术的产生、发展及其规律的科学。科技史既要研究科学技术内在的逻辑联系和发展规律，又要探讨科学技术与整个社会中各种因素的相互联系和相互制约的辩证关系。因此，科技史既不是一般的自然科学，也不同于一般意义的历史学，它是横跨于自然科学与社会科学之间的一门综合性学科。因为是研究历史发展的，就必然要用到历史学的基本研究方法，但同时，它的研究对象又是科学技术，故而还要用到自然科学的研究方法。历史学的研究方法与自然科学的研究方法，尽管在许多方面都是共通的，如都需要掌握数学方法、逻辑证明方法，以及分析和综合的方法等，但具体而言，这些方法在历史学与自然科学研究中的应用是有所侧重的，如数学统计方法在有些历史研究中可以不用涉及，但对于科技史研究则是不可或缺的一种方法。因此，要做好科学史的研究工作，必须同时掌握这两种研究方法。

在科技史的研究日趋多样化的今天，研究方法超越了模式划一的传统，开始向多样化发展，但研究科技史还是应当采取整体的、客观的、联系的研究方法。科技史属于历史的范畴，与历史学有着密不可分的联系，任何科技史的研究，都必须放到一定的历史环境中加以考察。研究唐代科技史的世界地位，就必须熟悉唐朝历史，同时还要熟悉当时世界上其他国家的历史以及相互之间的交流情况。所以研究科技史，必须与经济史、哲学史、文化史等其他学科联系起来。

本书在汲取前人研究成果的基础之上，以对文献资料和现代考古资料进行综合分析和研究为主，同时综合运用了历史研究法、计量统计法、跨文化比较研究法以及相应的理论观点，把微观与宏观相结合，演绎分析与综合归纳相结合，利用较为翔实的资料从多角度、多层面探讨世界视野下的唐代科技文化发展状况，以评估唐代科技文化的发展水平及其国际地位。其中，计量统计法主要针对可以量化的部分内容，通过数理统计的方法进行研究；使用比较研究法，要首先了解唐代以及同时期世界各国的科技发展水平，只有经过比较才可以看出唐代的科技发展水平以及其所处地位。需要说明的是，比较研究法主要限于与欧亚两大洲各国的比较，由于这一历史时期的非洲、美洲和大洋洲还非常落后，相关资料十分匮乏，故无法进行比较。

3. 研究思路与范围

在讨论这个问题之前，首先要对科学的定义有一个明确的认知，因为自20 世纪以来，中外学术界关于中国古代有无科学之争存在着两种观点：一种观点认为，在 16 世纪以前，中国只是在技术和社会实践经验的总结方面走在了世界的前列，而在自然科学方面根本就没有出现过西方意义上的独立的、系统的自然科学理论，因此，近代科学才会诞生在西方而没有诞生在中国，中国也一直未出现过任何自然科学体系。[①]也有学者不同意这种观点，认为中国古代不是只有技术而没有自然科学，在他们看来，总结经验，将其系统化，并提出一种假说来概括这些经验，就是科学。他们认为，之所以产生"中国古代无科学"的看法，是人们对中国古代的科学技术本身研究不够，却用西方的科学模式来衡量中国的科学技术和发明创造，而西方人由于各种原因，对中国古代的发明创造没有提及，以及其他一些原因最终造成人们对中国古代有无科学的误解。[②]造成这种争论的原因在于人们对"科学"一词的定义不同。提出中国古代无科学的人士使用的是西方对"科学"的定义，即"科学是指在近代欧洲出现的科学理论、实验方法、机构组织、评判规则等一整套东西"。然而，在中国的传统词汇中，根本就没有"科学"一词。中国古代称科学为"格致"。1896 年，梁启超在《变法通义》中首次使用了"科学"一词。认为中国古代有科学的学者提出，"科学"是一个历史范畴和演变过程，在不同时期有不同

---

① 钱兆华：《对"李约瑟难题"的一种新解释》，《自然辩证法研究》1998 年第 3 期，第 55—59 页。
② 周桂钿：《讨论关于科学的几个问题》，《自然辩证法研究》1999 年第 6 期，第 60—64 页。

的内涵、形式、方法和作用。西方学者以近代科学的含义作为衡量历史上科学存在与否的尺度，并以此否认中国古代存在科学，这种用唯一的标准来衡量不同国家历史文化的方法并不合理。

针对这一争论，林德伯格指出，"历史学家需要对'科学'下一个相当宽泛的定义，这个'科学'的定义将允许历史学家对范围广泛的实践及基于的信念进行研究，并帮助我们更好地理解现代科学事业。我们所需要的科学概念应是宽泛的、具有包容性的，而不是狭义的、具有排斥性的。同时，我们还要注意，我们追溯的历史年代越久远，所需的科学概念就越宽泛"①。世界上不同的自然地理环境孕育出了不同文明的源头，中西方科学在思想体系上是有明显区别的，西方科学注重归纳、演绎、抽象、分析，而中国传统的学术思想则注重有机整体、融会贯通、综合总体和相生相克，靠悟性去认识客观世界的本质。20 世纪以来，西方科学大量传入中国，在"全盘西化"思潮的影响下，人们一度对中国古代科学大都借用西学方法来整理研究，凡与西方传统学术概念相抵牾的中国传统学术，往往被轻视。事实上，近代科学在很大程度上都是源于过去人类智慧的结晶，中国古代不是没有传统意义上的科学，只不过相对于西方中世纪以来的科学，在思想、方法上有一定的差异性，但两者在重要性上是不相上下的。这一点，明清时期的中国人已经有所认识，如黄宗羲、方以智、王锡阐等人提出的"西学中源"说，认为西方当时所谓先进的科学技术是中国自古就有的，而此后的学者如梅文鼎等对这一学说进行了更完备的阐述。尽管这一学说提出的动机不完全是纯科学的，在论证"西学中源"时，有些方面不免穿凿附会，但至少避免了中国古老的科学传统几乎被当时主流的科学家所完全遗忘的趋势持续下去。

笔者认为后一种学术观点应该是正确的，然而对"西学中源"的观点也不赞同，认为中西之间虽然也有科学交流，但其源头却是自发的。还有一点需要说明，即本书所谓的科学技术并非林德伯格所主张的宽泛的科学概念，而是严格地按照现代科学的定义来收集资料和论述问题，即全书依照现代自然科学的分类分为基础科学、应用科学和技术科学三大部分。之所以这样做，

①〔美〕戴维·林德伯格著，王珺、刘晓峰、周文峰，等译：《西方科学的起源：公元前六百年至公元一千四百五十年宗教、哲学和社会建制大背景下的欧洲科学传统》，北京：中国对外翻译出版公司，2001 年，第 3 页。

主要是为了避免研究范围的无限扩大化，同时也是为了中外科技水平比较研究的方便。

　　本书论述的时间范围是与中国隋唐五代时期相当的历史时期，地理范围主要是亚欧两大洲各国。本书通过对这一时期亚欧两大洲各国的科技发展情况的分析对比，论述当时各国人民对科学内容的认知程度，理清科学技术与更广大范围的社会文化背景的关系，明确唐代中国科学技术在世界科学技术史上的定位，正确认识中国古代科学对世界文明进程的贡献以及对创建未来科学的影响。

第二章　基础科学的发展

一、数学的发展

1. 数学的成就

中国古代数学的成就甚大，在世界科技史上占有重要的地位，至唐代时在数学方面更是取得了令人瞩目的成就，主要表现在以下几个方面。

首先，首创了世界上第一个数学专科学校，这就是国子监所辖的六学之一的算学，长安与洛阳各置一所，专门培养数学人才。算学规定招收学生 30 名，置有算学博士等学官，负责学生的教学工作。算学颁布有统一的教材，也就是所谓的《算经十书》，即《周髀算经》《九章算术》《海岛算经》《孙子算经》《张丘建算经》《五经算术》《五曹算经》《缉古算经》《夏侯阳算经》《缀术》等。据《唐会要》卷三六《修撰》载："永隆元年十二月，太史李淳风进注释《五曹》、《孙子》等十部算经，分为二十卷。"另据同书卷六六《广文馆》载：显庆元年（656 年），"令习李淳风等注释《五曹》、《孙子》等十部算经，为分二十卷行用"。可知对这套书的注释共计花费了 24 年时间，可见工作难度之大。其实这套书的注释工作并非李淳风一人完成，另据记载："淳风复与国子监算学博士梁述、太学助教王真儒等受诏注《五曹》、《孙子》十部算经。"[1]可知梁述、王真儒等人也参与了此项工作。数学专科学校的建立虽然算不上数学发展的成就，然而由于它的建立，有利于数学专门人才的培养，将会有力地促进中国数学的发展，从这个意义上看，算学的设立应该具有划时代的意义，是这一学科发展到一定程度的产物。

其次，出现了一批数学著作。我国古代最重要的数学著作就是《九章算术》，它的完成"标志着中国古代数学体系的确立"[2]。之所以如此评价，是因为它是后来中国数学发展的根基，标志着中国传统数学理论体系的完成，其思想和

---

[1]《旧唐书》卷七九《李淳风传》，北京：中华书局，1975 年，第 2719 页。

[2] 郭金彬：《中国传统科学思想史论》，北京：知识出版社，1993 年，第 333 页。

方法对古代世界数学的发展产生了深远的影响，对现代数学的研究和教学仍具有启迪作用。《九章算术》的问世，带来了中国数学研究和教育的空前繁荣，从三国到唐末，出现了一批卓有成就的数学家，如赵爽、刘徽、祖冲之、王孝通等，所出算书不下数十种，《新唐书·艺文志》著录有 35 种。这些数学家及著作极大地充实和发展了中国古代数学理论。

唐代重要的数学著作主要有算学博士王孝通的《缉古算经》，这使中国数学在深度上再向前推进一步。该书成书于武德九年（626 年），全书一卷，记载了 20 个数学问题，集中介绍了用开带从立方法，求出三次方程的正根，解决工程建设中遇到的实际问题。《缉古算经》也是十部算经中最难的一部，唐代国子学规定其需要修习的时间也最长，达到三年。《缉古算经》20 个问题中有大部分都是用高次方程（主要是三次方程）解决，这不仅是中国现存典籍中关于高次方程的最早记述，而且也是世界数学史上关于三次方程数值解法及应用的最古老、最珍贵的文献，标志着中国古代在代数学方面登上了一个崭新的阶梯，同时也为举世闻名的宋元时代天元术和四元术的诞生奠定了坚实的基础。

同时，唐中期人韩延所著的《夏侯阳算经》（不是唐初立于官学的《夏侯阳算经》），是唐代宗时人写的一部实用算书，约完成于 770～780 年）是流传至今的唯一一部中唐时期算书。

唐代的另一数学成就是对《算经十书》的注释，其中《九章算术》由李淳风亲自注释，成就也最大。第一，李淳风的主要贡献在于对开立圆术的注释，使得我国古代对球体积的研究成果得以保存至今；第二，在对配分比例、复比例、等差数列等问题的注释中，做出了很有价值的发挥；第三，在对课分、差分等问题的注释上做出了贡献，其中课分的注释所用的方法与现在的比较方法完全相同。在对《周髀算经》的注释中，李淳风注释修正了经文和赵爽、甄鸾注中的缺陷，列举出古代测日四术的错误，并按照倾斜大地的假设，重新构造了测日公式。并"在此基础上进一步概括出'盖天六术'，试图从理论上彻底解决斜面大地的重差问题。这种从平面推广到不同高度的重差测望发展了刘徽的重差理论，成为中国古代测量史上的创举。而且他据此提出的相似形问题，也对中国古代几何学做出了重要拓展。更重要的是李淳风还提出了《周髀算经》中'寸千里'说法的错误，为一行的大地测量奠定了思想基础。此外，他还逐条纠正了甄鸾对赵爽'勾股圆方图'的种种误解"①。

此外，李淳风等对《算经十书》中其他诸书的注释，也都作出了不小的贡献，为今天了解我国数学发展状况留下了宝贵的资料。后人评价说：这"是中国唐初以前数学的总结，在中国数学史上意义十分重大"②，也为后来算学在中国的普及和辉煌发展打好了基础；英国著名科学史家李约瑟也认为"他大概是整个中国历史上最伟大的数学著作注释家"③。

再次，唐代数学成就还表现在历算方面。在古代社会，天文和数学是密不可分的，天文历法的编纂要使用数学方法计算，反之又推动着数学的不断进步。在这方面贡献最大的唐代科学家就数一行了，他在编制《大衍历》中使用了不少精密的计算方法。众所周知，《大衍历》是当时最为精密的一部历法，一行在编制过程中主要使用了如下几种数学方法。

其一，使用了不等间距二次内插法。北朝张子信观察太阳运动 30 年，发现了太阳运动有快慢之分，不仅如此，他还发现了月亮和五星运动也存在这种不均匀性，在这种情况下，如何推算日月五星的准确位置颇为困难。隋代著名学者刘焯将间距二次内插法引入了计算过程，使得推算每两次观测距离相等的日月五星位置成为可能。但是刘焯的方法也存在着某种局限。由于日、月、五星在任何时间内的视运动都不是匀速运动的，这样刘焯得出的数值其实并不精确，而且随着时间的推移，积累起来的误差还是很大的。解决这一难题的学者正是唐朝的天文学家和数学家一行，他在《大衍历》中使用了不等间距二次内插法，一举解决了这一难题，直到明代的《大统历》，仍然沿用这种方法进行计算，其数学成就可见一斑。

其二，准正切函数表的应用。现代学者认为"一行的晷影表，相当于函数值扩大了 8 倍的正切函数表，不少研究者认为这是世界上最早的同类函数表"④。之所以这样称呼，是因为这个晷影差分表的构造方法同现代意义的正切函数表有一定的差距，所以称其为准正切函数表更为恰当。在三角函数还没有出现于

① 陈玲：《〈唐会要〉的科技思想》，北京：科学出版社，2008 年，第 85 页。

② 郭书春汇校：《九章算术》，沈阳：辽宁教育出版社，1990 年，第 80 页。

③〔英〕李约瑟著，《中国科学技术史》翻译小组译：《中国科学技术史·数学卷》，北京：科学出版社，1978 年，第 84 页。

④ 曲安京：《中国历法与数学》，北京：科学出版社，2005 年，第 330 页。

中国传统数学的背景下，一行的准正切函数表引起了中外学者的高度重视。那么，一行的这个准正切函数表在编制历法中有什么重要作用呢？主要就在于它有利于对九服晷长、漏刻和食差的推算，因而具有划时代的意义。在此之前的历法，往往都只能适应于某一特定的地点，存在着普适性差的问题，而"一行大衍历又一个重大成就是打破了原先历法只适用于某一特定地点（一般是当时的首都）的局限性，使之推广到适用于全国的广大地域"①。

其三，五星行度计算法的使用。其使用这种方法以求算五星某日的行度，又可以依据已知五星的行度求其相当于何日。

最后，唐代实用算术也取得了显著进步。比如，《夏侯阳算经》中关于租庸调、两税、官员俸禄等一系列问题的计算，其中采用了一些先进的计算方法，如已出现十进分数和十进小数的概念；采用了重因法，这是一种分解乘数（或除数）为两个（或多个）一位因数，先后乘（或除）的计算方法；身外加减法，即一种用加减代替乘除的计算方法；损乘法，即一种减法代乘法，包括"损一位""损二位""隔位损"等的计算方法。这些方法的推广使用，对筹算方法的改进发挥了推动作用，而正是这些算法的改革，最终导致了珠算的产生。

综上所述，唐代数学世界体现出的是实用性的思维方法，其鲜明的特征是经验性与具体性。从《算经十书》的注释到一行的不等间距二次内插法，再到实用算术，其解题的思路和计算方法依靠的是经验的归纳，而不是公理和定理的演绎。一切数学问题可以说都是计算问题，最终都被归结为现实问题的解决和应用，这就使得数学的理论和生产、生活的实际融为了一体，其表现出的也就不仅是数学体系的具体性，还包括了数学思维的具体性。

实用思想对唐朝的数学发展产生了重大的影响，唐代的数学著作多是以应用问题集的形式出现，各种成果无一不与算法相联系，就是这种思想的具体体现。唐代的数学思想以社会实践作为衡量数学理论的标准，从而开创了一种独特的数学表述体系——开放的归纳体系，成为中国传统数学的一大特色。重视社会实践与数学发展相联系的实用思想，在很大程度上促进了唐朝数学的发展，取得了一行不等间距二次内插法等光辉的成就。在经世致用的实用思想指导下，数学受到了唐王朝的重视，促进了数学专科教育的普及，从而推动了数

① 陈美东：《中国科学技术史·天文学卷》，北京：科学出版社，2003年，第387页。

学的发展。如果说中国古代数学是绚丽多姿的世界数学文化大观园里的瑰宝，那么唐代数学思想就是中国古代数学文化大观园里的奇葩。

2. 中国、印度、阿拉伯数学比较

古代印度也是数学大国，在6～12世纪印度数学曾对世界数学产生了积极影响。中印两国很早就开始了文化交流，随着1世纪以来印度佛教的传入，两国之间的科技与文化交流也日益密切。但由于史料的缺乏，两国间具体的数学交流状况已不可考，只能从古代算书中所出现的各种相似的算法来追溯互相影响的痕迹。

在记数法与计算法上，十进制记数法在印度出现时大约为6世纪，此时正值中印文化交流频繁的时期，而我国则在夏、商、周时期就已经有了这种记数法，至唐代时还全面使用了今天所谓的大写数字，即壹、贰、叁、肆、伍、陆、柒、捌、玖、拾。就此点而言，中国数学明显比印度先进。

在计算方法上，印度的四则运算法与中国的筹算法相似。印度的加法与减法都是从高位起算；乘法是把其中一数的位置逐步向右移动求得部分乘积，随后并入前所已得的数；除法则为乘法逆运算的做法，把除数的位置向右移动，于被除数内逐步减去部分乘积。中国利用算筹进行四则运算的筹算法至迟在西汉时已经普遍使用。但是分数的概念及其运算、比例的计算、正负数的加减运算、联立方程组解法等，都比印度早800年左右。[①]再如赵君卿在2世纪注释《周髀》时所应用的毕达哥拉斯定理的论证，1150年在印度巴斯卡拉的著作中再次出现。中国的《九章算术》中记载的割圆术面积计算法，也于9世纪在印度大雄的著作中出现。中国的古老数学著作《孙子算经》（成书于3世纪）中出现的一些难题，在7世纪成书的《梵藏》中出现。中国数学家刘徽在3世纪注《九章算术》时所用的几何测量材料，在5世纪印度的《圣使集》一书中可以找到。[②]这些情况都说明中国古代的数学曾对印度产生过较大影响。

中印两国数学的本质相同点就在于，两者都是以题解为中心，都注重算法，这使得两国的数学成就都集中于算术和代数方面。但不同的是，中国古

① 张兆华：《中国古代科学技术是西方近现代科学技术发展的重要基础》，《滨州师专学报》1996年第2期，第77—80页。

② 〔英〕李约瑟著，《中国科学技术史》翻译小组译：《中国科学技术史》第一卷第二分册，北京：科学出版社，1975年，第472页。

代在几何学方面的成果颇多，不仅印度无法比拟，就是与欧洲的古希腊相比，也毫不逊色。

印度与中国一样，数学与天文学的关系很密切。唐初以后，不少印度天文学家来中国司天监工作，成为印度数学传入中国的一个主要渠道。开元六年（718 年），在唐司天监任职的天文学家瞿昙悉达奉唐玄宗之命，把印度《九执历》译为汉文。后来他又编辑了《开元占经》120 卷，其中介绍的印度数学成果有三项：数码、圆弧度量法和弧的正弦。由于中国古代数学自成体系，且已较完备，又习惯于算筹演算，所以印度数码没能在中国通行。同样，印度天文算法因和中国传统算法体系不同，故在中国古代天文学上和数学上都没有发挥应有的作用。因此，在数学方面印度对中国的影响不大，相反中国对印度的影响要更大一些。

阿拉伯帝国主要是黑衣大食统治时期，其曾广泛吸收希腊、中国和印度文化，科技发展较快。9 世纪以前阿拉伯的学校很少，一般设立在清真寺内，主要培养的是宗教人员；9 世纪后，其教育制度开始走上正轨，学校遍及各地，宫廷设置了专门供贵族子弟学习的学校，平民子弟也可以进入清真寺附属学校接受教育。除此以外，其还建起了名为昆塔卜（kuttāb）的初级小学，以及个人在家兴办的私学。初级教育从 7 岁开始，学习阿拉伯文文法、书法、算学、骑射和游泳共 5 年。如果要继续深造，可以进入高级学校，主要学习《古兰经》经学、天文历算、文史和法律等。11 世纪以后这类高级学校成为国立学校，学生从中结业后可以担任书记和法官等职。当时这类学校总共有 238 所[①]，集中分布在开罗、巴格达、大马士革和耶路撒冷等大城市，在校学生数以万计。可见数学教育也是阿拉伯学校教育的重要内容之一。

阿拉伯在 8～9 世纪时，还曾延请各方学者和科学家来巴格达从事教学和研究工作，并力图引进中国的科学知识。9 世纪初，巴格达建起了一座科学馆，这是一个集科学研究、高等教育和学术翻译于一体的机构，馆内有丰富的藏书和设备齐全的天文观象台，各领域内一流的学者都在这里工作，开设有医学、天文学、数学、哲学和法学等学科。

---

① Totah K A. *The Contribution of the Arabs to Education*. 2nd ed. New York: Columbia University Press, 1926；托太哈著，马坚译：《回教教育史》，上海：商务印书馆，1941 年。

曾任科学馆馆长的胡纳因·伊本·伊斯哈克（808—873）既是科学家又是翻译家，精通阿拉伯文、叙利亚文和希腊文，任职期间，与其子主持翻译了大量的科学著作，其中包括希腊欧几里得的《几何原本》和光学著作，阿基米德的数学著作等，这些译本成为阿拉伯境内的学者研究和各学校教学的参考书。而担任过科学馆图书馆馆长的花拉子米在数学和天文学方面也取得了一系列成就，如他在 820 年利用印度古书写成了《移项与对消算法》，书中论述了一次和二次方程的解法，还在《算术书》一书中介绍了十进位制算法。

综上所述，阿拉伯的数学成就主要表现在对古希腊、古印度和古中国的数学成就的吸收方面，成就虽然很大，但是真正属于本民族的创新却不多，主要发挥了沟通中西文化交流的桥梁作用。

3. 中西数学比较

可以肯定地说，隋唐时期中国在数学方面的成就，西方各国是远远不能相比的，中国在这方面将西方远远抛在了后面。具体而言，中国在以下这些方面居于领先地位。

首先，十进位值制早在商周时期就已初步形成，春秋时期已经出现了筹算方法，这种算法一出现，就严格遵循十进位值制记数法，逢十进一。同样的数字如 1 在个位是 1，在十位是 10，在百位就是 100。后来阿拉伯人将十进位值制传入欧洲，欧洲便取消了古巴比伦、古希腊、古印度、古罗马的记数法，而代之以中国的十进位值制记数法。十进位值制对于推动世界数学的发展具有深远的意义。它导致传统几何学和代数学向现代各门类高等数学发展；它对代数学与几何学以及以它们为基础而产生的数论、组合论、概率论等学科的产生与发展，有决定性的作用。十进位值制简直可以说引起了一次数学王国的革命。同时，它也为天文学的革命和物理学的发展提供了必要的条件。对于十进位值制的发明，我国著名数学家吴文俊先生在《论数学机械化》一文中给予了高度评价，他说：“如果不能与火的发明相比，也是可以与火药、指南针、印刷术一类发明相媲美的。”李约瑟博士在谈到它的意义时说：“如果没有这种十进位制，就几乎不可能出现我们现在这个统一化的世界了。”[①]

① 〔英〕李约瑟著，《中国科学技术史》翻译小组译：《中国科学技术史》第三卷，北京：科学出版社，1978 年。

其次，公元前 1 世纪问世的《九章算术》中提出了分数问题，唐人韩延在《夏侯阳算经》中又进行了十进分数和十进小数概念的运用，都比欧洲早了很多年。直到 14 世纪，法国的谟尔（Joannes deMuris）才提出用十进分数表示开方根的奇零数；1585 年比利时的数学家斯蒂汶（Simon Stevin）才确定小数运算法则并进行小数计算。由此，更加凸显了我国十进小数在世界数学史上所占有的重要地位。

再次，隋代人刘焯关于间距二次内插法的运用，现代学者将其方法用公式表示后，与牛顿在 17 世纪末推广的牛顿内插公式相比，两者之间有着惊人的一致性。而刘焯的发明要比牛顿公式的出现整整早将近 10 个世纪，这是何等了不起的数学成就。至于唐代科学家一行提出的不等间距二次内插法，则比刘焯的公式更加精确，因此可以说，在这一方面一行的成就超过了英国人牛顿的成就，这应该是唐代数学的一个突出成就。

最后，还有所谓的"物不知数"问题的提出，即著名的孙子定理，是关于不定分析（一次同余式组）的计算问题，这是全部《算经十书》最具有独创性的成就之一。在国外，印度数学家阿耶波多（Aryabhata）和婆罗摩笈多（Brahmagupta）的著作中曾论及一次同余式组问题，中世纪阿拉伯和欧洲的著作中出现的一些类似同余式组的问题则多数没有解法。1657 年舒腾（F. Van Schooten）论证了两两互素模的同余式组解法。18 世纪，欧拉（L.Euler）、拉格郎日（J.L.Lagrange）曾相继探讨过同余式。1801 年高斯（K.F. Gauss）在其所著的《算术探究》一书中得出了与我国南宋学者秦九韶相同的同余式组解法。1852 年英国人伟烈亚力（Alexander Wylie）在《华北先驱周报》（*North China Herald*）上以《中国算术科学摘记》（Jottings on the Science of Chinese Arithmetic）为题，介绍了"大衍求一术"，从而使中国古代数学的这一杰出创造受到世界瞩目。[①]数学家康托（G. Cantor）甚至称发明这一方法的中国人是一位幸运的天才。以后西方的数学史论著均将这种一次同余式组解法称为中国剩余定理（Chinese Remainder Theorem）。

直到宋元时期，我国数学水平仍然远远领先于欧洲，如宋代数学家贾宪在

---

① Dickson L E. *History of the Theory of Numbers*, vol. II. *Diophantine Analysis*. New York: Dover Publication, 1952, pp. 57-58.

《黄帝九章算法细草》中提出的开任意高次幂的"增乘开方法"，至1819年英国人霍纳才发现了同样的方法。南宋数学家秦九韶于1247年在《数书九章》中将"增乘开方法"加以推广，采用21个用增乘开方法解高次方程（最高次数为10）的问题，论述了高次方程的数值解法。李冶于1248年写成《测圆海镜》一书，该书是首部系统论述"天元术"（一元高次方程）的著作。1261年，南宋人杨辉在《详解九章算法》中用"垛积术"求出几类高阶等差级数之和。元朝人朱世杰有《四元玉鉴》，他把"天元术"推广为"四元术"（四元高次联立方程），并提出消元的解法。所有这一切数学成就中国都领先于欧洲。

其实，中国数学领先于西方各国早在隋唐以前就已如此，隋唐及宋元时期只是继续保持了这种领先地位而已。任何时代的数学都是一定社会生产力发展、社会文明类型和社会需求之下的产物，由于中国古代生产力比西方更为发达，社会文明程度领先于欧洲，因此数学发展快于欧洲也是理所当然的。

另外，中国古代数学的特点也不同于西方各国，其一，中国古代数学建立在算法基础之上，一切结论都是通过算法来加以说明的，与西方及现代数学致力于建立抽象的理论体系不同。其二，如上所述，中国古代数学具有明显的实用性倾向，强调的是"经世致用"，这种倾向的有利方面就是与社会生产、社会生活联系密切，社会服务性很强，但缺点是逻辑性较差、理论结构松散。其三，也是最重要的一点，中国数学受儒家文化的影响很大，如《夏侯阳算经》明确把包括数学在内的"六艺"看作是儒家必要的知识基础，"夫搏通九经为儒门之首，学该六艺为伎术之宗"[①]。王孝通则在《上缉古算经表》中说："臣闻九畴载叙，纪法著于彝伦；六艺成功，数术参于造化。夫为君上者，司牧黔首，布神道而设教，采能事而经纶，尽性穷源莫重于算。昔周公制礼，有九数之名，窃寻九数即《九章》是也；其理幽而微，其形秘而约。"[②]这里，王孝通认为《九章》即儒家经典《周礼》中的九数。唐代两位数学家在撰写数学专著的时候都与儒家经典紧密地联系起来，可见，唐代数学的发展受到了儒学的深刻影响。

至于东亚地区的日本、朝鲜以及东南亚的越南等国，其数学教育与数学成

①《夏侯阳算经·原序》，《文渊阁四库全书》，上海：上海古籍出版社，1987年，第797册，第228页。
②（唐）王孝通：《缉古算经·上缉古算经表》，《文渊阁四库全书》，上海：上海古籍出版社，1987年，第797册，第305页。

就都是学习中国后才取得的，所以在这里就不再论述了。

中国数学与西方相比虽然起步早，且长期处于领先地位，但由于以上特点的制约，当社会生产力长期没有质的飞跃时，对数学知识就会缺乏进一步的需求，加之官本位的政治旨趣，数学研究因缺少动力而逐渐停滞不前，至明代时已陷入了停顿。而西方数学的研究却在这一时期方兴未艾，最终超过了中国，后来者终于居上。当然中国古代数学后来的落后，也与中国学者故步自封，不愿学习先进的学术成果有关。比如，中国数学长期以来限于汉字语言的表达，不利于推理演绎格式的形成，不利于简化数学表达，不利于浓缩数学思维过程，不利于数学概念的抽象。甚至当更加简洁的西方数学符号传入中国后，明清两代的中国数学家仍然坚持采用将外来符号汉字化的方法，历时 300 多年，直到清末帝制被推翻，才接受了西方数学符号在教科书中的应用。所以中国数学的落后既是由于制度，也与传统的数学思想有关。

二、物理学的发展

1. 物理学的成就

物理学是研究物质基本结构及物质运动的最普遍形式、最基本规律。按照现代科学的解释，古代的中西方都没有物理学这个学科，但物理现象是随处存在的，所以物理知识的萌芽也是很早的。中国古代在很早就积累了很丰富的朴素的物理知识，如中国古代的建筑和工具制造中，就已经无意识地利用了一些物理知识。

在唐代，人们对杠杆原理的运用已经非常熟练，在桔槔、踏舂和衡器等方面已经广泛使用了。唐代长安城中的贵族利用特权霸占水渠，设置了大量的砲磑，即水碓，就是将杠杆支撑于架上，长臂端装上杵，短臂端则供水力或机轴驱动，充分利用了杠杆原理。

利用水力驱动水轮使天文仪器运动，是唐代科学家一行与梁令瓒的杰作，唐代文献称其为水运浑天俯视图。史载开元中：

> 又诏一行与梁令瓒，及诸术士，更造浑天仪，铸铜为之。若圆天之象，上具列宿赤道，及周天度数。注水激轮，令其自转，一日一夜，天转一周。又别置二轮，络在天外，缀以日月，令得运行，每天西转一匝，日东行一度，月行十三度十九分度之七。凡二十九转有余，而日月会。

三百六十五转，而日行匝。仍置木柜，以为地平，令仪半在地上，半在
地下。晦明朔望，迟速有准。又立二木人，于平地之上。前置钟鼓，以
候辰刻。每一刻，作自然击鼓。每一辰，则自然撞钟。皆于柜中，各施
轮轴，钩键交错，关锁相持，既与天道合同。当时甚称其妙。铸成，命
之曰水运浑天俯视图，置于武成殿前，以示百寮。①

　　这一仪器采用了比较复杂的齿轮结构，表明唐代已掌握了精确传递轴与轮
间回转和同时进行变速及变更回转方向的物理知识，当然这也是一种计时器，
具有现代时钟的雏形。

　　在计时方面唐人还有所创新，据《锦绣万花谷续集》载：

　　　权器，李兰漏刻法曰：以器贮水，以铜为渴乌，状如钩曲，以引器
　　中水，于银龙口中吐入权器，漏水一升，秤重一觔，时经一刻。②

　　由此可以推知，流水一两重为 54 秒，一钱重为 5.4 秒，表明此时测时的
精确值已经随着测时器的精度而大大增加了。这种测时器主要是用来观察天
象，仍然属于天文学方面的仪器。

　　我国古人很早就知道了利用空气来进行虹吸管吸水，唐代官办医学中教授
的角法，即今天的拔火罐，就是一种真空技术的运用。唐人吕才制造的五级漏
壶，也是充分利用了大气压强的原理，将漏壶中上壶的水引到下壶。清人所编
的《古今图书集成·历法典》卷九九《漏刻部》中载有吕才漏刻图，这也是迄
今出现最早的虹吸图画。

　　另据《说郛》卷一〇二引唐人南卓《羯鼓录》载：

　　　嗣曹王皋有巧思，精晓器用，为荆南节度使。有羁旅士人怀二栬，
　　欲求通谒，先启宾府，府中观者诃之，曰："岂足尚耶！"士曰："但启
　　之，尚书当解矣。"及皋见栬，捧而叹曰："不意今日获逢至宝。"指其
　　刚匀之状，宾佐唯唯，或腹非之。皋曰："诸公必未信。"命取食柈，自
　　选其极平者，遂重二栬于柈心，以油注之栬中，满而油不浸漏，盖相契
　　无际也。

_____

①（宋）王溥：《唐会要》卷四二《浑仪图》，北京：中华书局，1955 年，第 754 页。
②（宋）佚名：《锦绣万花谷续集》卷六《漏刻》，《文渊阁四库全书》，上海：上海古籍出版社，1987
年，第 924 册，第 852 页。

　　所谓"二椻",指紧固鼓皮于鼓框的钢铁圆环。李皋在二椻中注油,油却不从椻中渗出,这是由于二椻"相契无际",致使大气压令其中的油不泄漏的缘故。李皋利用大气压强所进行的这种注油的密封实验,是唐人发明大气密封法的最直接的证明。

　　在度量衡方面,唐代的贡献主要表现在将数学上的十进位制运用于此,如唐朝规定开元通宝钱,"十文重一两"[①],也就是说一枚钱币等于十分之一两,将这个新出现的重量单位命名为"钱"。在此之前,铢、絫等重量单位都是非十进位制,这种新的权衡单位自从出现以来,一直沿用至今,可见其影响之大。

　　唐代著名科学家一行曾比较准确地测量过地球子午线的长度,史载:"一行以南北日影校量,用句股法算之,大约南北极相去,才八万余里。"[②]这是世界上第一次测量子午线的长度,在世界科学史上具有重要的意义。一行测量子午线还有一个意义,即在计量科学上第一次尝试将人为规定的日常用尺和另一个自然的恒定数值作比较,从而在计量科学发展史上写下了辉煌的成就。英国学者李约瑟评价说:"把民用的距离单位'里'与天和地的宇宙距离联系起来,并确实以此来定义,这是米制史前期的一个重要事项。"[③]

　　在光学方面,我国古代早就发现了透镜聚光的原理,如早在西周时期就有专门掌管"阳燧"以取火的官员——司烜氏。"阳燧"是一种与凸面镜相反的凹面镜,它的作用是对日取火。西汉时成书的《淮南子》一书,就记载了此事。在唐代有一种同样可以取火的火珠,这些火珠多为外国进贡而来,如唐太宗贞观时,摩伽陀王"复遣使献火珠及郁金香、菩提树"[④]。这种火珠其实就是水晶球,出产的国家很多,如罗刹国,"其国出火珠,状如水晶,日正午时,以珠承影,取艾承之,即火出。其年,林邑国来献,云罗刹得之"[⑤],说明在唐代时人们已普遍认识到了火珠这种透镜可以聚焦阳光而取火的物理特性。

　　陕西西安出土的唐代"飞鸟葡萄纹银香囊",由镂空的银质球形外壳、内

　　① (宋)王溥:《唐会要》卷八九《泉货》,北京:中华书局,1955年,第1622页。

　　② (宋)王溥:《唐会要》卷四二《测景》,北京:中华书局,1955年,第755页。

　　③ (英)李约瑟著,王铃协助,肯尼思·格德伍德·鲁宾逊特别协助:《中国科学技术史》第四卷第一分册,北京:科学出版社,2003年,第53页。

　　④ 《旧唐书》卷一九八《西戎传》,北京:中华书局,1975年,第5307页。

　　⑤ (宋)王溥:《唐会要》卷九九《婆利国》,北京:中华书局,1955年,第1769页。

外两层同心圆环和中心半球形炉组成。炉体、内环、外环和外壳内壁的支撑轴依次垂直安装。由于重力作用以及内中轴承的垂直设计，不论球壳如何滚动，炉口总朝上方，炉中的香料也不会撒到炉外。它的结构设计和今天船舶中的陀螺罗经仪大体一致，船体在风浪的作用下，无论如何摆动，陀螺罗经仪总能使罗盘保持在一定的水平面上，从而确保了罗盘针的准确、正常工作。这在当时的世界上是非常先进的机械设计。

在唐代皇帝的卤簿中有所谓的指南车和记里鼓车[①]，这两种车都是机械与齿轮装置，能够自动离合，前者为机械定向装置的一种车辆，后者则可以将车辆行驶的里数通过齿轮系统减速后表现出来，是类似于里程表的一种车辆装置。皇帝出行时，虽然并不完全依靠这两种车来指示方向或表示里程，其更多的还是一种仪仗一类的装置，但唐人能够熟练地制造它们，说明其已经熟练地掌握了机械传动装置的基本原理。

2. 中外物理学的交流

隋唐时期中外物理学方面的交流尚不多见。据李约瑟研究，1350 年左右完成的一些波斯文和阿拉伯文手稿中，附有说明水钟的自动装置的插图。这些插图来自阿布·伊士·伊斯麦依尔在 1206 年完成的论文《机械装置大全》。而这个钟的实际制成时间还要更早一些，其制成后安置在大马士革大清真寺的东门上。1186 年，由此经过的伊本·朱贝尔·金那尼曾经看到过。据李约瑟的描绘，这座钟每经过一小时，便有两个铜球从铜鹰嘴中掉下，落入铜杯中（铜杯有孔，可使铜球回到原处）。在铜鹰上面有一排门，门的数目和白天的小时数相等。每一小时，铃敲一下，于是代表已经过去的那个钟点的门便关上了。到黄昏时分，所有的门又都开启。这排门的上面是一排灯，数目和夜间的小时数相等。夜间每一小时燃亮一盏灯，发出红色的光，直到所有的灯都燃着为止。到了凌晨，所有的灯都熄灭了。[②]阿拉伯人所制造的这种水钟实际上也是水驱动的一种机械钟，虽然李约瑟认为其与《旧唐书》所记载的钟并非同一种，但其制造原理却是大同小异。《旧唐书》所记载的钟，就是指一行与梁令瓒合作制造的浑天仪，原文是：

---

① 《旧唐书》卷四五《舆服志》，北京：中华书局，1975 年，第 1975 页。
② 〔英〕李约瑟著，《中国科学技术史》翻译小组译：《中国科学技术史》第一卷第二分册，北京：科学出版社，1975 年，第 448—449 页。

又诏一行与梁令瓒及诸术士更造浑天仪，铸铜为圆天之象，上具列宿赤道及周天度数。注水激轮，令其自转，一日一夜，天转一周。又别置二轮络在天外，缀以日月，令得运行。每天西转一币，日东行一度，月行十三度十九分度之七，凡二十九转有余而日月会，三百六十五转而日行匝。仍置木柜以为地平，令仪半在地下，晦明朔望，迟速有准。又立二木人于地平之上，前置钟鼓以候辰刻，每一刻自然击鼓，每辰则自然撞钟。皆于柜中各施轮轴，钩键交错，关锁相持。既与天道合同，当时共称其妙。铸成，命之曰水运浑天俯视图，置于武成殿前以示百僚。[①]

前引《唐会要》的记载与《旧唐书》详略不一，据其载"又立二木人，于平地之上。前置钟鼓，以候辰刻。每一刻，作自然击鼓。每一辰，则自然撞钟"，与上述阿拉伯人所造的水钟相比，各有其妙，而且唐人所造之钟还可以报时，颇有些自鸣钟的意思。一行所造的浑天仪是在开元前期，即 8 世纪初，比阿拉伯人所造之钟早了 400 多年时间，其是否通过学习中国而来也未可知。

关于火珠的物理学特性前面已经论述过了，从中国史籍记载来看，进贡过火珠的国家或地区主要有林邑、天竺、波斯、堕和罗、罗刹、个失蜜等，分布地区相当于今东南亚、南亚、西亚、中亚等地。这就说明，至少在 7～8 世纪，这些地区之人已经懂得了凹凸透镜聚焦阳光的物理原理。从上引《淮南子》的记载看，中国早在西周时期就已经懂得使用"阳燧"聚光取火，以上这些地区是否也在此时就了解了这一物理现象，史无记载，不好论定，但从现已掌握的确凿记载情况看，中国应该领先于这些地区。

在唐代长安的皇家与贵族私人建筑中有凉殿和凉亭等建筑形式，关于这方面的史料至少有两条，其一云：

玄宗起凉殿，拾遗陈知节上疏极谏。上令力士召对。时暑毒方甚，上在凉殿，座后水激扇车，风猎衣褫。知节至，赐坐石榻，阴霤沈吟，仰不见日，四隅积水成帘飞洒，座内含冻，复赐冰屑麻节饮。陈体生寒栗，腹中雷鸣，再三请起方许，上犹拭汗不已。陈才及门，遗泄狼藉，逾日复故。谓曰："卿论事宜审，勿以己方万乘也。"[②]

① 《旧唐书》卷三五《天文志上》，北京：中华书局，1975 年，第 1295—1296 页。
② （宋）王谠：《唐语林》卷四《豪爽》，上海：上海古籍出版社，1978 年，第 120—121 页。

其二云：

> 天宝中，御史大夫王鉷……宅内有自雨亭子，檐上飞流四注，当夏处之，凛若高秋。[①]

据上可以看出，无论凉殿还是凉亭，都有"自雨""飞洒"的特点，实际上就是以虹吸管引水上屋顶，以屋顶流水来降低居室内的温度。

通常认为唐代的这种建筑形式来自东罗马[②]，依据就是《旧唐书·拂菻传》的记载，所谓"至于盛暑之节，人厌嚣热，乃引水潜流，上遍于屋宇。机制巧密，人莫知之。观者惟闻屋上泉鸣，俄见四檐飞溜，悬波如瀑，激气成凉风，其巧妙如此"。拂菻，即指东罗马帝国。问题是我国古人早就掌握了虹吸管的物理学原理，据《后汉书·张让传》载："作翻车、渴乌，施于桥西，用洒南北郊路。"李贤注"渴乌，为曲筒，以气引水上也"，即利用大气压力来引水。方以智《物理小识》卷八称这类器具为"过山龙"。1977 年出土的安徽阜阳汉墓竹简中已发现有这种器具的文字记载。根据这些情况看，唐代长安的此类建筑是利用我国固有的技术还是受东罗马的影响，还不好论定，除非找到了东罗马的这种建筑早于东汉的资料。即使唐代的这种建筑真的是受东罗马的影响，但掌握虹吸管的原理却是中国固有的。

三、化学的发展

1. 化学的成就

中国古代化学的萌芽及发展是与道家的炼丹术分不开的。炼丹术最早可以追溯到春秋战国时期，战国时，燕、齐方士传称渤海中有蓬莱、瀛洲、方丈三座仙山，山上住着神仙并有长生不死之药。因此，齐威王、齐宣王、燕昭王都曾派人入海求过仙药。此后，历代都有帝王派人寻求炼制长生不老丹之术。我国现存最早的成书于东汉初的药物学专著《神农本草经》中列出了许多可令人成为神仙或长生不老的药物，如丹砂、玉泉、雄黄、水银、铅丹、紫石英、青石、赤石、黄石、黑石脂等 50 余种，这些大多成为后世道教炼丹术中最为重

---

① （宋）王谠：《唐语林》卷五《补遗》，上海：上海古籍出版社，1978 年，第 182 页。

② 向达：《唐代长安与西域文明》，第 42 页载，中国"采用西亚风之建筑当始于唐"。东罗马帝国一度统治过西亚的两河流域及其以西地区。

视也最为常用的药物。

经过两汉魏晋的发展，炼丹术在唐朝达到了高峰，进入了鼎盛时期，出现了大量从事炼丹活动的道教徒，如孙思邈、陈少微、金陵子等。这一时期，炼丹规模不断扩大，炼制出大量不同种类的金及各种丹药；炼丹术的技术与操作方法也达到了相当高的水平，炼丹的设备更加齐全，所使用的药物品种大大增加；有关炼丹术的道经也大量涌现，《道藏》所收的炼丹术著作中有很大一部分是唐人所撰。

从唐人所记载的炼丹方法中可以看出，其有着严格的操作程序和步骤，每一步骤所用的时间与操作方法、药品与药量的多少都有明确的规定，尽管炼丹活动的目的是制取丹药，但在这一过程中炼丹家还是注意到了某些物质的性质及化学反应过程，并对其加以总结，形成古代朴素的化学知识，所以，从这个意义上讲，炼丹术就是古代化学的原始形式。

正因如此，唐人对许多药物的化学性质都是在炼制丹药的过程中逐渐认识的。如丹砂，唐代的《新修本草》说："久服通神明不老，轻身神仙，能化为汞。"[①]我们都知道丹砂一般是指天然的红色硫化汞矿物。蜜陀僧，铅的化合物，主要成分是氧化铅，《新修本草》说"形似黄龙齿而坚重，亦有白色者，作理石文，出波斯国。一名没多僧，并胡言也"[②]，对其外形及产地作了介绍。石胆，《新修本草》说："此物出铜处有，形似曾青，兼绿相间，味极酸、苦，磨铁作铜色，此是真者。"[③]众所周知，石胆乃是硫化铜矿石氧化而成的次生矿物，呈蓝色结晶状。唐人不仅对其颜色、味道作了描述，而且已经知道它的化学特性是铜的一种化合物。类似这样的药物还有很多，唐人对其都已有比较深入的了解，笔者就不一一介绍了。尽管唐人对许多矿物化学性质的了解不是出于有意识的探求，充其量只是炼丹术发展的副产品，但在客观上却推进了古代化学的发展，这也是不争之事实。

唐代在化学方面最大的成就莫过于火药的发明与制造。顾名思义，火药就是着火的药。其主要成分有三种：硝石、硫黄和木炭。这在中国很早时就被认识。这三样东西在我国古代都被称为"药"，合在一起即能燃烧和爆炸，于是

① （唐）苏敬等撰，尚志钧辑校：《新修本草》卷三，合肥：安徽科学技术出版社，2004 年，第 46 页。

② （唐）苏敬等撰，尚志钧辑校：《新修本草》卷三，合肥：安徽科学技术出版社，2004 年，第 68 页。

③ （唐）苏敬等撰，尚志钧辑校：《新修本草》卷三，合肥：安徽科学技术出版社，2004 年，第 49 页。

就被称为"火药"了。公元前 16 世纪至公元前 11 世纪的商代，劳动人民已伐
木烧炭。公元前 5 世纪，春秋时越国计然谓"石流（硫）黄出汉中"[①]，"硝
石出陇道"。西汉时期，在湖南、山西、河南等地发现硫黄矿，并加以开采；
四川、甘肃一带出产硝石。华北各地已掌握提炼硝的技术。《淮南子》中就有
关于硫黄的记载，《神农本草经》将硫黄、硝列为药品。当时人们也已懂得从
硫铁矿中分解提取硫黄。到两晋南北朝时，炼丹的道教术士对硫黄、硝、木炭
的物理、化学性质有了进一步的认识。他们认识到硝石和硫黄为易燃物质，而
木炭能发生高度臌胀力。如果将这三种物质混合在一起，在适当的温度下就会
起火爆炸。《太平广记》中就记载了因炼丹失误而引起燃烧的事件。他们经过
无数次的爆炸起火与冒险试验，才逐渐找到较合适的比例。唐初有配制火药的
确切记载。被后世尊为"药王"的孙思邈是医药家兼炼丹家。他在《丹经内伏
硫黄法》一书中，叙述了把硫黄、硝石和皂角放在一起烧的伏火法。具体配方
是用 2 两硫黄、2 两硝石分别研细再加上 3 个碳化皂角子，即能点燃起火。这
实际上是我国最早的有关黑火药的比较成熟的配方，也是世界上关于火药的最
早的记载，时间在 7 世纪。唐朝后期成书的《真元妙道要略》说，把硫黄、硝
石、马兜铃等物混合起来会伤人并焚烧房舍，其所说的成分也类似火药。炼丹
家所谓的"伏火法"，意思是在对硝石、雄黄、硫黄、草木药这些物质共同火
炼前要进行处理，目的是先改变它们易燃、易爆的剧烈性质。由此可见，在"伏
火法"出现以前，炼丹家对硝、硫、碳混合加热的燃爆危险性已有认识。

　　在唐朝末年，火药已经用于军事，把火药制成球形，缚在箭头附近，点着
引线后发射出去，当时叫作"飞火"[②]。五代十国时，江南制定了火药成分的
标准化规定。北宋初期，仁宗康定元年（1040 年），曾公亮、丁度奉敕编纂
的军事百科全书《武经总要》中，正式出现了"火药"一词，并记有火药的三
种具体配方。中国是世界上最早发明火药和使用火器的国家。中国发明火药比
欧洲使用火药早 400～500 年。火药是中国人民的伟大发明，在化学发展史上
有着重要的地位，对欧洲各国也产生了深远的影响。

　　① （宋）李昉等：《太平御览》卷九八七《药部四·石药上》，北京：中华书局，1960 年影印本，
第 4368 页。
　　② （宋）路振：《九国志》卷二《郑璠传》，傅璇琮、徐海荣、徐吉军主编：《五代史书汇编》，杭州：
杭州出版社，2004 年，第 3252 页。

2. 中外化学的交流

唐代中外化学方面的交流不是很频繁，但炼丹术的交流在这一时期还是有所加深的。据载："贞观末年，有胡僧自天竺至中国，自言能治长生之药。文皇帝颇信待之，数年药成，文皇帝因试服之，遂致暴疾。及大渐之际，群臣知之，遂欲戮胡僧，虑为外夷所笑而止。载在国史，实为至诚。古人云：服食求神仙，多为药所误。诚哉是言也。"①这位用丹药置唐太宗于死命的僧人来自印度。另据《旧唐书》卷八四《郝处俊传》载："贞观末年，先帝令婆罗门僧那罗迩娑婆依其本国旧方，合长生药。胡人有异术，征求灵草、秘石，历年而成。先帝服之，竟无异效。大渐之际，名医莫知所为。"这里明确说这位婆罗门僧人所采用的是"本国旧方"，即印度固有的所谓长生药方，可见在印度亦有炼制丹药者。其所用的药材却是中国通用的药材，所谓"灵草、秘石"之类。说明印度僧人所制的长生药也是由多种植物、矿物炼制而成的，如果这位印度人对这些药物的化学性质没有一定的了解，将无法合成所谓的长生药。据载这位僧人是随唐朝使者王玄策来到中国的，贞观"二十二年九月十六日，右卫率府长史王元策，奉使天竺。得方士那罗迩婆寐，自言寿二百岁，云有长生之术"②，说明天竺本国确有此类人的存在，而且他们对一些药物的化学性质也有深刻的观察。据另一记载，当时这位天竺人在炼制丹药时，使用的并不全是中国药物，也有印度药物，详情如下：

> 太宗……令兵部尚书崔敦礼监主之，发使天下采诸奇药异石，不可称数。又遣使往婆罗门诸国，以求药物。有药名畔茶佉水，出山中石臼内，有七种色，或热或冷，能消草木金铁，人手入水即销烂。若欲取之，以骆驼髑髅沉于石臼，以水转注瓠芦中。……③

唐人段成式所撰的《酉阳杂俎》和《新唐书·天竺传》等书，也有大体相同的记载。李约瑟博士据此认为，在7世纪时，人们已经知道了一种无机酸，从而使《印度化学史》中所说的强酸的说法得到了证明。而通常认为无机酸是

① （宋）王溥：《唐会要》卷五二《识量下》，北京：中华书局，1955年，第899页。
② （宋）王溥：《唐会要》卷八二《医术》，北京：中华书局，1955年，第1522页。
③ （宋）王钦若等编：《册府元龟》卷九二二《总录部·妖妄二》，北京：中华书局，1960年影印本，第10889页。

欧洲在 13 世纪最先发现的观点，显然是不对的。[①]

李约瑟还指出中国僧人玄超在 664 年奉皇帝之命前往印度寻找名医和药用植物，玄超成功地找到了一个医生或炼丹士，并将其送到了中国。而他本人继续在印度寻找药物和草药，最后死在了印度。李约瑟还认为中印之间的科学交流迹象甚多，但却拿不出印度科学对中国科学影响的准确证据，然仔细地比较中印两国的传统药典，可以发现一些药物可能来自印度，如治疗麻风病的药物大风子油。[②]

中国的炼丹术对阿拉伯也有一定的影响，生活于 865～925 年的阿拉伯人拉兹，其关于炼丹术的著作《秘中之秘书》中包括的一些知识，就是来自中国。

唐朝在化学方面对外影响最大的莫过于火药的外传。尽管世界上掌握金丹术的国家不少，但是，这些国家或地区由于了解和使用硝石的时间较晚，所以阻碍了其发明火药的道路。硝石先于火药之前于 8～9 世纪传入阿拉伯国家。最早记录硝石的阿拉伯作者是药物学家伊本·白塔尔，他在 1248 年用阿拉伯文写成《单药大全》，书中把硝石称作"中国雪"[③]、"亚洲石华"和"巴鲁得"，直到 13～14 世纪"巴鲁得"才转为专指火药。当时的波斯人则将传入的硝石叫作中国盐。"中国雪"或"中国盐"当时主要被用于医药。[④]直到南宋时期，中国的火药和烟火才逐渐传入阿拉伯国家。印度虽有天然硝石，但古代梵文中并没有表示此物的固有名称，梵文中称为硝石的词 shuraka 出现在 1400 年以后，而且来自波斯文 shurāj（硝石）。[⑤]

日本和朝鲜的本草学知识是从中国引进的，但炼丹术却没有很好地发展，在这两个国家里，提纯硝石用于制造火药甚至比阿拉伯人和欧洲人还要晚。[⑥]朝

① 〔英〕李约瑟著，《中国科学技术史》翻译小组译：《中国科学技术史》第一卷第二分册，北京：科学出版社，1975 年，第 469—470 页。

② 〔英〕李约瑟著，《中国科学技术史》翻译小组译：《中国科学技术史》第一卷第二分册，北京：科学出版社，1975 年，第 471 页。

③ 潘吉星：《中国火箭技术史稿——古代火箭技术的起源和发展》，北京：科学出版社，1987 年，第 120—121 页。

④ 卢嘉锡、路甬祥主编：《中国古代科学史纲》，石家庄：河北科学技术出版社，1998 年，第 403 页。

⑤ Needham J, et al. *Science and Civilization in China*, vol. 5, pt. 7, The Gunpowder Epic. Cambridge: Cambridge University Press, 1986, p. 107.

⑥ 潘吉星：《中国古代四大发明——源流、外传及世界影响》，合肥：中国科学技术大学出版社，2002 年，第 245 页。

鲜半岛的火药技术是在 13 世纪高丽王朝（918～1392 年）后期直接从中国传入的。据《李朝实录·太祖实录》四年（1395 年）条载："制倭须赖火药，而国人未知。茂宣从江南客商习得火药法，试之皆验。又造大将军、二将军及三将军火炮、火桶、火筒、火箭、蒺藜炮等。"这反映了半岛在崔茂宣之前是不会制造火药的，由于战争的需要，崔茂宣从一位来自江南的中国商人那里学到了制造火药的方法，经过亲自反复实验后，制造出了各种火炮武器。这一历史事实在其他文献中也有记载，据李朝或朝鲜初期执政大臣柳成龙的《西崖集》卷一六《记火炮之始》记载："按我国本无火药，前朝末，有唐商李元者，乘船至开城礼成江，寄寓军器监崔茂宣之奴家，茂宣以奴厚遇之。李元教以煮焰硝之法，我国火药自茂宣始。""国初军器寺只有火药六斤，后递年增之。至壬辰事变前，军器库炎药已至二万七千斤矣。"这条史料也反映出半岛原无火药，后来崔茂宣跟随唐朝商人学习煮硝石合药之法制造出火药的史实，还明确指出了火药传入的时间为高丽王朝末期，而传入者为唐朝商人李元。另外，从高丽王朝初期军器寺只有火药六斤可以看出此时朝鲜尚未掌握火药制造技术，否则作为国家的中央军器机关，不可能只有 6 斤火药，这 6 斤火药也当是通过赏赐或其他途径得来；而后火药逐年增至二万多斤，反映此时朝鲜半岛已掌握了火药制造技术，但几百年的时间也不过增至二万多斤，说明其制造规模较小，或是技术掌握得还不到位。

　　根据史书记载，直到高丽朝末期，朝鲜仍然需要向中国请求赐予火药，以打击倭寇，据《高丽史》卷四四恭愍王二十二年（1373 年）条载："十一月，是月移咨中书省，请赐火药……今欲下海追捕，以绝民患。差官打造捕倭船只，其船上合用器械、火药、硫黄、焰硝等物……议和申达朝廷颁降，以济用度。"[①]此条亦可以推测出朝鲜此时尽管已经学会了制造火药，但很明显，由于某些原因其产量远远满足不了国内需求，以至于要向中国政府请求支援。洪武七年（1374 年）五月，明政府一次性向高丽调拨了硝石 50 万斤、硫黄 10 万斤和有关火器。[②]此次调拨的硝石、硫黄皆为制造火药的原料，而且数量巨大，可见，直至 13 世纪末，高丽在火药的生产上还要大量依赖中国政府。

---

① 〔朝〕郑麟趾：《高丽史》卷四四《恭愍王世家》，平壤：朝鲜科学院出版社，1957 年，第 659—660 页。
② 〔朝〕郑麟趾：《高丽史》卷四四《恭愍王世家》，平壤：朝鲜科学院出版社，1957 年，第 658 页。

　　而随后的一则史料则能较好地说明朝鲜在学会了火药制造技术后仍然不能自给的原因，宣德九年（1434 年）七月，兵曹上启："今试唐焰硝煮取之法，所出倍于乡焰硝。今秋以唐焰硝例煮取。送焰硝匠于平安、咸吉、江原、黄海等道煮取之法，俾令教习。从之。"[①]此条表明，宣德以前朝鲜所掌握的硝石生产法显然不够先进，所以才会出现向中国政府请求大量援助的情况。此时有新的硝石制造技术传入，政府遂将懂得制造焰硝的工匠分配到各地，以教导当地学习新的焰硝煮取技术。

　　日本在元军两次东征之前，对于火药并不了解，元军在两次东征日本的过程中使用了火炮、火箭和炸弹等火器，日本的武士阶层被这前所未见的火药爆炸力所震惊。他们在 1292 年的《蒙古袭来绘词》中描述了 1281 年博多湾百道原战争的情景，书中写道，盛有火药的铁罐爆炸后，冒着黑烟闪着光向日本武士飞来，还伴随着震耳欲聋的巨响。日军人马死伤甚众，他们将这种武器称为铁炮。随后，日本开始侵扰朝鲜沿海地区，但再次遭到了令他们胆战心惊的火器的还击，于是日本开始多方了解制造火药和火器的技术，而朝鲜对此非常警惕，1426 年兵曹官员上奏，因地方官煮焰硝，"恐将火药秘术教习倭人，自是沿海各官煮硝宜禁之"[②]。为了防止制造焰硝的技术泄露，政府命令沿海各道禁止煮焰硝，如此一来，短时期内有效地阻止了火药技术的东传，使得日本制造火药、火器的技术晚于欧亚一些国家。

　　越南、缅甸等东南亚国家火药技术的掌握，也与蒙古军的军事活动息息相关。越南在陈朝时，在蒙古军队水陆并进，火箭、火炮、火筒等火器的夹击下，最终沦为元朝的属国。在战争过程中，陈朝统治者认识到了火器的重要性，至迟在陈朝末期已经从中国引进了火药技术，制造出火炮等火器。[③]

　　欧洲的火药技术是 13 世纪以后随蒙古军西征直接或通过阿拉伯人间接传入的，西方关于火药的最早记载出自 13 世纪德国的阿贝特（Magnus Albert，约 1206—1280）和英国的罗杰·培根（R. Bacon，1214—1292）的作品。阿贝特关于火药的描述是直接引自阿拉伯人的一本书《焚敌火攻书》，此书关于

　　① 朝鲜科学院古典研究所编：《李朝实录分类集》第四辑《军事编之一》，平壤：朝鲜科学院出版社，1961 年，第 446 页。

　　② 朝鲜科学院古典研究所编：《李朝实录分类集》第四辑《军事编之一》，平壤：朝鲜科学院出版社，1961 年，第 283 页。

　　③ 越南社会科学委员会编：《越南历史》第一集第六章，河内：社会科学出版社，1971 年，第 250 页。

火药部分的内容约成书于 1225～1250 年。^①而培根是欧洲人中最早谈到提纯硝石技术的。但这些已是在中国火药技术传入欧洲以后的事了,且德国火药史家罗摩基依据白塔尔对硝石的记载认为:"硝石 1225～1250 年由中国传入阿拉伯世界,阿拉伯人又将这种知识介绍给欧洲人,使英国学者罗杰·培根能在 1248 年知道硝石。"^②法国专家雷诺和法韦也认为:"火药知识是 1250 年前后随蒙古军队西征时传入阿拉伯和欧洲的。"^③

柬埔寨、泰国、印度尼西亚及缅甸等国掌握火药技术也都是在 13～14 世纪以后了,而且其技术也分别直接或间接来自中国。^④

印度的火药技术是在元朝时期从中国传入的,因为印度古代虽有纵火武器,但其可燃成分中没有硝石,因此不可能是火药武器。所以有人认为公元前 300 年印度就有了火药和火器这种观点^⑤,经过许多学者研究证明是不正确的。印度学者戈代(P. K. Gode)等在考察了本国古代文献后认为,印度在 14 世纪以前没有火药,其有关火药和火药武器的知识是在元代时从中国传入的。^⑥蒙古军西征时,使用火器作战,"以火箭射其船,一时延烧。乘胜直前,破护岸兵五万,收马里四城"^⑦。此后,蒙古通过海、陆同印度直接交往,两国使团不断互访,1273～1295 年元朝派往印度的使团至少有 14 次,每次随船队前往的有携火器的卫兵、技工和医生,人数达数百人,带去了大量中国物资。^⑧与此同时,印度各地也不断派遣使者访问中国,尤其是德里苏丹国,据《元史》记载,1279～1314 年其国向中国派遣使者至少 13 次。^⑨通过这些人员的互访,

① Hime H. *Gunpowder and Ammunition: Their Origin and Progress*. London: Longmans Green, 1904, pp. 70, 73f; *The Origin of Artillery*, pt. 1. London: Longmans Green & Co., 1915, pp. 35, 58f.

② Von Romocki S J. *Geschichte der Explosivestoffe*, Bd. 1. Berlin: Oppenheim, 1895, pp. 37-39.

③ Reinaud J T, Favē I. De Feu Grégeois, de feux de guerre, et des origins de la poudre à canon chez les Arabes, Persans et les Chinois. *Journal Asiatique*, 1849, (14): 316.

④ 潘吉星:《中国古代四大发明——源流、外传及世界影响》,合肥:中国科学技术大学出版社,2002 年,第 479—481 页。

⑤ Dubois J A. *Description of the Character, Manners and Customs of the People of India*, Vol. 2, 1818, pp. 329-347.

⑥ Gode P K. *History of Fireworks in India between 1400-1900*, Bangalore, 1953, pp. 14, 26.

⑦ 张星烺:《中西交通史料汇编》,北平:京城印书局,1930 年,第 5 册,第 313 页。

⑧ 张星烺:《中西交通史料汇编》,北平:京城印书局,1930 年,第 5 册,第 473—491 页。

⑨ 潘吉星:《中国古代四大发明——源流、外传及世界影响》,合肥:中国科学技术大学出版社,2002 年,第 482 页。

火药技术得到传播。现存印度早期有关火药的梵文或波斯文写本，大多是德里苏丹国罗第王朝（1451～1526 年）时的。

根据以上事实，可知中国的火药发明远远走在世界各国的前列，对此，李约瑟博士认为："这样我们现在可使中国最先发明火药的久已著称的证据大白于世。看来很明显，西方缺乏硝石必定是对这项开发事业的限制因素。欧洲最早提及火药无疑是在 13 世纪末，即在火药于 14 世纪普遍传入之前……而当火药于 13 世纪传到伊斯兰世界和欧洲之前，它已在中国广泛应用于军事目的。"[1]

恩格斯指出："现在已经毫无疑义地证实了，火药是从中国经过印度传给阿拉伯人，又由阿拉伯人和火药武器一道经过西班牙传入欧洲。"[2]这个观点得到了许多历史学家的认可。通过中外学者的潜心研究，火药发明于中国，尔后传布于东西方各国的历史事实已得到世界公认，1974 年第 15 版的《不列颠百科全书》也修正了以往的错误说法，承认"黑火药起源于中国"[3]。

此外，造酒、制糖、造纸等生产技术的交流方面也体现了不少化学知识方面的交流，这些将在后面专门论述，这里就不再论述了。

① Needham J, et al. *Science and Civilization in China*, vol. 5, pt. 4, *Spagyrical Discovery and Inventions: Apparatus, Theories and Gifts*. Cambridge: Cambridge University Press, 1980, p. 195.

② 《马克思恩格斯全集》第 7 卷《德国农民战争》，北京：人民出版社，1979 年，第 386 页。

③中国大百科全书出版社《简明不列颠百科全书》编辑部译编：《简明不列颠百科全书》，北京：中国大百科全书出版社，1985 年，第 4 册，第 101 页。

第三章　应用科学的发展

一、医药学的发展

中华民族在生产和生活实践中，在医药卫生方面做出了许多优秀的贡献。中国医药学在发生、发展过程中，无论是在疾病认识、医疗技术、诊断技术还是在药物知识方面，都曾走在世界医药学发展的前列。世界各民族都有自己的医疗体系，中国传统医学很早就建立了自己的医学理论、医疗经验、医疗技术和丰富的医药学典籍，当之无愧地成为世界传统医学重要的组成部分。在现代医学突飞猛进的今天，中国传统医学越来越被世界许多国家的医学家所重视，成为世界医学的一个重要组成部分。

人类从一存在就迫于生存需要，逐步地积累医学知识，先秦时期中国已经初步形成了医学理论体系，两晋南北朝时期已经积累了丰富的医疗经验，并开始探索新的医疗方法，这为隋唐时期医学的全面兴盛奠定了基础。唐代中国医药学无论是在医学基础理论、药物学、方剂学、临床医学还是医学教育方面都获得重大发展，这得益于唐帝国的统治稳定、国力强盛，更得益于统治者对医学的重视，直接参与对医学事业的组织和领导，采取了一些有利于医药学发展的措施，使医学发展出现了新局面。唐代以前的医学经验和著作由于战乱和割据存在一定的局限性，而唐代大一统局面下，医学经验的交流空前活跃，不仅各民族间的交流空前频繁，同东亚、西域的交流也得到恢复和发展。唐朝在全面综合整理以前医学成就的基础上，吸取当代医家、人民群众、来自外国和兄弟民族的有效方药经验，继往开来，为医学的理论和实践在更高的层次上继续发展奠定了新的基础。

1. 医学的成就

唐代医学的成就在历代最为突出，不仅医疗机构非常健全，医事制度也比较完善，在中央及地方都设立了医学教育机构，培养了大量的专门人才，从而极大地促进了唐代医学事业的发展。关于医疗机构和医学教育的情况，后面在相关章节中专门论述，这里只就医事制度和医学发展情况作一介绍。

在录用和考核医生方面。在唐朝之前，医生的选任大多是通过官方征召入仕或个人自荐。在唐代仍然还有通过官方征召入仕的，如孙思邈，由于医术精良，唐太宗、唐高宗曾数度征召欲赐其官职。"太宗初，召诣京师，年已老，而听视聪瞭，帝叹曰：'有道者！'欲官之，不受。显庆中，复召见，拜谏议大夫，固辞。上元元年，称疾还山。"①孙思邈由于声名在外，所以受到了太宗、高宗两朝皇帝的征召。

但这种由于医术高明而被统治者直接赐以官职的传统方式在唐代只是选取医官的一种方式，更多的则是通过明确的考核方法。如医术特别优良之人，也可通过制举入仕。唐玄宗于开元二十二年（734 年）三月首次明确提出将"道术医药举人"列入制科，从此，医学人才可以通过制举入仕。"二十二年三月，诏曰：博学多才、道术医药举人等，先令所司表荐，兼自闻达。敕限以满，须加考试。博学多才举人，限今年四月内集；道术医药举人，限闰三月内集。其博学科试明三经两史已上，帖试稍通者，多才科试经国商略大策三道，并试杂文三道，取其词气高者。道术医药举，取艺业优长，试练有效者，宜令所由依节限处分。"②即道术医药举人以前既可以通过地方政府举荐，也可以自己报名，现在则需要通过正式考试选取，选取的标准是医术精湛。对于从各级医学校毕业的学生，政府则在常举中设置了相应的科目，经过考试录用合格的人员入仕，保证了从医人员皆有一定的出路。这种通过考试选拔医官的制度，有利于医学人才学得所用，并在一定程度上规范了医疗队伍。

唐代除了在选用医生时有严格的考试制度外，对已录用的医生也有相应的考核，以奖优惩恶。考核的主要标准是治疗效果，《旧唐书·职官志》对官吏考核的规定有"四善"和"二十七最"，其中第二十三最为"占候医卜，效验居多，为方术之最"③，可见考核医疗人员的主要标准是依据其治疗效果的好坏。

唐朝还制定了相应的法规，以规范医生的行为。唐人认为医生的职责不再仅仅是救死扶伤，还要承担一定的社会责任。由于医师职业的特殊性，还应受

---

① 《新唐书》卷一九六《隐逸传·孙思邈传》，北京：中华书局，1975 年，第 5596—5597 页。

② （宋）王钦若等编：《册府元龟》卷六三九《贡举部·条制一》，北京：中华书局，1960 年影印本，第 7671 页。

③ 《旧唐书》卷四三《职官志》，北京：中华书局，1975 年，第 1823 页。

到一定的法律约束，若其不能在法律规定下履行职责，则要承担一定的法律责任，这些在《唐律》中都有明确的规定，具体情况如下。

（1）对医师无意造成失误的规定。例如，合药有误者要处以一定刑罚。《唐律》规定："诸合和御药，误不如本方及封题误者，医绞。"①即为帝王合药，须先开处方，并严格按照处方上的药材和药量合药，药合成后，在题封上还要注明药性及服药注意事项，无论是处方还是题封出错，医生都要被绞死。除对医生有严格规定外，对其他医辅人员，如管理药品者等也有规定，在药物的挑选、制作等方面也要严格把关，去坏存好，否则也要受到一定的处罚。

当然，为老百姓合药出错就没有为皇帝合药出错的处罚严重了，虽不至于杀头，却也要判以刑罚，"诸医为人合药及题疏、针刺误不如本方杀人者，徒二年半……其故不如本方杀伤人者，以故杀伤论，虽不伤人，杖六十，即卖药不如本方杀伤人者，亦如之"②。即为普通人合药时，如果所用药材或题封有误，或针灸不当致人死亡，就要处以二年半的徒刑；如果只是使病人受伤，但未危及性命，则以故意伤人论处；即使出错没有伤及病人，也要杖六十，以示警诫。卖药者如药品与药方不相符合，与合药有误一样论处。此条要求医师在行医过程中要心细如发，对药品层层把关，若因粗心大意对病人造成意外伤害，要承担一定的法律责任，这可以算是唐代处理医疗事故的法律依据。

（2）对医师故意造成伤害或隐瞒事实的规定。《唐律》规定："诸医违方诈疗病而取财物者，以盗论。"③对于医师为了获取财物而故意不按药方开药的，以所获财物多少按盗窃罪量刑。

另外，受命检查应役者身体状况的医生要如实提交检验报告，否则要承担法律责任。"诸诈病及死伤，受使检验不实者，各依所欺，减一等。若实病死及伤，不以实验者，以故入人罪论。"④即医生若对欲逃避官役而诈病或诈伤

---

①《唐律疏议》卷九《合和御药》，《文渊阁四库全书》，上海：上海古籍出版社，1987年，第672册，第136页。

②《唐律疏议》卷二六《医合药不如方》，《文渊阁四库全书》，上海：上海古籍出版社，1987年，第672册，第319页。

③《唐律疏议》卷二五《诈违·医违方诈疗病》，《文渊阁四库全书》，上海：上海古籍出版社，1987年，第672册，第314页。

④《唐律疏议》卷二五《诈违·诈病死伤不实》，《文渊阁四库全书》，上海：上海古籍出版社，1987年，第672册，第314页。

者徇私舞弊，提交虚假检查报告，要受诈病者应得刑罚的减一等处罚；如果应役者确有伤病，但检查医师不以实相告，也要负法律责任。

这是对医师职业道德的一个要求，医师不能欺上瞒下，无论是欺骗病人还是国家，都将受到法律的惩处。

（3）对出售有毒药品的管理。《唐律》规定："诸以毒药药人及卖者，绞（谓堪以杀人者，虽毒药，可以疗病，买者将毒人，卖者不知情不坐）。即卖买而未用者流二千里。"这一条是针对经营药物的医生而定的，一些药品既可以杀人，也可以疗伤，卖者要格外慎重，如果利用其药性故意毒杀人或明知购买者杀人用意而依然出售造成他人死亡者，要处于绞刑，即使买者还未来得及实施杀人计划，卖者也要处以流两千里的刑罚。当然，如果卖者不知买者购药是用来害人性命的，则不用负连带责任。

对于制造毒药害人性命这种利用职业技术犯罪，唐代是不容减免刑罚的，如咸通十二年（871年），唐懿宗曾命对在押囚徒疏理释放，但不包括犯"十恶忤逆、故意杀人、合造毒药、持仗行劫、开发坟墓"[①]者，十四年（873年）又规定对在押囚徒减罪一等，仍然不包括"十恶忤逆、故意杀人、官典犯赃、合造毒药、放火持仗、开发坟墓"[②]者，此后，唐僖宗时期也有同样的规定。可见，政府对这种利用职业犯罪的打击非常严厉，不论制造毒药的行为是否造成严重后果，都无法得到宽免。这一方面是为了维护法律的尊严，另一方面更多的是意识到医药的特殊性，防止医师利用职业便利犯罪。

将医生的职责明确地提升到法律地位，反映出唐代对医生这个特殊职业有了深刻的认识，认识到医药关系到个人的性命，需要从业者有更强的责任心和更高的职业道德，因此以法律的形式规定从医人员的职责和权限，有助于提高医疗人员的责任心，减少因粗心大意造成的医疗事故。一旦医师违规，则可依据相关法律进行处罚。同时，唐代也意识到医能救人，亦能害人，相应的处罚也能在一定程度上有效地预防职业犯罪。

不仅是政府从法律的高度对医生的职业道德提出了要求，医学工作者也已经意识到，一个好的医生不仅仅要拥有高明的医术，还要有良好的医德。这一

---

① 《旧唐书》卷一九上《懿宗本纪》，北京：中华书局，1975年，第677页。
② 《旧唐书》卷一九上《懿宗本纪》，北京：中华书局，1975年，第683页。

点孙思邈在《备急千金要方》开篇中已明确提出，他在"大医习业"和"大医精诚"两篇中专门讨论医德，强调要成为一个好医生，不但必须具备过硬的医学知识和技能，还应该有良好的医德，学习医学知识时要谦虚谨慎，救治病人时要全心全意，"凡大医治病，必当安神定志，无欲无求，先发大慈恻隐之心，誓愿普救含灵之苦。若有疾厄来求救者，不得问其贵贱贫富，长幼妍媸，怨亲善友，华夷愚智，普同一等，皆如至亲之想。亦不得瞻前顾后，自虑吉凶，护惜身命，见彼苦恼，若己有之，深心悽怆，勿避崄巇、昼夜、寒暑、饥渴、疲劳，一心赴救，无作工夫形迹之心，如此可为苍生大医。反此则是含灵巨贼"①。即医生看病时要心境平和，对病人要心怀慈悲，无论病人贫穷贵贱，要一视同仁，决不可带着感情色彩去治病。同时，更不能受外界金钱、名利或个人安危等影响，要设身处地为病人着想，克服一切艰难险阻，不分夜晚白天、春夏秋冬，不顾饥渴劳累，只为救死扶伤，如此，才能真正成为大医，否则就是苍生之罪人了。这可以说是唐代医学工作者在道德层面对从业者所做的一个规范。

在具体治病时，医生要"胆欲大而心欲小，智欲圆而行欲方"②。即医生在治疗中要敢于创新，要灵活多变，但更要谨慎小心，医疗行为要建立在遵循医疗规范的基础上。

据此可见，唐代不仅在法律上要求行医者必须遵守医疗规范，在道德层面也对医师提出了很高的要求。这表明唐代的医学发展非常迅速，不仅在医术上有了很大提高，在医德方面也有了新要求，同时也反映出从业人员增多，需要更好的管理，在法律和道德的双重制约下，医疗界的行为将得以规范。

唐代医学发展的另一个标志，就是医典的编撰成就十分突出。据《旧唐书·经籍志》记载："右明堂经脉二十六家，凡一百七十三卷。……右医术本草二十五家，养生十六家，病源单方二家，食经十家，杂经方五十八家，类聚方一家，共一百一十家，凡三千七百八十九卷。"③据此记载可以看出，唐代的医学著作数量是非常庞大的，三百年间医学著作达三千七百多卷。更可贵的是，这些著作门类非常齐全，涉及明堂经脉、医术、本草、养生和饮食等方面，

① （唐）孙思邈：《备急千金要方》卷一《论大医精诚第二》，《文渊阁四库全书》，上海：上海古籍出版社，1987年，第735册，第16—17页。
② 《旧唐书》卷一九一《孙思邈传》，北京：中华书局，1975年，第5096页。
③ 《旧唐书》卷四七《经籍志下》，北京：中华书局，1975年，第2047—2051页。

基本涵盖了现代医学的各个方面。

这些著作中，有许多影响深远、为后世所传承的经典之作。如孙思邈于652年撰成的《备急千金要方》，他鉴于古代诸家医方散乱浩博，便博采群经，删裁繁复，成书30卷。书成后，孙氏仍感不足，于是又在此基础上编成《千金翼方》30卷，以弥补前书的不足，二者合称《千金方》。《千金方》内容详博，是我国历史上第一部临床医学百科全书，包括妇科、儿科、食疗、养生、孔穴等各个门类的药方，集唐以前医方学之大成，加以当时流行的许多验方，成为唐代最有代表性的医药学著作。宋代学者还选择了其中的重要部分编成《千金宝要》，并刻碑石以广为流传。

王焘继孙思邈之后，于752年撰成又一部唐代医方巨著《外台秘要方》，全书共40卷，引用了各家著述2800余条，收载医方6000余例，分门别类地论述了临床各科疾病的病因、病理和诊断治疗，对唐以前的医学作了比较全面的整理和总结。全书保存了大量古代医学文献资料，对后世有着深远的影响。《外台秘要方》被历代医家称为"世宝"，医家普遍认为，"不观《外台》方，不读《千金》论，则医人所见不广，用药不神"。

医学分科是医学发展到一定水平的产物，隋唐时期的临床医学分科已十分明确，太医署中设有医科、针科、按摩科和咒禁，而医科又分体疗、少小、疮肿、耳目口齿、角法，实际上就是内科、儿科、外科、五官口腔和拔火罐疗法等。此后，宋、元、明、清又在此基础上进行了更细的分科。医学分科的发展，是我国古代医学水平在世界上占据领先地位的一个表现，阿拉伯国家在9世纪左右才开始进行医学分科，而不少其他国家则更晚。

唐代妇产科发展迅速，开始向专科化深入发展。唐代医家对妇女和儿童疾病非常重视，名医孙思邈尤为重视妇女疾病，他撰写的《备急千金要方》中，就有妇人方六卷。他认识到女子除了可能因为天气或冷热变化引起与男子同样的疾病外，还有两个原因容易导致女性患上不同于男性的疾病。一者"女人嗜欲多于丈夫，感病倍于男子，加以慈恋爱憎嫉妒忧恚，染者坚牢，情不自抑，所以为疾根深，疗之难瘥"[①]；二者"夫妇人之别有方者，以其胎妊、生产、

① （唐）孙思邈：《备急千金要方》卷二《妇人方·求子第一》，《文渊阁四库全书》，上海：上海古籍出版社，1987年，第735册，第37—38页。

崩伤之异故也。是以妇人之病，比之男子十倍难疗，经言：妇人者，众阴所集，常与湿居，十四以上，阴气浮溢，百想经心，内伤五藏，外损姿颜"①。即女子较男子有更多的欲望，又较感性，容易大喜大悲，所以感染疾病的概率和程度都要高于男子；而且女子肩负传宗接代之职，在怀孕、生产中会遇到多种疾病的困扰。所以他强调每个女子都应该了解自身容易患病的缘由，在性情上"随情逐物"，了解一些生育知识，以尽量避免可能由此产生的疾病。"四德者，女子立身之枢机。产育者，妇人性命之长务。若不通明于此，则何以免于夭柱者哉。故傅母之徒亦不可不学，常宜缮写一本，怀挟随身，以防不虞也。"②为了女子的身体健康，他建议"养生之家，特须教子女学习此三卷妇人方，令其精晓，即于仓卒之秋，何忧畏也"③。

《备急千金要方》除了详细阐述妇人多病的原因外，还系统地阐述了胎前、产后、月经不调、崩伤、带下等多种产科和妇科疾病的防治。对于孕妇，该书除了强调注重产前检查及节制嗜欲、调和性情外，还论述了如何处理难产、胎死腹中和各种妇科疑难杂症的治疗方法。同时，该书还对妇产科医疗工作者提出了更高的要求，如要求接生人员工作中不可面露惊慌或忧惧，以免影响产妇心情而导致难产。

其后，成书于 847~852 年的昝殷的《经效产宝》成为现存最早的妇产科专著，该书集唐以前诸家关于胎产的论述，兼收民间验方，结合个人临床经验而著。全书共 3 卷，分 52 篇，371 方，围绕妊娠、分娩、产后等 20 余种产科常见病症详加讨论，还特别对横产和倒产做了重点介绍。该书保留了唐以前产科方面的经验方药，对后世妇产科有重要的参考价值，对中国产科的发展有一定贡献。

唐代还是中国儿科治疗学迅速成长的一个时期，唐人强调"生民之道，莫不以养小为大"④，唐政府太医署中设置的四科之一"少小"科便是儿科，表

---

① （唐）孙思邈：《备急千金要方》卷二《妇人方·求子第一》，《文渊阁四库全书》，上海：上海古籍出版社，1987 年，第 735 册，第 37 页。

② （唐）孙思邈：《备急千金要方》卷二《妇人方·求子第一》，《文渊阁四库全书》，上海：上海古籍出版社，1987 年，第 735 册，第 38 页。

③ （唐）孙思邈：《备急千金要方》卷二《妇人方·求子第一》，《文渊阁四库全书》，上海：上海古籍出版社，1987 年，第 735 册，第 38 页。

④ （唐）孙思邈：《备急千金要方》卷八《少儿婴孺方·序例第一》，《文渊阁四库全书》，上海：上海古籍出版社，1987 年，第 735 册，第 131 页。

现了儿科在国家医疗体系中的重要性。这一时期治疗儿科疾病的方剂数量猛增，《千金方》和《外台秘要方》等大型医书中均列有大量的小儿专篇，记载了大量的儿科方剂，《备急千金要方》以七卷的篇幅专门论述了儿科疾病，特别是对新生儿的护理、乳母的选择、婴幼儿的发育、哺乳等问题都进行了科学的论述，这些方法至今都有科学意义。

同时，小儿方书也大量问世，如李清的《小儿医方》、周梃的《保童方》、俞宝的《少小节疗方》、孙会的《婴孺方》和姚如众的《延龄至宝方》等，这表明了当时儿科药物知识的发展。

此时，儿科的治疗手段也多了起来，除了传统的疗法，各种治疗方法以及多渠道用药法也在不断运用，隋唐以来的灸法治疗经验在唐朝得到了系统总结，而按摩法也开始引入小儿疾病治疗中来，《千金方》中对小儿按摩法的应用非常频繁。

在内科方面，唐代对内科杂病的病因与病机认识有了更进一步的提高，并开始结合脏腑辨证，如孙思邈在《备急千金要方》中以脏腑为纲类列举了各科杂病。从第十一卷至第二十卷，每卷依次列出与肝脏、胆脏、心脏、小肠腑、脾脏、胃腑、肺腑、肺脏、大肠腑、肾脏、膀胱腑等与脏腑相关的疾病，在每脏每腑下面又分别阐述了寒热虚实。这种突出以脏腑为纲的分类方法，与近代的系统分类法非常相似，不但提高了人们对内科杂病的认识，还将中医理论中的脏腑学说与临床诊治紧密联系起来，对临床治疗具有积极的指导意义。

对一些内科常见病，孙思邈在前代治疗方法的基础上提出了更加深刻的见解，如对消渴病的治疗，《备急千金要方》卷六三记载了治疗消渴病即糖尿病的方法：

> 凡消渴病，经百日以上者不得灸刺，灸刺则于疮上漏脓水不歇，遂致痈疽，羸瘦而死，亦忌有所误伤，但作针许大疮，所饮之水皆于疮中变成脓水而出，若水出不止者，必死，慎之、慎之。初得患者，可如方灸刺之，消渴咽喉干，灸胃管下输三穴各百壮，穴在背第八椎下横三寸间，寸灸之；消渴口干不可忍者，灸小肠输百壮，横三间寸灸之；消渴口干烦闷，灸足厥阴百壮，又灸阳池五十壮；消渴欬逆，灸手厥阴随年壮；消渴小便数，灸两手小指头及足两小趾头，并灸项椎佳，又灸当脊

梁中央解间一处，与腰目上两处，凡三处，又灸背上脾俞下四寸当夹脊梁，灸两处，凡诸灸皆当随年壮。①

　　这反映了孙思邈在前人的基础上对糖尿病治疗方法的认识更为细化，他提出对初患糖尿病者可用传统的灸法治疗，且症状不同的病人灸的位置及数量也各不相同。同时提出患病百日以上者则不可再用针灸治疗，否则可能由于化脓感染而破皮成痈，进而导致死亡。可见此时人们对糖尿病的认识和治疗已经上升了到更高的层次，能够针对不同症状的病人对症下药。而对其治疗不当可能引起的并发症则提出了警告，这对后世的治疗有积极意义。

　　其他如在伤寒病、脚气病的治疗方面，唐人都有了更进一步的认识。

　　外科在我国出现较早，早在周代就已经出现了治疗疮疡等外科疾病的专科医生，东汉末年著名的医学家华佗就是以其高超的外科手术而闻名于世。唐代外科有了更大发展，成为一个独立于其他东汉末年各科的分科。此时已有许多专书出现，并在临床上取得了突出的成就。

　　唐代外科发展的一个重要特点是以治疗痈疽为重点，当时在化脓性感染等疾病的诊治方面也已达到相当高的水平。②孙思邈在《备急千金要方》中对糖尿病并发化脓性感染进行了确切论述，还对骨关节结核病作了深入的探索，如对好发附骨疽的部位做了总结，"凡附骨疽者，以其无破附骨成脓，故名附骨疽。喜著大节解中，丈夫产妇喜著䏶中，小儿亦著脊背"③。即附骨疽生长的部位因人而异，男人与孕妇经常长在腿上，而小儿则多生脊背。

　　唐人还发现妇女大多会得乳痈，"凡女人多患乳痈，年四十以下治之多瘥，年五十已上慎勿治，治之多死，不治自得终天年"④。陈玲认为孙思邈发现的乳痈即乳癌⑤，孙氏认为女人大多会得乳癌，不同的是，40岁以下的女人治疗多会痊愈，而50岁以上的则不应该治疗，治疗大多促成死亡，不治反会得终

　　① （唐）孙思邈：《备急千金要方》卷六三《消渴方》，《文渊阁四库全书》，上海：上海古籍出版社，1987年，第735册，第660页。

　　② 陈玲：《〈唐会要〉的科技思想》，北京：科学出版社，2008年，第178页。

　　③ （唐）孙思邈：《备急千金要方》卷六八《丁肿方》，《文渊阁四库全书》，上海：上海古籍出版社，1987年，第735册，第710页。

　　④ （唐）孙思邈：《备急千金要方》卷七〇《治妬乳方》，《文渊阁四库全书》，上海：上海古籍出版社，1987年，第735册，第732页。

　　⑤ 陈玲：《〈唐会要〉的科技思想》，北京：科学出版社，2008年，第178页。

天年。

在尿闭的急救处理中，孙思邈总结前人的经验，并发明了我国医学史上最早的导尿术，"凡尿不在胞中，为胞屈僻，津液不通，以葱叶除尖头，内阴茎孔中，深三寸，微用口吹之，胞胀，津液大通，即愈"①。即用去掉头部的葱叶做导管，治愈尿路不通的疾病。这种方法在世界医学史上都属先进，直到 1860 年，法国医生拿力敦才发明出了橡皮管导尿术，比中国晚了 1000 多年。

唐代的外科手术已达到相当高的水平，出现了整形外科，如唇裂修补术达到了很高水平，《唐摭言》载："方干，为人唇缺，遇医补唇，年已老矣，人号曰：补唇先生。"②即唐人方干由于缺唇作了唇裂修补，被人称为补唇先生。这种缺唇即今天所说的唇裂或者兔唇。

唐代还出现木制义眼，即假眼。义眼是一种假肢产品，用来弥补因事故或恶疾造成的眼部残疾或缺失，以补救面部缺陷。《太平御览》载："唐崔瑕失一目，以珠代之，施肩吾嘲之曰：'二十九人及第，五十七眼看花。'"③新科进士崔瑕失掉一目，用某种不知材质的珠子来代替缺失的眼睛。又《玉芝堂谈荟》引《吴越备史》载："唐立武选，以高上击球，较其能否，而黜陟之。周宝常与此选，为铁钩所摘一目，暗失，宝取睛吞之，复击球，获头筹，遂授泾原，敕赐木睛代之。木睛不知何木，置中无所碍，如真睛矣。"④周宝参加武举考试，意外伤及眼睛，皇帝恩赐其木制义眼。虽然不知义眼为何木所制，但放入眼眶后转动无碍，与真眼无异。当今天的人们津津乐道于解决义眼活动性难题是现代医学的一大突破时，殊不知 1000 多年前，唐人已经成功地制造出了能够灵活转动的木制义眼。可见唐代外科手术中，义眼技术已达到一定水平，可以用木头制眼或珠子代替真眼，而且转动无碍，能够达到以假乱真的效果。

① （唐）孙思邈：《备急千金要方》卷六一《膀胱腑方·胞囊论第三》，《文渊阁四库全书》，上海：上海古籍出版社，1987 年，第 735 册，第 632 页。

②（清）陈元龙：《格致镜原》卷一一《身体类·口》，《文渊阁四库全书》，上海：上海古籍出版社，1987 年，第 1031 册，第 142 页。

③（清）陈元龙：《格致镜原》卷一一《身体类·目》，《文渊阁四库全书》，上海：上海古籍出版社，1987 年，第 1031 册，第 138 页。

④（明）徐应秋：《玉芝堂谈荟》卷一四《磁眼木睛》，《文渊阁四库全书》，上海：上海古籍出版社，1987 年，第 883 册，第 336 页。

　　唐代的肠吻合手术在前代的基础上，有了更大的进步，对缝合的方法和步骤有了具体的规定，据《诸病源候论》卷三六载："凡始缝其疮，各有纵横，鸡舌隔角，横不相当，缝亦有法，当次阴阳，上下逆顺，急缓相望，阳者附阴，阴者附阳，腠里皮脉，复令复常，但亦不晓，略作一行。"即所谓的"8"字缝合法。

　　牙科治疗开始使用汞合金来填补缺落的牙齿。如《新修本草》中记载的银膏，就是用锡、银箔和水银合成的一种填补剂，来填补缺损或脱落的牙齿，这是世界上最早使用汞合金补牙的技术，而这种技术西方则晚至 19 世纪才开始应用。

　　在针灸方面，古人认为疾病发于人的脏腑之中，随着经脉可能到达人体的各个部位，所以发病位置很难预测，光靠药物很难迅速到达发病位置，故提出药物治疗与针灸并行，即"汤药攻其内，针灸攻其外，则病无所逃矣"[1]。可见，古人认为针灸在疾病的治疗中与药物起到了同等重要的作用，因此，古人非常重视针灸的作用，针灸学也成为中国传统医学中的一个重要学科，并且成为世界医学的组成部分。

　　唐人对针灸非常重视，"知针知药，固是良医"[2]，即只有既懂得针灸又深知药物，才能成为一名好医生。针灸学必须要掌握人体的穴位，唐之前已有传统的明堂图用来指示人体穴位，一般为正人、伏人、侧人三人明堂图，然而旧图年代久远，在流传过程中又有错讹。鉴于腧穴命名、定位混乱的现象，唐政府在 627～649 年命甄权等进行了校订针灸图书的工作，对针灸经络腧穴的名称及定位实施了全面的修整与厘定，结束了两晋以来腧穴纷杂的局面，使经络腧穴理论进一步得到充实和发展，为针灸医学和教育的发展做出了卓著的贡献。

　　隋唐两代，著名的医学家甄权、孙思邈等都精通中医各科，对针灸学也很有研究，其中甄权尤以精通针灸闻名，他一生著述颇多，绘有《明堂人形图》一卷；撰有《针经钞》三卷，《针方》《脉诀赋》各一卷，《药性论》四卷。这些著作均已亡佚，只有部分内容可见于《备急千金要方》《千金翼方》《外台秘要方》等书中，对后世医学产生了重大影响。后来，孙思邈在甄权针灸图

---

　　① （唐）孙思邈：《备急千金要方》卷八七《针灸》，《文渊阁四库全书》，上海：上海古籍出版社，1987 年，第 735 册，第 873 页。

　　② （唐）孙思邈：《备急千金要方》卷九〇《针灸·孔穴主对法第八》，《文渊阁四库全书》，上海：上海古籍出版社，1987 年，第 735 册，第 903 页。

的基础上绘制了新的《明堂三人图》，"依甄权等新撰为定云耳"①。这是现知
最早的彩色经络腧穴图，其绘图所用色彩与相应经脉的五行属性相适应，绘图
的尺寸采用的是《明堂正经》所规定的人为"七尺六寸四分之身"，并注明所
用尺度为夏家小尺，按照这个大小的一半高度按比例绘制。这与以往采用《灵
枢经》所规定的人为"七尺五寸"不同。彩色针灸绘图对提高针灸教学质量、
准确取穴定位等有着重要的作用。此后，王焘在此基础上进一步将针灸经络图
改绘为十二幅有色挂图。这一绘图体例对于宋以后的明堂铜人图的演变产生了
深远的影响。

在利用针灸治疗疾病方面，孙思邈撰写的《备急千金要方》《千金翼方》
等书中广泛地收入了前代各家的针灸治疗经验，并在其基础上进一步总结经
验，提出了更细更完备的治疗方法。他最早提出了"阿是穴"，并说明了其作
用，"有阿是之法，言人有病痛，即令捏其上，若里当其处，不问孔穴，即得
便快成痛处，即云阿是。灸刺皆验，故曰阿是穴也"②。即不必完全刻意局限
于传统的经络图，也可以用手寻找疼痛处，以其为腧取穴，用针灸治疗此处，
屡试屡中，这种穴位便称为阿是穴。这种方法不仅有效治疗了疾病，还开辟了
针灸学的新领域，可以发现一些经外穴位。

孙思邈还首创了孔穴主对法和同身寸法的针灸法。所谓孔穴主对法，"穴
名在上，病状在下，或一病有数十穴，或数病共一穴，皆临时斟酌作法用之"③。
即将与同一穴位对应的病情统统列举其下，这种分类记载的方法有利于医生临
床使用，诊断病情时可以对症下药。人体孔穴大都位于脏腑中，而个体由于胖
瘦、高矮、老少各有差异，为了准确定位人体穴位，孙思邈提出了同身寸法，
"取病者男左女右手中指上第一节为一寸，亦有长短不定者，即取手大拇指第
一节横度为一寸，以意消息，巧拙在人，其言一夫者，以四指为一夫"④。即

---

① （唐）孙思邈：《备急千金要方》卷八七《针灸》，《文渊阁四库全书》，上海：上海古籍出版社，
1987年，第735册，第873页。

② （唐）孙思邈：《备急千金要方》卷八九《针灸·灸例第六》，《文渊阁四库全书》，上海：上海古
籍出版社，1987年，第735册，第898页。

③ （唐）孙思邈：《备急千金要方》卷九〇《针灸·孔穴主对法第八》，《文渊阁四库全书》，上海：
上海古籍出版社，1987年，第735册，第903页。

④ （唐）孙思邈：《备急千金要方》卷八九《针灸·灸例第六》，《文渊阁四库全书》，上海：上海古
籍出版社，1987年，第735册，第896页。

依患者性别用其手指来测算穴位，是一种针对性较强、简单实用的方法，解决了因个体差异导致难以确定穴位或定位出错的问题。

按摩法古已有之，《黄帝内经》中已提到按摩，"中央者，其地平以湿，天地所以生万物也众。其名食杂而不劳，故其病多痿厥寒热，其治宜导引按跷"[①]。其后两汉至魏晋，按摩术被广泛用于健身、养生术中。隋唐时期，按摩术有了前所未有的进展，成为中医治疗学的重要组成部分。

唐代按摩术的作用得到了极大重视，太医署中设置了按摩科培养专门的技术人才，以适应社会需求。

隋唐的按摩法使用尤其广泛，在妇儿科的临床中也得到了推广和普及。孙思邈非常推崇小儿按摩疗法，如治小儿中客病时，"用豉数合，水拌令湿，捣熟，丸如鸡子大，以摩儿额及手足心各五六遍毕，以丸摩儿心及脐，上下行转摩之"[②]。即把捣熟的豉团成鸡蛋大小，用来按摩孩子的额头、手脚心、心脏及肚脐数遍，就可治愈。此外，还可用按摩法治疗小儿鼻塞、夜啼等疾病。

孙思邈还在《备急千金要方》中收录了老子按摩法和天竺国按摩法等。他强调老人如果能按照天竺按摩法"日别能依此三遍者，一月后百病除，行及奔马，补益延年，能食、眼明、轻健、不复疲乏"[③]。

民间医学知识也通过各种方式得到了普及。一些大臣被贬官后闲来无事，或出于爱好收集一些药方汇编成集，如陆贽为避谤不著书，因为所住地瘴疫流行，故编成《陆氏集验方》五十卷[④]；元和中刑部郎中薛景晦被贬为道州刺史后，编成《古今集验方》十卷；杨归厚从左拾遗被贬为凤州司马后编成《产乳集验方》三卷。[⑤]这些著作所收录药方都是一些简单实用的，有利于百姓实际操作。唐初，甚至有人将民间验方 140 多个刻在了龙门石窟药方洞，可治疗 40 多种疾病，以便于邻近和来往旅客应急之需。

---

① （唐）王冰著，（宋）林忆校正：《黄帝内经素问》，北京：人民卫生出版社，1956 年影印本，第 31 页。

② （唐）孙思邈：《备急千金要方》卷一一《客忤第四》，《文渊阁四库全书》，上海：上海古籍出版社，1987 年，第 735 册，第 149 页。

③ （唐）孙思邈：《备急千金要方》卷八二《按摩法第四》，《文渊阁四库全书》，上海：上海古籍出版社，1987 年，第 735 册，第 837 页。

④ 《旧唐书》卷一三九《陆贽传》，北京：中华书局，1975 年，第 3818 页。

⑤ 《新唐书》卷五九《艺文志》，北京：中华书局，1975 年，第 1572 页。

为了解决许多地方医药知识贫乏、医师力量薄弱的问题，唐朝统治者也多次颁布医方本草于诸州府，唐玄宗天宝五载（746年）八月，颁下榜示广济方敕："朕顷者所撰《广济方》，救人疾患……宜命郡县长官，就《广济方》中逐要者，于大板上件录，当村坊要路榜示，仍委采访使勾当，无令脱错。"①即朝廷命令各郡县长官将《广济方》择要写在大板上，立于乡村要道之旁，宣传和普及医药知识。贞元年间，又编成《广利方》颁行天下，贞元十二年（796年）二月，"御撰《广利方》五卷，颁天下"②。张榜公布的这些药方本草都是百姓在日常生活中可能经常遇到的。普及医药知识一方面可以缓解由于医学工作者的不足而带来的百姓看病难问题，使百姓能够了解医学知识，一些常见病百姓可以自己解决，增强了百姓应急能力；另一方面也能在很大程度上使百姓避免因医学知识匮乏而错误使用药物带来的伤害。

2. 药学的成就

古代中国，草为药之本，从而产生了本草这个词。药物中草木占有很大比例，此外，鸟、兽、虫、鱼等动物和矿物有相当一部分也作药用。本草学就是以作药用的动植物、矿物为对象，弄清其名称、真伪、气味、毒性等，确定其效用的学术，相当于今天的药物学。在古代的东西方国家，药物学最初并不是作为一种独立的学问出现，而是作为治疗必须掌握的知识，作为医学的一个分科而发展起来的。

本草学在中国很早就已经出现了，神农尝百草的传说说明本草学在上古时期就已出现，著于公元前3世纪的《山海经》，已分门别类记载有动物270种、植物150种、矿物60种。此后经过历代的发展，至南朝梁时，陶弘景集古今之大成，修成《神农本草经》，记述了大量可供药用的动植物和矿物。

至唐朝时，政府对药物学非常重视，659年，高宗命苏敬等编撰成《新修本草》，全书共分54卷，分药图、药经、本草三部分，收载药物844种，修正过去本草经籍记载有差错的药物400种，增补新药100多种。书中详细记述了药物的味性、产地、功效和主治的疾病，还广泛记载了当时民间的用药经验，以及一些外国传入的药物知识。其编撰者许多都是当时的名医，这是我国，也

① （宋）宋敏求编：《唐大诏令集》卷一一四《医方·榜示广济方敕》，北京：中华书局，2008年，第595页。

② （唐）杜佑：《通典》卷三三《职官下·总论郡佐》，北京：中华书局，1984年，第190页。

是世界上第一部由国家颁行的药典，比过去认为是世界上第一部药典的《纽伦堡药典》（1542 年）早 800 多年。

《新修本草》系统地总结了唐以前的药物学成就，图文并茂，内容丰富，具有较高的学术水平和科学价值。书颁行后，成为当时全国对药物性味、主治、用法、炮制和产地等有规范性要求的依据，也成为对医生、药商有法律性约束的一部标准性药物学著作，当时的太医署用它作为教材，也为它的普及创造了条件。当时的朝鲜、日本都派人来传抄，并且成为其培养医生的教材。

《新修本草》编订后，民间还出现了大量增订本草的书籍，如陈藏器的《本草拾遗》，韩保升的《蜀本草》，王方庆的《新本草》，杨损之的《删繁本草》，徐天山的《本草》，李密的《药录》，甘溶之的《本草药方》《甄氏本草》《桐君药录》《药用要目》《本草集录》《本草钞》《本草杂要诀》《诸药异名》，这些药物学著作的出现，对于本时期药物学的成就更是锦上添花。

唐人已经很重视食疗，所以唐代还出现了一些食疗本草专书，如孟诜的《食疗本草》、陈士良的《食性本草》等，都是介绍饮食疗法的专书。此外，由于对外交通的扩大，外来药物大量传入，使用药经验广泛交流，出现了一些专门记载国外药物的本草专著，如郑虔的《胡本草》、李珣的《海药本草》等，它们从不同角度对《新修本草》进行了增补，展示了唐人在药物学研究方面所取得的显著成就。

政府除了出资编订医药类书籍外，还鼓励人们发掘新药，"贞元二年九月，山人邓思齐献威灵仙草，出商州，能愈众疾。上于禁中试用，有效。令编附本草，授思齐太医丞"①。邓思齐因发现新药有功而被授为太医丞，而其所献的新药是由皇帝亲自验证有效后才命编入《新修本草》的，可见政府对医药的重视和谨慎。

作为饮料的酒和治病强身的药融为一体的药酒是中国的一大特色。早在远古时代，人们就发现饮酒后身体有舒畅的感觉，开始视酒为药，酒逐渐被广泛用于治疗疾病。饮用药酒在商周时代已开始风行，殷商时期的甲骨文就记载了如何用药酒治病，出土的秦汉之际的药方中也有不少药酒的配方。魏晋南北朝时期，药酒的配方逐渐增多，并且在配方水平、制备方法等方面都有显著提高。

---

① （宋）王溥：《唐会要》卷八二《医术》，北京：中华书局，1955 年，第 1525 页。

随着医药水平的不断提高，唐代的医药学家在制造和使用药酒方面积累了更多经验。唐初名医孙思邈在其著作《备急千金要方》中就专门设立了药酒专目，全书共介绍药酒方达 65 个。此外，王焘的《外台秘要方》中也收录了大量药酒方，如其《辟温方二十首》中的"《肘后》屠苏酒《辟疫气》令人不染温病及伤寒，岁旦饮之方"所载：

大黄、桂心（各五十铢）、白术（十铢）、桔梗（十铢）、菝葜、蜀椒（十铢汗）、防风、乌头（各六铢）

右八味切绛袋盛，以十二月晦日中悬沉井中，令至泥。正月朔旦，平晓出，药至酒中，煎数沸，于东向户中饮之。屠苏之饮，先从小起，多少自在，一人饮一家无疫；一家饮一里无疫；饮药酒待三朝，还滓置井中，能仍岁饮，可世无病。当家内外有井，皆悉著药，辟温气也。①

此药方是用来防治瘟疫的，在酒中加入各种药材若干，煮沸后饮用，即可保不染瘟疫。饮后的药渣置入井中，也可起到预防瘟疫的作用。类似的药方书中还有很多，可见人们认为药酒在预防和治疗疾病方面有举足轻重的作用，这也说明当时人对药酒已相当重视。药酒本身特有的既是药又是饮品的独特风格，倍受人们喜爱。

3. 医药学的外传

唐代由于国力强盛，交通发达，中外医药的交流空前繁荣，中国医学知识通过各种途径传播到日本、朝鲜、越南、印度和阿拉伯等国家和地区，而外国医药知识也在此时传入中国，使得中国的医药知识更加丰富，体系更加完善，同时也对促进世界医学发展做出了有益的贡献。

中日两国医药交流有着悠久的历史，早在公元前 3 世纪，秦始皇为寻求长生不老之术，曾派徐福等去东海寻找仙药。唐代中日两国之间的交流愈加频繁，日本曾多次派遣留学生来中国学习，这其中也包括对医药知识的学习。随着中国的医药学知识越来越多地传入日本，中国的医事制度也为日本所效仿。其医师的设置、医学的分科以及医学教育体制方面，都有明显的中国医学的特点。

日本历史上的天文、历法、数学、地理、医药等所谓科学的出现，"虽然

① （唐）王焘：《外台秘要方》卷四《辟温方二十首》，《文渊阁四库全书》，上海：上海古籍出版社，1987年，第736册，第138—139页。

大体上以史前时代的原始科学为基础，但还不得不有待于引进和移植与原始科学有天壤之别的中国古代科学"①。日本科学文化的传入有两个系统，一是经朝鲜半岛而传入的系统，二是从中国直接输入的系统。

在古坟时代，日本医学的发展主要靠朝鲜半岛传入的医学知识。《日本书纪》中记载了多次从新罗和百济招聘良医入朝的史实，如雄略朝三年百济献良医德来，其子孙也以医为业，称为难波药师；钦明朝十四、十五年，百济应日本的要求，将医博士王有陵和采药师潘量丰、丁有陀一起献上。

进入推古朝后，日本改变过去以半岛和归化人为媒介间接接受大陆文化的方式，转而通过向中国派遣遣隋使、遣唐使、学问僧、留学生等方式积极系统地直接移植中国文化。

608 年，日本推古天皇派遣药师惠日及倭汉直福因等来中国学习医药，他们在中国的学习长达 16 年之久，于 623 年学成回国，并带回了《诸病源候经》等重要医学书籍，创日本人出国学习医药的先例。②惠日回国后在国内致力于传播中国医学，后又分别于 630 年和 654 年两次来中国深造；805 年，又有日本医生营原清到中国学医，学成之后，再一次将中国医学带回了日本。这些只是日本派往中国学习文化制度的留学生中的个例，还有大量的未见记载的来华者。据木宫泰彦的《日中文化交流史》记载，在 7～9 世纪的 200 多年间，日本共派遣唐使 19 次 38 船，共计有 5000 人左右。③这些遣唐使除了肩负政治任务外，还要学习和引进唐朝的文化，学习医学知识也是其中一个重要方面。随着这些遣唐使或留学生的不断回国，中国医学知识也越来越多地传入日本。

唐前期雕版印刷术尚未全面普及，印刷术涉及的内容还比较狭窄，所以医药书籍主要靠手抄本流行。日本的留学生在中国留学期间，一方面学习医学知识，另一方面还手抄了大量的中国医药典籍带回日本。如 659 年《新修本草》颁布后，日本留学生于 669～677 年就将其抄录并带回日本。④而且此后至唐末，一直将其作为医学生的必修课教材来学习和讲授。日本在 701 年制定的《大宝律令·医疾令》规定医学生的必修教材中就有《新修本草》，而且学生学习课

① 〔日〕杉木勋编，郑彭年译：《日本科学史》，北京：商务印书馆，1999 年，第 27 页。

② 傅维康主编：《中国医学史》，上海：上海中医学院出版社，1990 年，第 210 页。

③ 李经纬、李志东：《中国古代医学史略》，石家庄：河北科学技术出版社，1990 年，第 157 页。

④ 何爱华：《〈新修本草〉东传日本考》，《中华医史杂志》1982 年第 1 期，第 54—56 页。

时必须达到 310 天。《续日本记》中也记载道，日本桓武天皇延历六年（787年），其"典药寮"上书给天皇道："苏敬注《新修本草》与陶隐居《集注本草》相检，增一百余条。亦采用草药，既合敬说，请行用之，听焉。"由此可见，日本在《新修本草》引入前，当一直使用南朝梁陶弘景所作的《本草经集注》，《新修本草》传入后，日本医官将其与陶著做了详细对比后，得出其所载范围大于后者，并经过实践检验了苏敬所记载药物的药性、药效等情况符合实际后，才向天皇推荐使用。这反映出日本医学受中国影响已经很久，而其在全面接受外来事物前也做了详细的考究和实践，并非盲目地照搬原挪。日本引进学术的严谨态度也恰恰说明唐代医药学不仅与前代相比，而且与世界相比都具有先进性，所以才能得到日本的青睐。另外，日本醍醐天皇延喜五年（905年）颁发的《延喜式》亦载"凡医生皆读苏敬《新修本草》"，可见当时此书在日本所受到的重视程度。

除了派遣唐使和留学生外，日本政府还邀请中国学者前去日本，754年，中国高僧鉴真应邀东渡，在日本传授佛经的同时，还积极进行医疗活动，曾治愈光明皇太后的疾病，被日本天皇授予"大僧正"之位。当时中国医药学知识和医药典籍虽已相继传入日本，但由于缺少实践经验，加之没有系统的指导，日本人掌握得并不好。鉴真倾其所学，将所积累的医药知识毫无保留地传授给日本的医药人员。鉴真东渡日本时还带去了大量的药材和药方，据朱晟研究，药材有麝香、沉香、甘松香、安息香、零陵香等，药方如"奇效丸""万病丸""丰心丹"等。这些都对日本古代医学的发展做出了重要贡献，鉴真本人被日本医药界称为"日本的神农"和日本汉方医药的"始祖"。日本医史学家富士川游在《日本医学史》中称："日本古代名医虽多，得祀像者仅鉴真与田代三喜二人而已。"[1]田代三喜是日本古代最出名的汉方名医，富士川游将鉴真与其并列，可见鉴真在日本医学界的影响。因此，可以说鉴真是唐代中日文化交流的著名使者和中日医药交流的先驱。[2]其弟子法进、法莱也都是中医药学的传人。

中国医学传入日本后受到广泛关注，日本学者撰写了不少研究中国医学的

① 傅维康主编：《中国医学史》，上海：上海中医学院出版社，1990年，第205页。
② 傅维康主编：《中国医学史》，上海：上海中医学院出版社，1990年，第204页。

著作，如 808 年，日本收集《素问》《针经》《脉经》《甲乙经》《小品方》《新修本草》等医书，编成了《大同类聚方》100 卷[①]；982 年，日本医学家丹波康赖根据巢元方的《诸病源候论》以及晋唐间医学家的医学成果，写成了 30 卷的《医心方》，其所引用、参考的中国医书达 160 余部，此书对日本医学的发展产生了深远的影响，也是今天研究中国医药学及隋唐时期中日两国医学及其交流的重要参考资料。

日本在医药学方面也有独立自主的研究，如日本在平安时代，曾编撰过《药经太素》《大同类聚方》《难经开委》《集注太素》《摄养要诀》《治疮记》《金兰芳》等医药书，这些著作的出现，说明日本的医学知识确实增长到了一定程度。然而，这些著作大多仍然是以隋唐医书的学说为主，从体例到内容基本都是隋唐医学的体现。如唯一现存的编撰于天元五年（982 年）的医学著作《医心方》，其书以隋朝巢元方的《诸病源候论》学说为主，引用隋唐医书 200 余部，按疾病的分类详细叙述了治疗方法、所用药物及药性等；在解剖、生理、病理等基础医学方面，则采用了中国的《素问》《灵枢》等古典医学的说法。所以，尽管日本的医学在全面学习了唐朝以后，取得了一定的发展，但其仍然是以中国医学为中心的，这点从宽平年间藤原佐世所撰的《日本国见在书目录》里可知，此书记载了医书 160 余部 1309 卷，几乎全是中国传入的书籍。

日本的医学是其移植科学中最发达的一个部门，其医疗制度从《大学令》的规定来看是基本完备的。《令制》里除大学、国学以外，还设立了教授特殊学艺的阴阳寮、典药寮、雅乐寮。[②]其中典药寮隶属于宫内省，除事务官外还设置了技术官——医师 10 名、针师 5 名、按摩师 2 名、咒禁师 2 名，作为医学教育工作者的是医博士 1 名、医生 40 名、针博士 1 名、针生 20 名、按摩博士 1 名、按摩生 10 名、咒禁博士 1 名、咒禁生 6 名。另外，作为药剂官，还附设药园师 2 名，药园生 6 名，甚至还安置了种植药草的药户、挤牛奶的乳户。此外，日本还仿唐朝设置了女医。从医科教育的内容来看，医生讲读《甲乙经》《脉经》《新修本草》，学习《小品方》《集验法》。这些课程一结束就分科，24 人学体疗，6 人学创伤，6 人学少小，4 人学耳目口齿。针生讲读《素问》

① 孔健民：《中国医学史纲》，北京：人民卫生出版社，1988 年，第 108 页。
② 〔日〕杉木勋编，郑彭年译：《日本科学史》，北京：商务印书馆，1999 年，第 53 页。

《黄帝针经》《明堂脉经》等。按摩生学按摩、伤折及判缚之法，咒禁生进行咒禁，学解忤、持禁之法。药园生讲读本草，令其识别药草的形状和学习采摘、栽培的方法，另外，作为医疗机关，中务省里有内药师，置侍医 4 名、药生 10 名。

日本规定医药制度的法律是《医疾令》。比如，禁止僧尼以小道——符咒和巫术治病的条令，但同时明令从事医疗活动的僧尼不在被禁范围内。如《大宝令》中《僧尼令》第二条规定："凡僧尼，卜相吉凶及小道巫术者皆还俗，其依佛法持咒救疾，不在禁限。"即只允许采用佛法救人疾病的僧尼小道存在，其他利用巫术者则被要求还俗。

与中国的慈善机构普遍设立在寺院中一样，日本也在寺院中设立了慈善机构，圣德太子在建立四天王寺的时候，曾附设敬田院、悲田院、疗病院、施药院，以收容穷人和重病人，天武天皇八年（679 年）敕令各寺院建立救护设施，天平二年（730 年）因光明皇后许愿，在皇后宫设立了施药院。此后，各地的大寺院也都建立了同样的设施。因此，日本的僧人也在社会救助中起到了不容小视的作用，富士川游在论述日本僧医的作用时，指出："奈良朝时代，因佛法弘通，吾医术亦深受影响，其中尤当提出者有二：僧尼行医治病，受佛教影响而设立慈惠医院。"[①]可见，由于受共同信奉宗教——佛教的影响，日本和中国一样，慈善机构的肇始都是从僧人、从寺院开始的。鉴于僧人在医疗事业中的重大作用，日本还多次以法律的形式保证以救疾为目的的僧尼的存在。

据上可以看出，日本的医疗制度，不论是政府还是民间，其模式基本是依照唐朝的。日本医学在 7～9 世纪大量吸收和学习了中国医学的先进经验和管理制度后，形成了"汉方医学"体系，此后，直至明治维新引入西方医学之前，汉方医学一直在日本医学中居于主导地位。

中朝两国很早就有交往，唐代时交流更加频繁。朝鲜对中国文化的汲取是不遗余力的，多次派遣使者和留学生来中国学习。《旧唐书》《新唐书》《唐会要》等史料中都有关于高丽、百济和新罗派子弟前往中国求学的记载，日本来华学习者也多搭乘新罗船只回国，可见当时中朝交流的频度是非常高的。在交流的各种文化中，医学作为一门重要学科很早就传入朝鲜半岛。早在朝鲜新

---

① 李经纬主编：《中外医学交流史》，长沙：湖南教育出版社，1998 年，第 61 页。

罗时代，中医理论体系就已输入朝鲜半岛，使其医药事业得以发展。

由于朝鲜与中国山水相连，其统治者又一直奉行亲唐政策，所以两国间文化传递的速度非常快。796 年，唐政府颁行《广利方》后，朝鲜当局立即派遣使节向唐王朝求取此书。据《刘梦得文集》记载，《广利方》颁行仅七年后，就被专使带回朝鲜了。[①]其他中国的经典医学著作如《内经》《甲乙经》《明堂经》《伤寒论》《新修本草》《针经》《脉经》《千金要方》《外台秘要》等，朝鲜无不具备，可见朝鲜对中国医学是非常重视的。

朝鲜从中国引入医学知识后，又转手将这些知识传到日本，所以在中日文化交流中，朝鲜也起到了一定的作用。如日本汉方家丹波康赖的《医心方》卷二八所引《新罗法师流观秘密要术方》中用露蜂房治虚损症的方法，就是在唐代由沧州传入朝鲜的。[②]

在中国医学传入朝鲜的同时，朝鲜医药知识也传入了中国。如《外台秘要方》中记载的一种治疗脚气病的“高丽老师方”[③]，就是来自朝鲜的。在 714～749 年的三十余年间，朝鲜的药物如五味子、人参、牛黄、昆布等不断输入中国。唐代所修本草如《新修本草》《海药本草》《本草拾遗》中都记载了不少产自朝鲜的药材，如白附子、海松子、玄胡索、蓝藤、担罗、海藻等。[④]这些药材在唐代的药方中也已出现，说明当时中国已输入不少朝鲜药材。

朝鲜引入中国医学后，经过丰富和发展，代代传承，发展成为东医学，直到 21 世纪初的几千年中，东医学也一直是朝鲜全国唯一的治疗手段。朝鲜于1445 年组织医学专家历时 3 年编成的 365 卷《医方类聚》，汇聚了 152 部中国唐、宋、元及明初的著名医书和 1 部高丽本国医书《御医撮要》，共计 153部，按病因、病位、疾病种类等分类编纂，易于检索，共计收录药方 50 000余个，是中国明以前中朝医方的集大成著作。1613 年，朝鲜众多名医又编辑了《东医宝鉴》25 卷，收录中国医书 83 种，朝鲜医书 3 种，因其所选药方丰富实用，故被誉为朝鲜最佳医学书籍。这些著作的出现，得益于唐代中朝医药

① 李经纬、李志东：《中国古代医学史略》，石家庄：河北科学技术出版社，1990 年，第 159 页。
② 王孝先：《丝绸之路医药学交流研究》，乌鲁木齐：新疆人民出版社，1994 年，第 175 页。
③ （唐）王焘：《外台秘要方》卷一八《脚气论二十三首·文仲疗脚气心烦不下食方》，《文渊阁四库全书》，上海：上海古籍出版社，1987 年，第 736 册，第 614 页。
④ 傅维康主编：《中国医学史》，上海：上海中医学院出版社，1990 年，第 209 页。

学的频繁交流，书中收录的大部分中国医书，一方面为朝鲜医学的发展奠定了基础，另一方面也为中国古代医药文献的大量保存做出了贡献。

东南亚也与唐朝有医药方面的交流，如林邑国，"先天、开元中，其王建多达摩又献驯象、沉香、琥珀等"，"天宝八载，其王卢陀罗使献真珠一百条、沉香三十斤"①。沉香、琥珀等皆可入药。其实，从东南亚输入的药材并不仅限于此，据唐代僧人义净记载："西方则多足诃黎勒，北道则时有郁金香，西边乃阿魏丰饶，南海则少出龙脑。三种豆蔻，皆在杜和罗。两色丁香，咸生堀沦国。"②

中国与阿拉伯国家的医学交流，是中外医学交流史上重要的一页。从1世纪到9世纪，中国的炼丹术多次传入阿拉伯各地，并经阿拉伯传入欧洲世界，阿拉伯地区最古老的医药学著作《智慧的东园》中引用了许多中国的医药学史料。随着景教在中国的盛行，中国医药学进一步传入阿拉伯等地。如在公元6世纪，波斯的景教学术中心工提沙波集中了希腊和东方的文化，建有学校与医院。有资料认为，当时这里有中国医生在医院工作并教授学生，除了拥有有关科学的中国书籍外，还有近千罐有名称的工艺水平很高的中国糖浆。③中医体系中的脉学，大约在唐代传入阿拉伯，并成为其诊断疾病的重要手段之一。中医学的许多药物也在此时传到阿拉伯世界，如大黄、麝香、樟脑、桂皮等。与此同时，阿拉伯的医药也传入了中国，唐高宗永徽年间（650～655年），传入中国的药物有乳香、没药、血竭、木香等，如郁金香，"生大秦国，二三月花，如红蓝，四五月采之，其香十二叶，为百草之英"④，《本草拾遗》对其描述为："味苦无毒，主虫毒鬼疰鸦鹘等臭，除心腹间恶气，鬼疰入诸香用。"⑤可见郁金香产自大秦国，唐人对其药性已有认识。又如阿勃参，"出拂林国，长一丈余，皮色青白，叶细，两两相对，花似蔓青，正黄，子似胡椒，赤色，

①（宋）王溥：《唐会要》卷九八《林邑国》，北京：中华书局，1955年，第1751页。
②（唐）义净原著，王邦维校注：《南海寄归内法传校注》卷三《先体病源》，北京：中华书局，2000年，第153页。
③马伯英、高希、洪中立：《中外医药文化交流史——中外医学跨文化传播》注引布朗《阿拉伯医学》，上海：文汇出版社，1993年，第185页。
④（清）陈元龙：《格致镜原》卷五七《香》，《文渊阁四库全书》，上海：上海古籍出版社，1987年，第1032册，第149页。
⑤（清）陈元龙：《格致镜原》卷五七《香》，《文渊阁四库全书》，上海：上海古籍出版社，1987年，第1032册，第149页。

斫其枝，汁如油，以涂疥癣，无不瘥者。其油极贵，价重于金"①。再如楔：
"出拂林国，苗长三四尺，根大如鸭卵，叶似蒜叶，中心抽条甚长，茎端有花
六出，红白色，花心黄赤，不结子。其草冬生夏死，与荞麦相类，取其花，压
以为油，涂身除风气。拂林国王及国内贵人皆用之。"②这两种药物都产自拂
林国，唐人对这些药物的形状、药性都有很具体的描述，推测其在中国境内已
较常见，这些外来药物大大丰富了中国的医药事业。

　　阿拉伯人还把一些药方传入了中国，如唐初已有的治疗痢疾的悖散汤，
就是从大秦（东罗马）、波斯传入中国的，张澹曾因用此方治愈了唐太宗的
痢疾而获重赏。③根据在西亚生活过的唐人杜环所见，大秦医学以眼科和外科
著称，"大秦善医目及痢，或未病而先见，或开脑出虫"④。唐高宗永淳元年
（683 年），采用针刺法为高宗李治治疗"头眩不能视"⑤症的侍医秦鸣鹤，据
说就是大秦人。

　　中国化了的波斯人及其后代对中国的医药学发展也曾做出了贡献。如《海
药本草》的作者李珣，其父李苏沙就是波斯商人，以贩卖药物为主，李珣总结
经验撰成了《海药本草》一书⑥，成为中国古代第一部介绍和研究国外输入药
物的本草学著作，书中所收录的 96 种海外药材都标明了产地，对中外医药文
化的交流起了不可磨灭的作用。

　　阿拉伯的医学是吸收了希腊、印度、波斯和中国医学的成就后形成的。其
医生需要经过考试才能任职，10 世纪时仅巴格达一地就有开业医生 1000 人以
上。有的医院还兼收学徒，类似于医学学校。当时最著名的波斯医生兼哲学家
拉兹（865—925）具有很高的医学理论教养和临床经验，著有上百种医学著作。
其中 30 册的《医学集成》是阿拉伯临床医学的经典著作，还有关于天花的著
作《论天花和麻疹》。有学者认为他的这些著作受到了中国人葛洪的《肘后备

①（唐）段成式：《酉阳杂俎》卷一八《木篇》，《文渊阁四库全书》，上海：上海古籍出版社，1987
年，第 1047 册，第 757 页。

②（唐）段成式：《酉阳杂俎》卷一八《木篇》，《文渊阁四库全书》，上海：上海古籍出版社，1987
年，第 1047 册，第 757 页。

③ 傅维康主编：《中国医学史》，上海：上海中医学院出版社，1990 年，第 212 页。

④（宋）乐史：《太平寰宇记》卷一八四《大秦国》，《文渊阁四库全书》，上海：上海古籍出版社，
1987 年，第 470 册，第 695 页。

⑤《新唐书》卷七六《后妃上》，北京：中华书局，1975 年，第 3477 页。

⑥ 傅维康主编：《中国医学史》，上海：上海中医学院出版社，1990 年，第 202 页。

急方》的影响，因为他曾与一位懂阿拉伯语的中国医生相处，所以有可能受其影响。此外，拉兹还著成《医学秘典》，这是对希波克拉底和盖伦等希腊作者医书的一个汇编，但可贵的是他并非照搬原挪，而是在书中对这些权威做了理性的批判。

与拉兹齐名的另一医生兼哲学家伊本·西那也有上百种作品，且涉及各个科学领域。他最著名的医学作品是百多万字的五卷本《医典》，书中不仅总结了东西方的医学知识，还加上了本人的思考和实践心得，涉及解剖、病源、诊断、用药和妇产科等方面，尤为重要的是，该书还对作为中医需要掌握的诊脉术和中草药加以介绍，可以说是一部医学百科全书。我国唐代所发明的琪针（用水蛭吮吸脓毒血液的治疗方法）、用烙铁烧灼狂犬病人的伤口等治疗方法，也都收录其中。阿拉伯、欧洲、北非等地都将此书作为医学教科书。

中国和印度都是文明古国，早在中国春秋时期，中印两国就有了交通往来。中国很早就向印度输出了人参、茯苓、当归等药材，印度医药也随着佛教的传入而输入中国，如印度医学中的外科、眼科、催眠术和医方等，都被介绍到中国，丰富了中国的医药宝库。在唐代，随着两国的交通不断加强，医药知识的交流也更为频繁，许多僧侣往返于两国之间，对促进中印医药学的交流发挥了重要的作用。

中国的医学随着僧侣的往来传入了印度，在印度定居长达 20 年之久的唐代高僧义净，常用中药处方和药材为印度民众治疗疾病，由于疗效显著，深受当地人民赞誉。他在《南海寄归内法传》卷三中说道："若患热病者，即热煎苦参汤饮之为善，茗亦佳也。"[1]从中可以看出，他向印度人介绍和传授了中国本草学、针灸学、脉学和延年益寿等医学知识。他还在书中说道："如神州药石根茎之类，数乃四百有余，多并色味精奇，香气芬郁，可以蠲疾，可以五神。"[2]可知当时中国向印度输出的药品已有不少种类。

关于唐朝从外国输入药物的情况，在近年来的考古发掘中也可以得到证明，如 1970 年，在西安南郊出土了唐代窖藏文物一千多件，其中包括不少金石药物，计有丹砂 7081 克、钟乳石 2231 克、紫石英 2177 克、琥珀 10 块、颇

---

① 傅维康主编：《中国医学史》，上海：上海中医学院出版社，1990 年，第 211 页。
② 傅维康主编：《中国医学史》，上海：上海中医学院出版社，1990 年，第 211 页。

黎 16 块、金屑 787 克、密陀僧 16 斤以及珊瑚若干。[①]这些药物多为养生之药，分别来自东罗马、波斯、师子国。

印度医学对中国医学的影响也很大，唐代有不少印度药物通过各种途径传入中国，如开元十七年（729 年）六月，"北天竺国三藏沙门僧密多献质汗等药"[②]。而僧人翻译的佛经中大都包含有医学方面的内容，如义净曾在印度学习佛学期间翻译了《佛说疗痔病经》，介绍了痔的种类。[③]天竺三藏宝思惟静翻译的《观世音菩萨如意摩尼陀罗经》、于阗三藏实叉难陀翻译的《观世音菩萨秘密藏如意轮陀罗尼神咒经》等，其中都有不少医学内容。再加上隋代就已经被翻译传入中国的医书如《龙树菩萨药方》《西域诸仙所说药方》《西域名医所集重方》[④]等，对中国医学的发展产生了很大的影响。

印度的临床医学在中国影响很大，特别是眼科医术，对中国的影响非常突出。唐代诗人刘禹锡曾专门作诗《赠眼医婆罗门僧》一首赞颂印度眼医："三秋伤望眼，终日哭途穷。两目今先暗，中年似老翁。看朱渐成碧，羞日不禁风。师有金篦术，如何为发蒙。"[⑤]金篦术即用金篦来刮除眼中的障翳，是印度佛门医学中用金针拨白内障术的称呼，这里所说的"师"正是印度眼科医生。而白居易在《眼病二首》中讲到，由于眼病，眼睛看物如同隔了一层纱，在请佛道利用法力、医生利用医药医治未果的情况下，也转而求助于印度眼科医术，"案上谩铺龙树论，盒中虚撚决明丸。人间方药应无益，争得金篦试刮看"[⑥]，表明诗人在充分地研究了印度眼科医书《龙树论》，也服用了大量药物仍然得不到治愈的情况下，决心要试试印度的金篦术了。唐代其他诗人的诗句中也有提到金篦术的，可见这种金针拨障术在唐代已经非常流行了，这种医术在唐代一般由婆罗门眼医或其他胡人掌握。如《樊川文集》卷一六《上宰相求湖州第

① 陕西省博物馆文管会写作小组：《从西安南郊出土的医药文物看唐代医药的发展》，《文物》1972 年第 6 期，第 52—55 页。耿鉴庭：《西安南郊唐代窖藏里的医药文物》，《文物》1972 年第 6 期，第 56—60 页。

② （宋）王钦若等编：《册府元龟》卷九七一《外臣部·朝贡四》，北京：中华书局，1960 年影印本，第 11 408 页。

③ 李经纬、李志东：《中国古代医学史略》，石家庄：河北科学技术出版社，1990 年，第 161 页。

④ （宋）郑樵：《通志》卷六九《艺文略·右单方》，北京：中华书局，1987 年影印十通本，第 812 页。

⑤ 《全唐诗》卷三五七刘禹锡《赠眼医婆罗门僧》，北京：中华书局，1999 年，第 4036 页。

⑥ （唐）白居易：《白氏长庆集》卷二四《眼病二首》，《文渊阁四库全书》，上海：上海古籍出版社，1987 年，第 1080 册，第 282 页。

二启》中记载杜牧的弟弟杜颛在开成二年（837 年）眼疾发作，以致失明，遂请同州著名眼医石公集为其诊治，石公集虽对白内障的治疗方法非常了解，但却两次为杜颛施针未能成功。[①]无奈之下，杜颛只得另求名医，请到了同州另一著名眼医——石公集姑姑的儿子周师达。周师达的医术也来自祖传，所以与石公集医疗方法相同，但又比石公集更高明。他检查了杜颛的眼睛后指出："嗟乎！眼有赤脉。凡内障脂凝有赤脉缀之者，针拨不能去赤脉，赤脉不除，针不可施，除赤脉必有良药，某未知之。"[②]周氏比石氏高明之处就在于他能指出针拨白内障的禁忌症，但遗憾的是他也是只知其一，不知其二，对不能施行白内障剥离术的情况只能指出，却无法治疗，所以最终周也是"不针而去"。杜颛之眼便始终不得治。此处的石公集据陈明考证是西域石国人的后裔[③]，而作为他姑姑儿子的周师达，自然也具有胡人血统。

综上所述，可以清楚地看出，唐代的医药学在很多方面都居于世界前列，并对世界医药学的发展做出了很大的贡献，主要表现在如下几个方面。

其一，唐代的医疗机构及医事制度最为健全，在当时世界上还没有哪一个国家和地区能够在这些方面与唐朝相比。东亚各国虽然也建立了官办医疗机构和医事制度，但都是仿效唐朝而来的，其地位自然不能与唐朝相比。至于同样是文明古国的印度，在这些方面甚至远不如朝鲜、日本等国，更不用说与中国相比了。阿拉伯虽然这一历史时期比欧洲发达，但尚未发现其有类似制度出现。这一时期的欧洲各国还处于黑暗的中世纪，根本谈不上健全医疗机构和医事制度。

其二，唐代的医学水平居于当时世界前列。从现在掌握的所有中外资料来看，在医学教育上分为医科、针科、按摩科、咒禁等四科，而医科又分为体疗、少小、疮肿、耳目口齿、角法等五科的，只有中国，其他诸国在这一历史时期尚未见有如此细密的分科资料。实际上唐代的分科并不仅限于此，以上只是医学教育的分科而已，从唐人昝殷的《经效产宝》一书看，当时有了妇产科的划分。此外，唐代在伤寒、糖尿病、肺病、肾病、肝病、胃病等的治疗方面，都取得了长足的进步。在外科与儿科方面也有许多创新，如整形外科已经在唐代

---

① （唐）杜牧：《樊川文集》，上海：上海古籍出版社，1978 年，第 244—245 页。
② （唐）杜牧：《樊川文集》，上海：上海古籍出版社，1978 年，第 245 页。
③ 陈明：《中古医疗与外来文化》，北京：北京大学出版社，2013 年，第 106 页。

出现，外科缝合与止血手术已相当高超。在儿科方面除建立了比较完整的中医理论外，还对新生儿的护理、乳母的选择、婴幼儿的发育和哺乳等问题进行了科学的论述，孙思邈的《备急千金要方》中就有这方面的大量论述。至于按摩、针灸，更是中国所独有的医术。

从当时的情况看，除了印度和大秦的眼科技术比较高超外，再就是阿拉伯人在医学方面贡献颇多，其不仅建立有大量的医院，亦建立起医事制度，著有不少医学著作，并在传染病、出血病和使用麻醉药方面有独特的成就。但是阿拉伯的这些成就大都比中国晚一些，而且不少方面还是受中国影响才发展起来的，如在脉术、妇科、胚胎学、药物学等方面，都是如此。其中脉术是受晋朝人王叔和《脉经》的影响，药物学则是通过波斯医生和阿拉伯商人辗转传去的。编辑于 1313 年的《伊儿汗的中国科学宝藏》一书[①]，实际上就是长期吸收中国医学和药学成果的一部大典。至于这一时期的其他各国在医药学方面的成就，均不能与中国相提并论。

其三，在药学方面唐朝也居于世界前列。唐朝除了颁布世界上第一部国家药典——《新修本草》外，在民间还有大量药物学著作存世，并且还拥有反映外来药物的《胡本草》和《海药本草》等药典，这一切都展示了唐人在药物学研究方面所取得的显著成就。在当时的世界上还没有哪一个国家在药学方面的成就可以和唐朝相媲美。唐代药学成就突出，除了历史的积淀深厚，善于收集和整理各种药物外，还与唐人积极访求海外药物的进取精神有着密切的关系。唐朝在不断收集外来药物的同时，还向外国积极地输出中国药物，除了日本、朝鲜等东亚国家和地区外，印度、波斯、阿拉伯以及欧洲等国家和地区，都不同程度地接受过中国医学和药物的输出，从而使中国的医药学成就造福于当时的许多国家和地区。

二、天文历法的发展

天文学本应属于基础科学的范畴，但由于在中国古代天文学除为政治服务外，最主要还是为了编制更加准确的历法，而历法则是直接为社会生产服务的，

---

① 〔英〕李约瑟著，《中国科学技术史》翻译小组译：《中国科学技术史》第一卷第二分册，北京：科学出版社，1975 年，第 488 页。

这在世界其他以农业为主的古国内，无一不是如此。由于这种缘故，笔者遂将其移至应用科学内进行论述。

1. 天文学的成就

中国古代统治者历来非常重视天文历法的研究，在古代中国，沟通天地人神最直接、最重要的手段，就是天学，自颛顼帝命令专门的官员掌管天地之事后，天学就一直被天子所垄断，成为皇家的禁脔。为了断绝平民与上天交通的权利，历代王朝都对天学实行了严厉的垄断措施。在以儒家经典为统治基础的中国古代社会，天文历法的发展也与儒学紧密结合起来。李约瑟在研究中国古代天文学时明确指出："天文和历法一直是'正统'的儒家之学。"[①]

唐代的天文学成就主要表现在如下几个方面。

首先，天文观测与测量。一行经过对太阳的长期观测，对太阳运动不均匀的现象进行了新的描述，纠正了隋代刘焯以来对太阳视运动快慢总体规模上描述的失误。一行还论证了岁差的存在，驳正了著名历算家李淳风、王孝通等对岁差的怀疑，使岁差的存在成为定论。一行通过对金、木、水、火、土等五星运动的观测，提出了三点观测结论：一是提出了五星运动的轨道与黄道存在一定的夹角，并给出了计算五星在黄道南北位置的具体办法；二是提出了五星近日点进动的概念，并给出了每年的进动值；三是最先编制了以五星近日点为起算点，每经 15 度给出一个五星实际行度与平均行度之差的数值表格。一行对五星运动规律这三项观测结论，标志着我国古代对五星运动的研究进入了一个新的历史阶段。

一行等还对恒星位置进行了观测，对二十八宿距星去极度的测量取得了比前人更加精确的数据；对北斗、文昌等 20 多星官的入宿度或去极度的测量，发现了古今度数不同的现象，并由此得出星宿位置古今变化的重要的结论。[②]

我国古代对太阳黑子的观测有着悠久的历史，唐人继续进行了此项事业，并对太阳黑子裂变现象有详细的记载，详见李淳风所著的《乙巳占》，从而为后世对唐代的天文研究留下了宝贵资料。此外，唐人还对流星、流星雨和陨石进行了观测，并将历次流星发生的时间、形状、声音、位置、颜色、长度以及

①〔英〕李约瑟著，《中国科学技术史》翻译小组译：《中国科学技术史》第四卷《天学》，北京：科学出版社，1975 年，第 2 页。

② 杜石然主编：《中国古代科学家传记·一行》（上集），北京：科学出版社，1992 年，第 360—361 页。

消失情况，进行了详细的记录。唐人对历次彗星的情况也进行了详细记录，包括发生时间、位置、长度、历时等情况都有所记录，为研究唐代彗星的周期、轨道、演化等问题，留下了珍贵的资料。唐人对日食、月食以及极光的记载也非常详尽，留下了许多观测记载。这一切在《旧唐书》《新唐书》《唐会要》中都有详细记录。

其次，对天文大地的测量。其主要指一行等在唐玄宗开元时期进行的一次全国范围的大规模测量活动。测量范围到达唐朝疆域的南北两端，内容包括各个测量点的北极高度，冬、夏至日和春、秋分日太阳在正南方时的日影长度。其中南宫说等在河南的白马、浚仪、扶沟、上蔡 4 处的测量工作最重要，他们测了这 4 个位处一条子午线上的观测点之间的距离。经一行归算，求得南北两地相距三百五十一里八十步，同北极高度相差一度，即为南北相差 129.22 千米，北极高度相差 1 度，这实际上是地球子午线 1 度的长度。与观测 1 度长 111.2 千米相比较，虽然有一定的误差，但这毕竟是世界上第一次用科学方法进行的子午线实测，意义十分重大。

再次，编绘了新的星表和星图。我国古代的星表主要有甘德、石申、巫咸三家，三国的吴国太史令陈卓将三家星表合为一表，共有 283 官、1464 个恒星。唐代新绘的星表，留传到现在的仅有《开元占经》和敦煌文书 P. 2512 号的《廿八宿次位经和三家星经》，由于这些资料残缺不全，详情已很难了解，但可以肯定的是，经过数百年的发展变化，这些星表一定会有增损变化。

唐代存留下来的星图不多，主要是敦煌莫高窟第 17 窟发现的一件《全天星图》，编号为 S. 3326，实有恒星 1348 颗。据研究，这幅星图的绘制时间约为 705～710 年[1]，在学术史上具有十分重要的意义。唐代的另一幅星图也是在敦煌发现的，现存敦煌市博物馆，编号 076。这是一幅残图，仅存紫微垣部分，故被研究者称为"紫微宫星图"，现存星名 32 个，星数 138 个。

最后，制造了新的天文仪器。李淳风于贞观七年（633 年）制造了一架新型浑天黄道铜仪，改进了北魏铁浑仪没有水准仪的缺点，又新增一个三辰仪，加在古浑仪的六合仪与四游仪之间，使浑天仪由二重变成了三重，故称三辰仪。

---

① 马世长：《"敦煌星图"的年代》，中国社会科学院考古研究所编：《中国古代天文文物论集》，北京：文物出版社，1989 年，第 195—198 页。

三辰仪由黄道环、白道环和赤道环构成，黄道环用以测量太阳的位置，白道环测量月亮的位置，赤道环测量恒星的位置。三辰仪可以绕极轴在六合仪里旋转，四游仪则可以在三辰仪中旋转，这样就可以用浑天仪直接观测日、月、星辰在各自轨道上的视运动。[1]

一行与梁令瓒于开元十一年（723年）制造了黄道游仪，用铜铸成。其基本结构与李淳风所造的浑天仪相似，内外三层，最外一层由三个环组成，相当于李淳风造的六合仪，不同之处是它用通过天顶和正东正西的卯酉环取代了六合仪中的赤道环。中间一层相当于李氏的三辰仪，在赤道环上每隔一度设计了一个圆孔，使黄道环能在赤道环上自由移动，将"岁差"现象比较直接地模拟出来，这件仪器之所以称黄道游仪，原因就在于此。其比唐初李淳风所造的浑天仪有所改进，更加便于天文观测。

一行与梁令瓒合作制造的另一件天文仪器叫水运浑天俯视图，其主要功能在于模拟演示天象，同时还能反映时间的流逝。这件仪器最大的特点，就是其以流水为动力，利用机械齿转带动整个仪器运转。这件仪器还具有报时的功能，相当于后世的自鸣钟，关于这一点前面已经说过了，此不赘述。其之所以被称为"俯视图"，是由于人们在观测天象时，以地为心，天穹在外，而此仪则是人们从"球"外看"天穹"的变化。

利用天文导航是中国古人的一项创举，自古以来航海者就发现，船越向南行，北天恒星圈就越小，北极星出地高度就越低，因此利用北极星的出地高度和出没方位可以确定船只在海中的地理纬度。出地高度是指天体对地平所张的仰角或俯角，在不同地点可以通过观测得到。中国何时开始测定北极星的出地高度有待进一步探讨，但至迟在唐玄宗开元十二年（724年），天文学家一行及南宫说在南北各地用所设计出的仪器"覆矩斜视，北极出地"[2]之度数。

唐代中国远洋航行已经能够到达今天的越南、印度尼西亚、阿拉伯半岛及东非洲等地，这类航行必然要借助于天文导航手段来确定船在海上的方向和位置，而测量各地北极星或南天方位星的出地高度，是最简便的方法。宋元时期

[1]《旧唐书》卷七九《李淳风传》，北京：中华书局，1975年，第2718页。
[2]《旧唐书》卷三五《天文志上》，北京：中华书局，1975年，第1304页。

航海和导航技术的进步，是在唐代的基础上发展的，所以李约瑟博士认为以天文导航为标志的计量航海时代始于唐代。[①]

2. 编制历法的成就

中国古代制定历法的主要依据是对日、月及五大行星的运动规律的观测数据，其中心课题是两个，即原理与数据。[②]制定历法的目的是为农业生产和社会生活服务，制定的原则就是使历法与天象相合，一旦出现两者发生矛盾的时候，就必须重新修订历法了。所以中国历代曾经制定过许多部历法，唐朝也不例外，先后制定并颁布过不下 8 部历法[③]，其中最重要的有《戊寅历》《麟德历》《大衍历》，民间流行的《符天历》也很有名。这些历法与前代历法相比较，都有不同程度的进步，但是其中最著名的当数一行制定的《大衍历》。

《大衍历》分为《历议》和《历术》两大部分，前者讲的是历法的基本理论，后者讲述具体的计算方法。《大衍历》的成就是多方面的，主要表现在如下几个方面。

第一，一行纠正了隋代刘焯、唐初李淳风等对太阳周年视运动速度变化规律的错误认识，认为太阳运行到冬至时速度最快，以后逐渐减慢，到春分速度平，继续减慢，到夏至则最慢，夏至以后速度逐渐加快，至秋分平，冬至则最快。因而他提出了正确的定气的概念，将黄道一周，从冬至始，均匀地分为二十四份，太阳运行到一个分点，则交一个节气，每两个节气间太阳运行的距离相等，运行时间却不相等，因而冬至附近两节气间的天数短，夏至则长。一行的见解完全正确，这是因为太阳的轨道实际是椭圆形的，因此完成每个节气所用的时间并不相等（即定气），一行将对太阳的观测数据应用于此历中，这样就提高了推算日食与月食的精确度。

第二，一行在定气及定朔的计算中，发明了不等间距二次内插法，使历法计算更为准确，这在数学史上也是一个伟大的创举。这一点在前面已经有过详细论述，就不多说了。

---

① Needham J, Wang L, Lu G D. *Science and Civilization in China*, vol. 4, pt. 3. Cambridge: Cambridge University Press, 1971, p. 554.

② 江晓原、钮卫星：《天学志》，上海：上海人民出版社，1998 年，第 94 页。

③（宋）王溥：《唐会要》卷四二《历》，北京：中华书局，1955 年，第 751—752 页。其中唐穆宗时颁布的《宣明历》没有记载，加上这部历法，共计 8 部。

第三，一行发现了表影长度与太阳天顶距之间的固定关系，即表影长度等于表高乘以太阳天顶距。其中，太阳天顶距实际是一正切函数，因而一行也是世界上第一位认识并使用正切函数的人，他所列出的是世界上最早的一份正切函数表。

第四，《大衍历》还第一次提出了食差的概念，即在不同地点、不同节气，见食情况不同，为此他创立了"九服食差"的计算方法。"九服晷影"的计算方法也是由一行提出来的。

第五，一行第一次明确指出了五星近日点的存在，发现了五星近日点的进动现象，并给出了一组进动值，他在计算五星位置时，比较全面地反映了行星与地球轨道运动不均匀性的关系，使古代的步五星术达到了一个新的水平。

总之，《大衍历》是当时世界上最优秀的历法。《大衍历》问世以后，后代的历法家均以《大衍历》的格式编写历法，可见《大衍历》在中国历法史上的重要性。

另据记载："唐建中时，术者曹士蒍始变古法，以显庆五年为上元，雨水为岁首，号《符天历》。然世谓之小历，只行于民间。"[1]据学者研究，《符天历》在唐后期及五代时期对官方历书影响甚大，与印度的《九执历》比较接近，主要是借助于佛教的影响在民间广泛流传。[2]

3. 频繁的中外交流

有唐一代，中外在天文历法方面的交流非常频繁，大批的外国历法和天文学家流入中国，对中国的天文历法产生了一定的影响。流入中国的历法最重要的有《七曜历》和《九执历》，这两部历法均来自天竺。《七曜历》是 8 世纪时随摩尼教徒传入中国的，曾经一度在天竺、波斯及粟特人中流行。这种历法在唐五代时期主要在民间流行，官方认可的时间很短，只在后晋天福时期施行过五年，就因为误差太多而罢去。[3]我们之所以在这里提到它，就是因为其在民间影响太大，以至于唐朝的法律规定"诸玄象器物，天文、图书、谶书、兵书、七曜历、太乙、雷公式，私家不得有，违者徒二年"[4]，将《七曜历》与

---

① 《新五代史》卷五八《司天考一》，北京：中华书局，1974 年，第 670 页。

② 陈久金：《陈久金集》，哈尔滨：黑龙江教育出版社，1993 年，第 375—385 页。

③ 《新五代史》卷五八《司天考一》，北京：中华书局，1974 年，第 670 页。

④ 《唐律疏议》卷九《玄象器物》，《文渊阁四库全书》，上海：上海古籍出版社，1987 年，第 672 册，第 139 页。

民间图谶相提并论，可见其对当时的下层社会影响之大。

天竺人瞿昙悉达在开元六年（718 年）受唐玄宗之命，翻译了《九执历》。当时瞿昙悉达在唐朝任掌管天文历法的太史令之职，原文今见《开元占经》104 卷。九执是指日、月、五星，再加罗睺、计都二暗曜。它将周天分为 360 度，1 度分为 60 分；一昼夜分为 60 刻，每刻 60 分。它用十九年七闰法。其恒星年为 365.2762 日，朔望月为 29.530583 日。《九执历》用本轮均轮系统推算日、月的不均匀运动，计算时使用三角函数的方法。《九执历》还在计算视差对交食的影响、月食全部见食时间以及昼夜长等方面有独特方法。《九执历》翻译后，唐政府并没有正式颁行，原因是"其算皆以字书，不用筹策。其术繁碎，或幸而中，不可以为法。名数诡异，初莫之辨也"[1]。不过，它对中国的天文历法仍有一定的影响，一行在制定《大衍历》时也曾参考过《九执历》。

在唐朝政府天文历法部门任职的除了瞿昙悉达本人外，其家族数代人都在唐朝担任过太史令、司天监、司津监、冬官正等官职，其中瞿昙罗在武则天时期修撰过《光宅历》。此外，天竺人俱摩罗和迦叶波两个家族也在唐朝政府中任职，掌管天文历法，其中俱摩罗还把天竺推算日食的方法传入了唐朝。[2]除了天竺人外，在唐朝担任过司天监这一重要职务的还有波斯人李素，这个家族在其祖父李益初时入唐，一家三代在唐为官，其中李素历代宗、德宗、顺宗、宪宗四朝，直到元和十二年（817 年）才去世。这是一个信仰景教的波斯家族，对波斯天文历算之学在中国的流传做出了贡献。

在唐代传入中国的外来天文历算之书也不少，主要有李弥乾的《都利聿斯经》2 卷，陈辅的《聿斯四门经》1 卷，徐氏的《续聿斯歌诀》1 卷，安修睦的《都利聿斯歌诀》1 卷、《聿斯钞略旨》1 卷、《聿斯隐经》1 卷等。有人研究认为《都利聿斯经》和《聿斯四门经》源出于希腊托勒密的天文学著作，经过波斯人的转译和改编，向东传入了唐朝。[3]如果这种观点成立，也就是说古希腊文明间接地与中华文明进行了交流。

唐代中国在接受外来天文历法的同时，其天文历法也对外国产生过很大的

---

① 《新唐书》卷二八下《历志下》，北京：中华书局，1975 年，第 692 页。
② 《旧唐书》卷三四《历志三》，北京：中华书局，1975 年，第 1264 页。
③ 荣新江：《一个入仕唐朝的波斯景教家族》，《中古中国与外来文明》，北京：生活·读书·新知三联书店，2001 年，第 238—257 页。

影响，尤其对东亚地区的影响更大。

日本在 5 世纪后半期至 6 世纪，民众中有一个特殊集团，由伴绪、伴造率领，专门以特殊技能为朝廷服务，这些人大部分是由汉朝设立乐浪郡以来住在朝鲜半岛上的汉人子孙和半岛南部的韩人组成的归化人专业集团。所以说在日本接受外来先进技术文化中起媒介作用的，是归化人集团。日本古坟时代各个领域的专门技术，当然是完全依赖于引入以归化人为媒介的大陆文化而发展起来的。在那种物质文化发展的社会环境中，可以说作为物质文化之一环，天文、历法、医学、本草等实用记述科学也被移植过来。①

在正式颁布使用历法之前，日本已多次从百济雇用历法专家。如《日本书记·钦明记》十四年（553 年）六月条："别敕医博士、易博士、历博士等，宜轮番上下，今上述人等，正当相交替年月，宜付还使相交替。又卜书、历本、种种药物可付送。"十五年二月条又记载，百济将易博士施德王道良、历博士固德王保孙等和医博士、采药师一起献上。根据这些记载，可以确定日本曾不断从百济雇用过易、历、医学等相关方面的学者。从"宜付还使相交替"来看，日本当与百济方面有约定，由百济定期轮流贡送相关学者，通过这种方式可以使日本的科技知识不断保持更新。日本正式移植历学和颁布历法是在推古朝。《推古纪》十年（602 年）冬十月条记载："百济僧观勒来日，仍贡历书及天文地理书及遁甲方术书。是时，选书生三、四人，使之学于观勒云云。"百济僧人观勒去日本时，携带了大量历书及其他科技类书籍，日本则选派学生跟随观勒学习历法，此后，在十二年正月，日本第一次采用历法，并将它普及到全国。

大化革新后，天智、天武两朝期间，日本的天文、历法、测时制度很快就完备起来，但此时中国的天文道已变为占星术了，阴阳学在中国唐代已从原来"易"的自然哲学沦为用干支、方位、做梦等来占卜凶吉的方术，所以阴阳师不过是专门掌管占筮的技术官，天文学也已不是为观测天体运行和察知节气循环而进行的科学研究，而成为以天象变化来占卜凶吉的方术。因此，在学问上多少能够算是科学的只有历学，但它终究也不能超出模仿中国历学的水平。②

日本从推古朝至平安时代，一直采用中国的历法，对此，日本学者杉木勋

---

① 〔日〕杉木勋编，郑彭年译：《日本科学史》，北京：商务印书馆，1999 年，第 30 页。
② 〔日〕杉木勋编，郑彭年译：《日本科学史》，北京：商务印书馆，1999 年，第 56 页。

将唐代诸历中与日本有关的列表如表 3-1 所示。①

表 3-1　日本采用的唐代历法

名称	制历者	制历年代	采用年代
麟德历（仪凤历）	李淳风	麟德二年（665 年）	持统天皇四年（690 年）
大衍历	一行	开元十七年（729 年）	天平宝字七年（763 年）
五纪历	郭献之	宝应元年（762 年）	天安元年（857 年）
宣明历	徐昂	长庆二年（822 年）	贞观三年（861 年）

　　根据表 3-1 可以看出，日本政府在 690～861 年一直采用中国制定的历法，事实上这个时间还延续到了江户中期。在这一时期，日本历法随着中国历法的变更而不断变更。从其更新的年代来看，从中国历法的制定到日本的采用大约需要几十年的时间，尤其是《五纪历》的采用，两者之间差了近百年。出现这种情况的原因，一方面可能是两国之间的交通不够及时，另一方面也与日本当政者的态度有关。如文德天皇元年（857 年），由于《大衍历》有误差存在，中国已使用《五纪历》达 95 年时，日本政府仍然不愿立即废除久用的《大衍历》，而是主张新旧两历并用。

　　总之，尽管日本力求充实制度和有系统地移植中国天文学，我们还是得出这样一个结论：律令国家终于没有使天文历学有其独立发展的余地。②

　　朝鲜半岛诸国的天文历法早在商周时期就开始受中国的影响。7 世纪以前，当新罗、百济、高句丽三个独立国家在朝鲜半岛相继建立之后，很快就仿照中国体制，设置了"日官部""漏刻典"之类的天文机构以及主管天文历法的官员。不仅如此，三国所使用的历法也均为中国的历法，如唐朝制定的《戊寅历》《麟德历》都被其接受并颁布使用。唐时朝鲜诸国还不断派人到中国学习天文历法。这一时期传到朝鲜半岛的中国天文学著作中有一幅石刻星图至今仍然可以见到，这就是著名的《天象列次分野之图》。该图"旧藏平壤城，因兵乱沉于江而失之"。据考证这幅图是唐初的作品，大约在公元 675 年前传入朝鲜半岛。③由于朝鲜半岛受中国天文历法影响甚大，因此天文学发展较快，日本在

①〔日〕杉木勋编，郑彭年译：《日本科学史》，北京：商务印书馆，1999 年，第 57 页。
②〔日〕杉木勋编，郑彭年译：《日本科学史》，北京：商务印书馆，1999 年，第 58 页。
③ 石云里：《古代中国天文学在朝鲜半岛的流传和影响》，《大自然探索》1997 年第 2 期，第 120—125 页。

与中国建立正式关系之前，朝鲜半岛便成为其学习的对象，所以才会如前所述不断请朝鲜派遣历博士到日本服务，并从朝鲜引进天文地理类书籍。在公元918 年高丽统一朝鲜之前，中国的历法一直被其全盘接受，其统一后，在引进中国天文历法知识的同时，也开始研究并制定自己的天文历法，但是这需要一个过程。至少在五代时期，其仍然使用后唐、后晋的历书，与此同时，又使用从渤海国时期传入朝鲜半岛的《宣明历》，这也是唐朝后期制定并颁布的一部有名的历法。朝鲜半岛开始独立编制历法后，每年还要把所能得到的中国历法拿来，与本国所编的历法对照，看看是否存在错误。

越南北方在唐代时是中国领土的一部分，所以其使用中国历法自在情理之中，宋元时期其虽然已经独立，但中国科技文化对其影响依然很大。在天文历法方面其引进的最大成果，就是郭守敬编制的《授时历》。这些不在本书的论述范围之内，就不赘述了。

生活在两河流域的古巴比伦人曾经创造了灿烂的文明，其中包括天文历法方面的成就，其对日、月的运行周期测得非常准确，朔望月的误差只有 0.4 秒，近点月的误差只有 3.6 秒；对金木水火土五大行星的会合周期也测得很准确。他们在这些方面的测算结果远比后来的希腊人准确，与近代的观测结果也非常接近。[①]但是至唐代时，两河文明早已湮没无闻了，当然也就谈不上与中国的交流了。古埃及在天文历法方面的成就似乎不及两河流域，但与古巴比伦文明一样，至隋唐时期早已湮没，也无法进行比较了。

欧洲曾在古希腊时期创造过辉煌的文明成果，在天文学方面成果也非常突出，但是在隋唐时期，欧洲在天文历法方面基本无突出的成就可谈。正因为如此，李约瑟博士才说："欧洲在文艺复兴以前，可以和中国星图制图传统相提并论的东西，可以说很少，甚至就没有。"其所提到的星图，就是指在敦煌发现的唐代《全天星图》。在当时欧洲人连希腊科学家的学说都不清楚了，大地是球形的观点被列为异端，《圣经》神话却重新成了宇宙体系的依据。

能够与中国天文历法成就相比的是阿拉伯与印度。先说前者，其在黑衣大食统治的阿拔斯王朝时期（750～1258 年），曾经在天文学方面取得过突出的成就，他们直接接受了巴比伦和波斯的天文学遗产，又组织翻译了印度人所著

---

① 席泽宗：《古新星新表与科学史探索》，西安：陕西师范大学出版社，2002 年，第232 页。

的《增订婆罗门历数全书》和希腊托勒密的《天文学大成》等著作，并于 829 年在巴格达建立了天文台。曾任阿拉伯科学馆图书馆馆长的花拉子米在天文学方面取得的成果，主要是在托勒密和印度天文学的影响下制成阿拉伯第一个星表《辛德欣德星表》，包括历法、行星运动和日月食计算等，为后世欧洲《托莱多星表》的出现打下了基础。同时，在科学馆天文台工作的法尔加尼写成了《天文学概要》，对托勒密天文学作了综合说明，并对后世欧洲产生了广泛影响。[①] 阿拉伯人自己的天文学观测成就以及天文学著作的编撰，大都在阿拔斯王朝垮台以后。[②] 因此，与唐朝同时期的阿拉伯，真正属于自己的天文学成就还不能与中国相比，即使建立于 9 世纪前期的这座天文台，与中国比起来也要晚上千年。

这一时期的印度，在天文学方面确有突出的成就，如《九执历》。据研究，其中关于日月食起讫的算法就很有独到之处，确立了与中国截然不同的几何模型，就此点而言，显然比中国古代的天文学家仍然采用习惯的数值方法来改造一些二次函数进行运算要高明一些。尽管《九执历》已经被翻译并介绍到了中国，但是由于长期遭到中国古代历法家的排斥而未能发挥其更大的作用。[③] 在天文历法机构的健全方面，以及对天文历法人才的培养方面，印度却远不如中国，即使在历法编制方面，也不是印度一切都好，正确的观点应该是两国互有优势。

三、地理学的发展

1. 地理学的成就

在古地理学方面，中国古代曾经取得了辉煌的成就。中国自战国以来，历代都编撰了大量的地理著作，唐代在这方面的成就尤为突出。总结起来，其成就主要表现在如下几个方面。

其一，在地志学方面取得了突出的成果。中国地志学之发达，举世无双，

① Sabra A L. Al-Farghani. In C. Gillispie(Ed.), *Dictionary of Scientific Biography*, vol. 4. New York: Scribner's Sons, 1981, pp. 541-545.

② 席泽宗：《古新星新表与科学史探索》，西安：陕西师范大学出版社，2002 年，第 236 页。

③ 曲安京：《中国古代历法与印度及阿拉伯的关系——以日月食起讫算法为例》，《自然辩证法通讯》2000 年第 3 期，第 58—68 页。

但在隋代之前，地志的编纂尚处于初期阶段，其主要形式是以异物志、山水记、风土记和风俗记为主，而在州县城乡之建置、道里驿程之远近、关隘津梁之位置以及田土林薮之广狭、人口多寡等方面则很少记载。至隋代始，情况发生了较大的变化，取名为"图经"、"图志"或"图牒"的地志体裁，开始成为地方志编纂的主要形式。唐代在隋代地志学发展的基础上，又有了进一步的发展，可分为全国性的地理总志和地方性的方志两类。

有唐一代，撰成的全国性地理总志主要有：《括地志》《职方记》《长安四年十道图》《开元三年十道图》《开元十道要略》《十道录》《古今郡国县道四夷述》《贞元十道录》《元和郡县图志》《十道图》《郡国志》《域中郡国山川图经》《诸道山河地名要略》《十道四蕃志》等。这些大型的全国性总志大都已经亡佚，保留下来的只有李泰的《括地志》残卷和李吉甫的《元和郡县图志》。前者原为550卷，经过多人多年的辑佚，编为4卷，已经公开出版。后者的图已经全部亡佚，志文虽然也有亡佚，但绝大部分内容保留下来了，是目前保留下来的唐代编纂的相对完整的一部地理总志，原书40卷，加上目录2卷，共计42卷。论述唐代地理总志的成就，不能不提《隋书·地理志》，它本是官修的《五代史志》之一部分，后编入《隋书》，遂成为《隋书》中的一个专志。这篇地理志与其他各篇志书一样，都通记梁、陈、齐、周、隋等五个朝代的制度，并不仅限于隋代。从中国地理学史的角度看，这篇志书最重要的成果是恢复了司马迁和班固在《史记》和《汉书》中创立的地理学传统，其次就是留下了梁陈以来全国行政区划和地理变化的重要资料，在中国地理学史上占有重要的地位。

唐代撰成的地区性的方志更多，主要有：《汉阳图经》《润州图经》《湖州图经》《武陵图经》《夔州图经》《邵阳图经》《岳州图经》《夷州图经》《鄂州图经》《衢州图经》《江州图经》《沙州图经》《西州图经》《桂州图经》《漳州图经》《吴兴图经》《抚州图经》《滁州图经》《忠州图经》《苏州图经》《宣州图经》《泽州图经》《白州图经》《台州图经》《归州图经》《淮阴图经》《永嘉图经》等。这些只是在存世文献中可以查找到的唐代地方志，绝大部分连书名也都查不到了，其中有些地方非常偏僻，如白州、沙州、西州等，说明在唐代各地都可能普遍地修撰了图经。这些图经大部分已经不存在了，存留至今的只有少部分残卷，如《沙州图经》《西州图经》等都是在敦煌藏经洞中发现，虽然都是残卷，但也可以借此一窥唐代图经的原貌。

唐代的地方志普遍以图经的形式出现，主要与各州郡每隔三年要定期向朝廷上报一次辖区地图的制度有关。当时朝廷规定每三年要向兵部报送当地地图[①]，其间又改为每五年报送一次，但为时不久又改为三年[②]。为了执行这个规定，各州郡就需要不断地调查、收集当地的地理资料，并将其绘制成地图，于是地方志以图经的形式出现，也就在情理之中了。不过也有学者认为每三五年编绘一次图经是不可靠的。[③]

其二，唐代地理学的成就之一，就是地图学比较发达。唐朝有关每三五年报送一次本州郡地图的规定，有力地促进了地图绘制技术的发展，并为绘制全国性的地图提供了丰富的资料。唐代的图经除了要有较详尽的文字内容外，还附有比较详细的地图，尽量做到图文并茂。唐代最著名的地理总图，当首推唐宪宗时的宰相贾耽所绘的《海内华夷图》。贾耽是当时著名的地理学家，著有《古今郡国县道四夷述》《贞元十道录》《皇华四达记》等多种地理著作。《海内华夷图》绘制于唐德宗统治末年，除了有图之外，也附有相应的说明文字，比例是"以一寸折成百里"，即相当于 1∶150 万。其绘图的原则是以西晋人裴秀的"制图六体"为依据，而图幅面积却比裴秀所绘的"地形方丈图"大十倍，因此具有很高的技术水平。贾耽自己曾说过：此图"别章甫左衽，奠高山大川。缩四极于纤缟，分百郡于作绘。宇宙虽广，舒之不盈庭；舟车所通，览之咸在目"[④]。李约瑟博士判断说："根据绘制者的打算和目的来判断，它应当是一幅亚洲地图。"[⑤]贾耽能绘出包括域外地域的地图，说明他收集了不少域外的资料，联系到他曾任过鸿胪卿一职，与四夷使者接触较多，很可能通过这些使者收集到了不少的相关资料。关于这一点，史书中记载说："耽好地理学，凡四夷之使及使四夷还者，必与之从容，讯其山川土地之终始。是以九州

---

① （唐）李林甫等撰，陈仲夫点校：《唐六典》卷五《兵部职方郎中》，北京：中华书局，1992 年，第 162 页。

② （宋）王溥：《唐会要》卷五九《职方员外郎》，北京：中华书局，1955 年，第 59 页。

③ 李斌城主编：《唐代文化史》下册，北京：中国社会科学出版社，2002 年，第 1655 页。

④ 《旧唐书》卷一三八《贾耽传》，北京：中华书局，1975 年，第 3786 页。

⑤ 〔英〕李约瑟著，《中国科学技术史》翻译小组译：《中国科学技术史》第五卷第一分册，北京：科学出版社，1976 年，第 123 页。

之夷险，百蛮之土俗，区分指画，备究源流。"①这幅地图是一幅前所未有的规模宏大的地图，代表了唐代地图学的最高水平，引起了许多中外学者的重视和深入的研究，在中国地理学史上占有重要的地位。

其三，对边疆、域外地理知识的重视。由于唐朝是一个具有重要影响的大帝国，所以其对周边地区以及世界各国的情况非常关注，其中也包括地理方面的知识。此外，唐朝与诸族、诸国往来频繁，使者互访，也会带来许多有关域外的情况，当然也包括地理方面的知识。有关这方面的著作主要有：戴斗的《诸蕃记》、高少逸的《四夷朝贡录》、吕述的《黠戛斯朝贡图传》、玄奘的《大唐西域记》、慧立的《大慈恩寺三藏法师传》、王玄策的《中天竺国行记》、道宣的《释迦方志》、慧超的《往五天竺国传》、杜环的《经行记》等。除此之外，还有许多有关边疆地区的地理著作，如达奚通的《海南诸行记》、段公路的《北户录》、莫休符的《桂林风土记》、刘恂的《岭表录异》、樊绰的《蛮书》、房千里的《南方异物志》、孟琯的《岭南异物志》、张建章的《渤海国记》、窦滂的《云南别录》、徐云虔的《南诏录》等。

以上这些地理著作大都已经亡佚，也有部分存留至今，如玄奘的《大唐西域记》、慧立的《大慈恩寺三藏法师传》、道宣的《释迦方志》、刘恂的《岭表录异》、樊绰的《蛮书》等；还有些只保留有残卷，如慧超的《往五天竺国传》、莫休符的《桂林风土记》、杜环的《经行记》等。这些著作至今看来仍然具有极高的学术价值，其中记载域外地理的以玄奘的《大唐西域记》、慧超的《往五天竺国传》和杜环的《经行记》最为重要。

众所周知，玄奘是我国唐代著名的佛学家和旅行家，他在其书中记录了他亲身经历的 110 个和传闻得知的 28 个以上的城邦、地区和国家的情况。在地理方面，尤为详细，包括这些地区和国家的地理位置、面积大小、山川地形、气候特点、城镇都邑、道路关隘、风土习俗、名胜古迹、物产、语言文化、宗教信仰等情况，内容十分翔实丰富。客观地看，《大唐西域记》一书所记载的域外地理知识，无论从广度还是深度看，都在我国历史上达到了空前的水平。此书不仅有利于了解西域各国的地理人文情况，还有利于中国与西域各国的交往，同时，由于它记载这些国家和地区的历史、地理，也是这些国家和民族研

---

① 《旧唐书》卷一三八《贾耽传》，北京：中华书局，1975 年，第 3784 页。

究本国历史的重要资料。因此，这部书曾被翻译成多种文字出版，引起了中外学者的研究兴趣。

慧超的《往五天竺国传》原书已佚，现在保存的是敦煌残卷。作者是一个新罗僧人，大约在开元二十一年（733 年）经海路前往天竺，先至东天竺诸国，再游历了中天竺、南天竺、西天竺、北天竺诸国，再经中亚各国到达安西。慧超的这部书内容不如玄奘之书丰富，但是仍提供了不少新的地理知识，另外，其在风俗、物产方面的记述也有超过玄奘的地方。加之这一时期的地缘政治已与玄奘时期大不相同，阿拉伯帝国的势力已经不断向东伸展，在这种情况下，慧超不得不更加关注各地的军事地理情况。因此，慧超的这部书对于唐代的域外地理知识，较之《大唐西域记》又有了新的扩展。

《经行记》的作者杜环，在天宝十载（751 年）跟随高仙芝西征，参加了怛罗斯战役，兵败后被阿拉伯人俘虏，在阿拉伯生活了十余年，于宝应初年乘商船经海路回到了广州。《经行记》一书就记载他的亲身经历和所经之地的地理情况。由于原书已佚，现能见到的佚文主要保存在《通典》一书，共 1500余字，但是内容却非常重要，记述了今中亚、南亚、西亚直至地中海沿岸地区各国情况，主要是波斯、大食、拂菻等十几个国家的山川、气候、物产、风俗、城镇、民族、手工业、农业等方面的情况。由于这些地区和国家的地理情况大都是唐朝以前所不了解的，所以此书的内容才显得尤为重要。

需要说明的是，唐朝对域外知识的了解不仅仅靠这些旅行家的著作，实际上唐朝政府还主动遣使到外国去，了解当地的地理情况。如唐高宗就曾"遣使分往康国及吐火罗等国，访其风俗物产，及古今废置，画图以进。令史官撰《西域图志》六十卷，许敬宗监领之。书成，学者称其博焉"①。康国与吐火罗等国都是玄奘曾经经过的地方，其书中也有所记述，高宗此次遣使专程前往，显然是因为玄奘之书比较简略，不能满足唐朝经营西域的需要。再从《西域图志》六十卷的分量来看，也比玄奘之书的十二卷要大得多，说明其内容一定比较详密，可以使唐朝了解更多域外地理知识。

唐朝政府还非常重视中外交通发展情况，宰相贾耽所著的《皇华四达记》就专门记载了这些方面的详细情况，此书虽然已经亡佚，但《新唐书·地理志》

---

① （宋）王溥：《唐会要》卷三六《修撰》，北京：中华书局，1955 年，第 656 页。

却摘录了前往四夷的道路情况，据此可知其记载主要是交通路线的情况。具体内容如下：

> 其入四夷之路与关戍走集最要者七：一曰营州入安东道，二曰登州海行入高丽渤海道，三曰夏州塞外通大同云中道，四曰中受降城入回鹘道，五曰安西入西域道，六曰安南通天竺道，七曰广州通海夷道。其山川聚落，封略远近，皆概举其目。州县有名而前所不录者，或夷狄所自名云。①

在这段文字之后，还具体描写了这七条路线的走向，经过山川、关隘、地名以及路程的多少。由于这一时期的海上航行仍需沿海岸线而行，所以对海路详细记载所经过的大小岛屿、沿岸地标和江河入海口。描写如此详尽，显然是为了更加方便出行者的使用，所以这些著作具有很强的实用性特点。

此外，唐朝还在地理学的学科属性方面有了较大的发展，已经剔除了古代术数方技之类的堪舆学，也就是世俗所说的阴阳风水之类，基本上定义为现代地理学中的狭义地理学。这种变化可以从唐代典籍分类方面看出，《隋书·地理志》把地理类的书籍已经从原来的子部，划到了史部之内，反映出唐人对其学科属性的认识已发生了重要变化。这正是唐代地理学进步的一种表现。

2. 地理学的地位

唐代地理学在当时世界上到底应该处于什么地位？这是一个比较难回答的问题，只能通过几个方面的比较来说明。

从前面所述的唐代地理学相关著作来看，其种类之齐全，数量之繁多，都是当时世界各国所无法比拟的，这是唐代地理学发达的一个最鲜明的标志。在7～9世纪，世界各国的地理学著作极少，只有阿拉伯人在这一学科上有一定的成就。在8～9世纪，阿拉伯人主要是翻译和整理古希腊、古罗马的地理著作，还谈不上属于本民族的地理学成果。从9～10世纪始，阿拉伯人在继承古希腊、古罗马地理学的基础上，写了大量的地理著作，如9世纪学者花拉子米以托勒密的《地理学指南》为范本，写了《世界的形象》一书。该书成为后来一系列著作的依据，并激发了人们进行地理学研究的兴趣。这一时

---

① 《新唐书》卷四三下《地理志》，北京：中华书局，1975年，第1146页。

期，随着伊斯兰教的传播和阿拉伯帝国版图的扩大，阿拉伯商人和旅行家到远方贸易和旅行，扩展了视野，积累了丰富的地理知识。阿拉伯旅行家们的足迹东到中国沿海，西到大西洋沿岸，南到非洲大陆，北到里海之滨。重要著述有：伊本·胡尔达兹贝编著的《道程与郡国志》（约 846 年）一书，对于研究历史地理和东西交通及商业贸易有重要参考价值；雅库比编著的《列国志》（891～892 年），详述了地势和经济；马苏第的著作《黄金草原和宝石宝藏》，全书 132 章，记述了气候、海洋和海陆变化，还分别记述了阿拉伯、印度、希腊、罗马的历史、地理、社会生活及宗教等，是这一时期阿拉伯地理学的代表作。著名的世界地图——马蒙地图，诞生于 813～833 年。

阿拉伯人虽然在地理学方面取得了很大的成就，但是在 8～9 世纪的成果明显不如唐朝多，如上述马苏第的著作，就成书于 10 世纪；公元 921 年，阿拉伯人巴尔基编成第一部《世界气候图集》。这些成果大约都在中国的五代十国时期。自 12 世纪以来，阿拉伯人在地理学方面还取得了一系列成果，由于不属于本书的论述范围，就不再多说了。

中世纪的欧洲在地理学方面几乎是空白，其成果主要集中在古希腊、古罗马时期，当时涌现了一批著名的学者，如希腊的泰勒斯、希罗多德、亚里士多德、埃拉托色尼、喜帕恰斯、托勒密，罗马人斯特拉波等，他们都对地理学的发展做出了很大贡献，但至中世纪时欧洲的地理学停顿了，除了拜占庭人科斯马斯《基督教世界风土志》一书尚有可观外，这时的欧洲地理学与蓬勃发展的中国地理学简直不可同日而语。直到 12 世纪，由于战争，欧洲人地理眼界拓宽了，加上指南针从中国传入，商业航海发达起来，才使欧洲的地理作品和地图绘制开始出现某些转机。

至于印度，虽然也是一个文明古国，在科技方面也取得了不小的成就，但是在地理学方面古印度不仅无法与中国、阿拉伯相比，就是与古希腊、古罗马相比，也是暗淡无光的。

有学者指出："宋代地学在理论与实践上取得的成就，远远地领先于同一时期欧洲、阿拉伯、印度地理学的水平。"[①]其实早在唐代，就地理学的发展水平而言也是如此，其地位处在世界各国的前列。

---

① 韩毅：《传统地理学的发展与宋代社会》，《保定师范专科学校学报》2007 年第 1 期，第 63—68 页。

综上所述，唐朝与同一时期的世界各国相比，在地理学上处于领先地位，当时除了阿拉伯人较有成就外，其他各国在这方面相对都比较落后。但是唐朝在地理学方面也存在一些不足的方面，从总体上看，其地理著作的内容大都为国内地理，域外地理的比例明显不如阿拉伯人。在理论方面，古希腊人希罗多德最早探索了历史上的人地关系，随后希波克拉又探讨了环境对人类行为的影响。稍后，德谟克利特对宇宙的无穷性、大气现象的原因、生物对气候的依存以及地理环境与人类社会的关系，进行了观察和推测。希腊人柏拉图还提出了地球是圆形的球体，位于宇宙的中心的学说。埃拉托色尼被西方地理学界尊为"地理学之父"，他用两地竿影换算出弧度，计量了地球的周边是 252 000 希腊里（约折合为 39 690 千米），已近于近代的实测值。托勒密的名著《地理学指南》，内容包括地图投影、各地的经纬度表和绘有经纬度的世界地图，对近代地图学的发展起了重要作用。这一时期中国所绘的地图虽然有比例、方向、里程、高下等概念，但却没有经纬度。以上这些理论和思想不仅同一时期的中国没有，就是八九百年甚至上千年后的唐代仍然没有。我们在肯定唐代地理学成就的同时，只有指出这些方面的不足，才能全面客观地评估唐代地理学在当时世界上的地位。

第四章 技术科学的发展

一、农业生产技术的成就

1. 农业生产技术的进步

中国古代在农业方面的发明创造，如铁制农具的使用、牛耕的推广、代田法、三脚耧、龙骨水车、连机水碓、风扇车等，在唐代都在继续使用，有些生产工具和方法还有所改进。有唐一代，农业生产技术方面的成就主要表现在如下几个方面。

在生产工具方面：唐代出现了由犁壁、犁底等11个部件构成的曲辕犁。在唐代以前包括两汉、魏晋南北朝时期，中国农村使用的都是直辕犁。曲辕犁和过去的直辕犁相比，有以下几个好处：①犁辕短曲，操作灵巧省力。②调节耕作深浅的结构完备。以前的直辕犁，在耕地时，一个人在前牵引两头牛，后面一人扶犁，中间一人则压犁辕以掌握耕地的深浅。唐代的曲辕犁则不需要再用人力下压或上抬犁辕，在一定程度上提高了劳动生产率。③犁梢与犁底分开，可以根据摆动幅度，调节耕垡的宽窄。④犁辕前有转动的犁盘，便于耕畜牵引时犁身自由摆动或改变方向。当牛转变方向时，犁盘随着转动，而犁辕却仍能按原来方向前进，以使田头地角最大限度地耕到，克服了汉魏时期那种长直辕犁耕到田边地角"回转相妨"的缺点。江东犁犁身轻便，回旋灵活，更适合江南小块水田、坡地、山地的耕作需要。⑤犁壁竖于犁铧之上，不成连续曲面，一方面可以在低速的牛力条件下，达到碎土的要求，保证耕地质量；另一方面可以使耕深耕宽的限制较少，多数情况下，耕深可大于耕宽。这种犁既提高了耕作效率，又保证了耕地质量，已发展到相当完善的地步，一直被后世沿用。曲辕犁结构的详细情况见于晚唐陆龟蒙的《耒耜经》一书，但此犁并不是晚唐才出现的，因为从陕西三原发掘的唐初李寿墓壁画中可以看到当时的犁就已经是曲辕犁了[1]，这说明曲辕犁的使用贯穿于唐代。

---

① 陕西省博物馆、文管会：《唐李寿墓发掘简报》，《文物》1974年第9期，第71—78页。

礰磟为唐代新出现的整地工具,陆龟蒙说:"爬而后有砺礋焉,有礰磟焉……咸以木为之,坚而重者良。"①礰磟是当时南北皆用的整地工具,有石制和木制两种,在土壤耕翻、耙碎之后,为了使土壤更细碎,地面更平整,适合水稻插秧的要求,便需要这种农具进行整地。

唐代新出现的中耕农具便是鸟耘。自西汉以来,人们一直用手进行耘田除草,劳动效率较低,唐代则发明了鸟耘这种农具。关于其详情,据载:"耘者去莠,举手务疾而畏晚。鸟之啄食,务疾而畏夺。法其疾畏,故曰鸟耘。"②关于其形状,未见到考古实物或图形,元人王桢解释说:"耘爪,耘水田器也,即古所谓'鸟耘'者。其器用竹管,随手指大小截之,长可逾寸,削去一边,状如爪甲,或好坚利者,以铁为之,穿于指上,乃用耘田,以代指甲,犹鸟之用爪也。"③可见所谓"鸟耘",就是用竹管(或铁制)做成套,套在手指上来耘田,保护手指不被泥土磨伤,以达到减轻劳动强度,提高耘田效率的目的。

此外,在唐代耙、镢、锹、锄、杈、长镵、铁搭等农具在南北方已经广泛地使用了,有力地促进了当时农业生产的发展。值得注意的是,不少铁制农具都已使用了钢刃,不仅使农具的器形增大,而且性能优良,对提高生产率有极其重要的意义。我国早在南朝时就已发明了"灌钢"技术并用之于镰刀之类农具,但是这种农具当时还不多见,器形也小。到了唐代,炒炼熟铁技术、灌钢技术及锻炼技术的进一步提高,才使得钢刃农具的使用普遍起来。④

在水利灌溉技术与工具方面:龙骨水车已经普遍推广。政府在这方面曾经出力不小,如唐代宗大历二年(767年)三月,"内出水车样,令京兆府造水车,散给沿郑白渠百姓,以溉水田"⑤。不仅如此,水车在唐代还有所改进,马钧发明的翻车(即龙骨水车),是用手摇带动的,因而十分辛苦,唐代的水车除了手摇外,还改为足踏和牛力运转,因而大大减轻了农民的劳

---

① 《全唐文》卷八〇一陆龟蒙《耒耜经并序》,北京:中华书局,1983年影印本,第8418页。

② 《全唐文》卷八〇一陆龟蒙《象耕鸟耘辨》,北京:中华书局,1983年影印本,第8412页。

③ (元)王桢:《农书》卷一三《农器图谱四》,《文渊阁四库全书》,上海:上海古籍出版社,1987年,第730册,第453页。

④ 李伯重:《唐代江南农业的发展》,北京:北京大学出版社,2009年,第68页。

⑤ (宋)王溥:《唐会要》卷八九《疏凿利人》,北京:中华书局,1955年,第1622页。

动强度。[①]水车不仅可以用于灌溉，也可以用于排除农田内多余的积水；不仅可以用于抗旱，也可以用于排涝；不仅直接适用于接近江河湖泊渠道等水源且上下水位差不大的农田灌溉，也能分段、分级、分期灌溉离水源较远或上下水位差较大的农田。因此，水车在水利灌溉方面是最重要的工具之一，是当时世界上最先进的灌溉农业生产工具。

筒车是唐代发明的提水工具，它是利用湍急的水流转动车轮，使装在车轮上的水筒自动戽水，提上岸来进行灌溉。唐人陈廷章的《水轮赋》就描写了这种灌溉工具，所谓"汲引之道，成于运轮"[②]。筒车的发明，对于解决岸高水低、水流湍急地区的灌溉问题，有着重要意义。

在渠堰斗闸技术方面，根据史料分析，唐代的引泾灌溉工程在泾河上已兴建了石质坝堰。唐代能在最大流量为 0.5 万 m^3/s 的泾河上修筑坝堰，可见技术之高超。农田水利的斗门节制水量技术普遍应用，皇甫选说引泾工程共设节水斗门 176 个，安斗门时，"须累石及安木，傍壁仰使牢固"。可见设置斗门、安装闸门进行启闭、科学控制水量已很普遍。[③]唐代在江南兴修了大量的水利工程，其中规模较大的工程也不少，这些工程大都有渠堰斗闸的设置，尤其圩田的兴修，往往安装大型的斗门水闸以调节水量，防旱排涝，使其成为旱涝保收的良田，可见这些技术已经被普遍地应用了。

在耕作技术方面：唐代也取得了很大的进步。比如，在整地保墒技术上，《齐民要术》要求土地每耕一遍，则要耱两遍，才可以起到保墒的作用。唐代除了这样做，通常还在开春一解冻就耕耱一次，以便更好地起到保墒作用。可见唐代在南北朝的基础上对土壤保墒技术又有了进一步的发展。

在中耕方面，种麻要求在夏至前十日下籽，锄两遍，以除草间苗。种谷，中耕锄地时要求做到浅、深、较深、较浅，因为初次锄地容易松动或损伤幼苗根部，必须浅锄；第二次锄地时苗株长大，根部稳定，故可深锄；以后根系发达密布地下，为了不伤根系，故又须浅锄。这说明唐代精耕细作已经达到了相当高的程度。[④]

① 唐耕耦：《唐代水车的使用与推广》，《文史哲》1978 年第 4 期，第 73—76 页。
② 《全唐文》卷九四八陈廷章《水轮赋》，北京：中华书局，1983 年，第 9840 页。
③ 张骅：《唐代的水利科技》，《河北水利科技》2000 年第 1 期，第 44—47 页。
④ 陈文华编著：《中国古代农业科技史图谱》，北京：农业出版社，1991 年，第 286 页。

在施肥方面，唐代亦有很大的进步。北朝时农田施肥以绿肥为主，自唐代开始逐渐以农家肥为主，从韩鄂的《四时纂要》一书的记载来看，这一时期已经做到了根据不同作物施用不同的肥料。如种植百合，要施鸡粪；种植葫芦，要施油麻、绿豆秸和烂草；种木棉，要施牛粪；薯蓣则应避免"人粪"，要用牛粪等。在唐代还出现了将畜粪作为商品出售的现象[①]，粪也可以用来上税，唐德宗贞元六年（790年）闰四月，"初遵县人李载配纳元陵园粪两车"[②]。这一切都说明唐代的农田施肥量已经大大增长了，于是才会出现以上这种社会现象。

在水稻栽培技术方面，唐代也取得了长足的进步。在唐以前，北方种植水稻已采用移植技术（插秧），可是南方还大量地使用直播法。到了唐代，直播法在南方一些地区仍然使用，但移植技术逐渐推广开来。这一点在韩鄂的《四时纂要》一书中有不少记载，此外在唐人的诗歌中也有一些描写水稻移植的情况，如张籍在《江村行》中写道，"江南热旱天气毒，雨中移秧颜色鲜"[③]，描述的正是江南人民雨中插秧的景象。众所周知，水稻采用移植技术对提高产量具有极大的意义，这里就不多说了。

唐代稻麦复种轮作制已经有所扩大，在北方主要是谷、麦的轮作，在南方则是稻、麦轮作。如贞观十四年（640年）秋，栎阳县丞刘仁轨上疏太宗称："贫家无力，禾下始拟种麦。"[④]穷苦的农民在收割了秋稼粟之后又开始着手种麦，即是粟、麦复种，一年两收。这种种植方式的推广，提高了土地的利用率和粮食的总产量，是农业集约化经营有所发展的标志。此外，水稻一年两熟甚至三熟的情况在南方许多地区都已经出现了，这对粮食生产率的提高意义是非常重大的。

在粮食加工方面，唐代普遍利用流水作动力推动碾、硙等加工粮食，极大地提高了生产效率。如天宝初年，高力士"于京城西北截沣水作碾，并转

① "少府监裴匪舒，善营利，奏卖苑中马粪，岁得钱二十万缗。"《资治通鉴》卷二〇二开耀元年二月条，北京：中华书局，1956年，第6400页。

② （宋）王钦若等编：《册府元龟》卷一一四一《帝王部·抑外戚》，北京：中华书局，1960年影印本，第1713页。

③ 《全唐诗》卷三八二张籍《江村行》，北京：中华书局，1999年，第4304页。

④ 《旧唐书》卷八四《刘仁轨传》，北京：中华书局，1975年，第2760页。

五轮，日碾麦三百斛"①。这样的高效率是以前人力和畜力所达不到的。其中长安地区由于官僚贵族甚多，他们纷纷在用来灌溉田地的河渠两岸设置碾、硙磨制面粉谋取暴利，以至于影响了农田灌溉用水。如永徽六年（655 年）雍州长史长孙祥所言，"往日郑白渠溉田四万余顷，今为富僧大贾，竞造碾硙，止溉一万许顷"②，而到了大历年间，又减至 6200 余顷③。在唐代拥有碾、硙往往成为权势与富贵的象征，如《旧唐书·李林甫传》载："林甫京城邸第，田园水硙，利尽上腴。"

碾、硙的大量设立严重破坏了水利，导致大片农田减产，以至于政府不得不多次下令拆除河渠两岸所设之碾、硙。如唐高宗令长孙祥将关中地区"渠上碾硙皆毁之"④，唐代宗大历十三年（778 年）正月，"坏白渠碾硙八十余所，以夺农溉田也"⑤。为了保证农田灌溉的需要，唐政府制定了相关法规，以规范灌溉与碾、硙用水的矛盾，原文如下：

> 凡水有溉灌者，碾硙不得与争其利；（原注：自季夏及于仲春，皆闭斗门，有余乃得听用之。）溉灌者又不得浸人庐舍，坏人坟隧。仲春乃命通沟渎，立堤防，孟冬而毕。若秋、夏霖潦，泛溢冲坏者，则不待其时而修葺。凡用水自下始。⑥

虽然政府有明文规定，碾、硙的发展不能影响水利。但这种技术上的进步是符合大多数人的利益的，因此，那些被禁止的碾、硙往往很快又会重新恢复。这其中固然有富商大贾追逐利益的驱使，也是农业产量提高的结果，更是人们生活多样化的要求。

在经济作物种植方面，唐代发展很快，麻、茶、药、漆、油料、水果等

---

① 《旧唐书》卷一八四《高力士传》，北京：中华书局，1975 年，第 4758 页。

② （唐）李林甫撰，贺次君点校：《元和郡县图志》卷一《关内道》，北京：中华书局，1983 年，第 11 页。

③ （唐）杜佑撰，王文锦、王永兴、刘俊文，等点校：《通典》卷二《食货·水利田》，北京：中华书局，1988 年，第 39 页。

④ （唐）杜佑撰，王文锦、王永兴、刘俊文，等点校：《通典》卷二《食货·水利田》，北京：中华书局，1988 年，第 39 页。

⑤ 《旧唐书》卷一一《代宗纪》，北京：中华书局，1975 年，第 313 页。

⑥ （唐）李林甫等撰，陈仲夫点校：《唐六典》卷七《水部郎中》，北京：中华书局，1992 年，第 226 页。

种植非常普遍，尤其是茶叶种植发展最快。唐人已经开始大量饮茶，并对茶的品性和加工有了进一步了解。785 年左右，陆羽所撰的《茶经》完成，这是中国也是世界上第一部关于茶的专著，书中记述了茶的性状、品质、产地和采制、烹饮的方法等内容，对后世的影响甚大。在陆羽和常伯熊等的宣传下，唐代的茶文化开始成熟，饮茶蔚然成风，茶叶不再仅是南方人的饮品，也成为北方人的新宠。由于饮茶之风盛行，茶叶日益成为一般人的生活必需品，长安与各地城市中多开茶铺，售卖茶水，不论世俗之人还是和尚道士，都喜欢去茶铺喝茶。唐代的茶叶种植规模因此不断扩大，全国大约有 42 个州产茶，所产茶叶车载船运，堆积如山。一些盛产名茶的地区，更是荒无遗土，遍地茶树，其吃穿住行，交纳赋税皆靠茶叶。

2. 农业生产技术的影响与对外交流

唐代中国的农业生产技术对外影响最大的当属东亚各国，早在弥生文化早期，水稻连同栽培技术从中国华中地区及长江流域渡过东海，经朝鲜半岛南部传入日本九州地区。此后，中国的金属器，包括青铜器和铁器以及与之关联的冶炼锻造技术也传入了日本。[1]唐代随着中日两国交往的不断加深，中国的茶叶及其栽培技术也传到了日本。当时朝廷在沿海的一些港口专门设立市舶司管理海上贸易，包括茶叶贸易，准许外商购买茶叶，运回自己的国土。唐顺宗永贞元年（805 年），日本最澄禅师从我国研究佛学回国，把带回的茶种种在近江（今日本滋贺县）。815 年，日本嵯峨天皇到滋贺县梵释寺，寺僧便献上香喷喷的茶水。天皇饮后非常高兴，遂大力推广饮茶，于是茶叶在日本得到大面积栽培。嵯峨天皇的年号为弘仁，故史称这种风气为"弘仁茶风"。至宋代时茶叶种植和饮茶之风在日本进一步扩大，日本荣西禅师来我国学习佛经，归国时不仅带回茶籽播种，而且根据我国寺院的饮茶方法，制定了自己的饮茶仪式。他晚年所著的《吃茶养生记》被称为日本第一部茶书。书中称茶是"圣药""万灵长寿剂"，这对推动日本社会饮茶风尚的发展起了重大作用。

利用水力加工粮食的碾硙在唐时也传到日本，推古天皇十八年（610 年），"春三月，高丽王贡上僧昙徵、法定，昙徵知《五经》，且能作彩色及纸墨，

---

① 王金林：《简明日本古代史》，天津：天津人民出版社，1984 年，第 18 页。

并造碾硙，盖造碾硙始于是时钦"①。这里的碾硙指的是水磨，因为一般的石磨、石碾日本早已有之。

中国的龙骨水车也在唐代传到了日本，日本天长六年（829年）五月《太政府符》命作水车在民间推广，原文如下：

> 耕种之利，水田为本。水田之难，尤其旱损。传闻唐国之风，渠堰不便之处，多构水车。无水之地，以斯不失其利。此间之民，素无此备，动若焦损。宜下仰民间，作备件器，以为农业之资。其以手转、以足踏、服牛回等，备随便宜。若有贫乏之辈，不堪作备者，国司作给。经用破损，随亦修理。其料用救急稻。②

可见流传到日本的中国水车是当时最新的样式，有手摇、脚踏、牛力运转三种样式，这样日本在提水灌溉工具方面至少与唐朝并驾齐驱了。关于唐代牛力运转水车的直观形象，唐代绘画《牛转水车图》使我们得以看到这种水车的样式。

朝鲜半岛在农业生产技术方面受中国的影响更大，其水稻栽培技术就是受中国影响才得以快速发展，并经其再传而入日本。唐代的碾硙加工粮食技术、犁耕技术、蔬菜品种及种植技术也都对朝鲜影响很大。中国茶叶传入朝鲜的时间早于日本，大约在4世纪末5世纪初，佛教由中国传入高丽，随着天台宗、华严宗的往来，饮茶之风亦进入朝鲜半岛。《三国史记》中记载，兴德王三年（828年），有位遣唐使金大廉从中国带茶种回去，献给兴德王，兴德王将茶种种在地理山。由此可知，兴德王三年朝鲜半岛已经种茶。如果说三国时代是朝鲜的饮茶孕育期，高丽时代则是朝鲜饮茶最鼎盛的时代，饮茶的器具很发达也很漂亮，瓷器方面有青瓷、白瓷、绿瓷，尤其高丽青瓷更为精美。

唐代农业生产技术对西方各国的影响，据李约瑟的研究结论，1~18世纪先后传到欧洲和其他地区的主要有：①龙骨水车；②石碾和水力在石碾上的应用，即上面所说的碾硙；③风扇车和簸扬机；④铸铁的使用；⑤河渠闸门；⑥拖重牲口用的两种高效马具，即胸带和套包子；⑦独轮车等。其中在

---

① 〔日〕舍人亲王：《日本书记》卷二二，坂本太郎等校注本，东京：岩波书店，2000年，第4册，第118、464页。

② 转引自唐耕耦：《唐代水车的使用与推广》，《文史哲》1978年第4期，第74—75页。

唐代传播的农业技术有碾硙、牲口用的胸带、套包子、独轮车、河渠闸门等。其中河渠闸门技术中国要领先欧洲一千年。[①]唐代的曲辕犁与欧洲 13 世纪文献中记载的步犁相比要完善得多，是当时世界上最先进的耕地工具之一。

　　中国的农业技术对西域和印度的影响最大的莫过于蚕丝和铁器。据《史记》卷一二三《大宛传》载："自大宛以西，至安息，国虽颇异言，然大同俗，相知言……其地皆无丝漆，不知铸铁器。"可见在汉代这一区域还没有见到蚕丝和铸铁器，可是今新疆地区的考古发掘中却出土了铁制农具和丝绸制品，大都是汉代以后的物品，说明这些都是从内地流传过去的。铁制农具的传入对这一地区农业生产的发展具有非常重要的意义。

　　丝制品自张骞通西域以后，在西方便不稀见了，只是这些物品都是由商人贩运过去，或者中国皇帝"赏赐"的，并非由当地生产，所以丝绸在当地属于稀罕物品，只有贵族才能享受得到。关于这点史书中有大量记载，如《容斋四笔》卷九记载说："胡人见锦，不信有虫食树吐丝所成。"[②]《高僧传·法显传》亦载：鄯善国"衣服粗与汉地同，但以毡褐为异"。《魏书·西域传》说焉耆国"养蚕不以为丝，唯充绵纩"，说明这一时期当地虽然有蚕，但却不知抽丝纺织。之所以如此，原因就在于中国历代政府对养蚕技术封锁甚严，严禁对外输出。玄奘的《大唐西域记》卷一二瞿萨旦那国条载："昔者此国未知桑蚕，闻东国有之，命使以求。时东国君秘而不赐，严敕关防，无令蚕种出也。"但是直到目前为止，还搞不清楚这时所谓的"东国"，到底是指中国哪个王朝。关于养蚕技术的外传，上引玄奘之书记述得很有戏剧性：

　　　　瞿萨旦那王乃卑辞下礼，求婚东国。国君有怀远之志，遂允其请。瞿萨旦那王命使迎妇，而诚曰：尔致辞东国君女，我国素无丝绵桑蚕之种，可以持来自为裳服。女闻其言，密求其种，以桑蚕之子置帽絮中。既至关防，主者遍索，唯王女帽不敢以验，遂入瞿萨旦那国，止麻射伽蓝故地。方备仪礼，奉迎入宫。以桑蚕种留于此地。阳春告始，乃植其桑。蚕月既临，复事采养。初至也，尚以杂叶饲之。自时厥后，桑树连

　　①〔英〕李约瑟著，《中国科学技术史》翻译小组译：《中国科学技术史》第一卷第二分册，北京：科学出版社，1975 年，第 546—549 页。

　　②（宋）洪迈：《容斋四笔》卷九《南舟北帐》，北京：中华书局，2005 年，第 737 页。

阴。王妃乃刻石为制，不令伤杀。蚕蛾飞尽，乃得治茧。敢有犯违，明神不祐。遂为先蚕建此伽蓝。数株枯桑，云是本种之树也。故今此国，有蚕不杀，窃有取丝者，来年辄不宜蚕。

西藏地区也有类似的传说，只是将瞿萨旦那国换成了于阗国。其实在正史中也有记载：于阗国"初无桑蚕，丐邻国，不肯出。其王即求婚，许之。将迎，乃告曰：国无帛，可持蚕自为衣。女闻，置蚕帽絮中。关方不敢验。自是始有蚕。女刻石约无杀蚕，蛾飞尽得治茧"。事实也是在古代的西域地区，于阗是唯一的养蚕抽丝的小国，并且一直延续下来。

据季羡林先生研究，在英国人斯坦因于吐鲁番阿斯塔那村附近发现的一个古代墓地中，死人全部用丝裹。因为当地不产丝，这些丝织品当来自内地，可能也有部分来自阗和粟特，还有一些丝织品从花样上看，可能来自萨珊王朝，然后再从西域把蚕丝技术传到了波斯、印度、希腊和罗马。[①]

农业技术外传的同时，我国也引进了不少外来的农作物及其生产技术。今新疆地区流行的水利灌溉渠道——坎儿井，有人认为是希腊人发明的，然后经过波斯传到今新疆地区。[②]不过这一技术早在汉代就已传来了，与唐代并无关系。

唐代还引进了大批农作物品种，如菠菜在唐初由泥婆罗进贡给唐朝，因为其可以解除服食丹药引起的不适，被道士们称为"波斯草"。其可能来自波斯，泥婆罗人获得后又转而进贡给中国。唐代有一种球茎甘蓝，原产于欧洲，经西域、吐蕃、河西走廊流传到唐朝。此外，通过泥婆罗传入唐朝的蔬菜还有青蒜或冬葱、类似莴苣的苦菜、一种阔叶的酢菜、略带香味的胡芹等。甜菜也可能是唐代从波斯或者大食传入中国的。[③]此外，唐朝还从新罗引进过茄子，"有新罗种者，色稍白，形如鸡卵"[④]，这是新罗培育的茄子新品种。《清异录》卷上记载："呙国使者来汉，隋人求得菜种，酬之甚厚，故

---

① 季羡林：《中印文化关系史论文集》，北京：生活·读书·新知三联书店，1982年，第51—96页。
② 〔英〕李约瑟著，《中国科学技术史》翻译小组译：《中国科学技术史》第一卷第二分册，北京：科学出版社，1975年，第535页。
③ 〔美〕谢弗著，吴玉贵译：《唐代的外来文明》，北京：中国社会科学出版社，1995年，第316—317页。
④ （唐）段成式：《酉阳杂俎》卷一九，《文渊阁四库全书》，上海：上海古籍出版社，1987年，第1047册，第761页。

因名千金菜，今莴苣也。"至唐时这种蔬菜已普遍种植了，成为当时的家常蔬菜。另据记载："国初，建达国献佛土菜，一茎五叶，花赤，中心正黄而蕊紫色。"[①]这些农产品的引进，在一定程度上丰富了我国人民的生活，增加了我国的植物种类，因此具有十分重要的意义。

唐朝实行对外开放的政策，不仅使中国的农业技术外传，而且还使中国引进了域外的许多农业技术和农产品，唐朝的农业生产获得了很大的发展，农业生产技术在整体上处于领先地位。

二、制瓷技术的提高与外传

1. 制瓷技术的提高

我国陶器的出现至少已有 8000 年的历史，三国西晋时期已经出现了符合现代瓷器标准的瓷器，说明我国制瓷技术的相对成熟至少已经有1700 多年了。到了唐代，制瓷技术有了进一步的发展，具体表现在如下几个方面。

其一，一改过去的叠烧，普遍采用匣钵装烧是中唐以后陶瓷烧成技术的一大进步。使用匣钵提高了窑炉的装烧量，更重要的是提高了瓷器的烧成质量和成品率。晚唐和五代时期的越窑能烧出胎薄釉光的青瓷，与这种技术进步是密切相关的。这种工艺的推广和完善也为宋代名窑的出现准备了条件。此外，唐代广泛地使用了刻花、印花、划花、剔花、模印、堆花、模塑贴花等技术，并且将釦金、釦银和镏金工艺用于瓷器之上，从而使制造的瓷器更加精美。

其二，在唐以前主要以烧制青瓷为主，唐代制瓷业的一大特色是白瓷的大量生产，北方地区更是如此。白瓷多数采用高质量的坯料，减少或不用化妆土，白度更高，部分精品已达到了体薄釉润、光洁纯净的水平。唐代李肇在《国史补》中写道："内丘白瓷瓯，端溪紫石砚，天下无贵贱通用之。"[②]可见白瓷在全国的受欢迎程度是很高的，也说明其产量之大。唐代以邢州所产白瓷最为出名，与江南的越窑青瓷齐名，故人们常以"南青北白"之说来

---

①（唐）段公路：《北户录》卷二，《文渊阁四库全书》，上海：上海古籍出版社，1987 年，第 589 册，第 51 页。

②（唐）李肇：《唐国史补》卷下，《文渊阁四库全书》，上海：上海古籍出版社，1987 年，第 1035 册，第 447 页。

概括唐代制瓷业的特点。当然南方也有烧制白瓷的瓷窑，如景德镇窑、长沙窑等。除了以上青、白两种瓷器，在唐代还有黄瓷、黑瓷、花瓷等，种类繁多。至于闻名中外的秘色瓷，以前人们认为是五代创烧，陕西法门寺出土的唐代秘色瓷，彻底改变了这种观点。

其三，唐代制瓷业发展的重要表现就是瓷窑分布十分广泛，根据文献与考古发现，分布于今浙江、江西、湖南、安徽、福建、广东、河北、四川、河南、陕西、山西等省。就瓷窑分布的广泛程度看，远远超过了前代，说明唐代的制瓷业比前代有了很大的发展，从而为瓷器大量用于外贸奠定了基础。

唐三彩是唐代铅釉陶器的总称，包括陶质铅釉的生活用具和艺术品的俑类及明器。它工艺精湛，造型奇特，彩色深邃，变幻无穷，蜚声中外。唐三彩是唐代陶瓷工艺迅速发展的又一明证。它以白色黏土作胎，用含铜、铁、钴、锰等元素的矿物作釉料着色剂，以铅灰或炼铅熔渣为助熔剂而配制成多种低温色釉，用 800℃左右的温度烧成。釉色有深绿、翠绿、蓝、黄、白、赭、褐等，所以唐三彩实际上是一种多彩陶器。在炼制过程中，这些呈色的氧化物随着铅熔剂向四方扩散和流动，相互浸润，形成斑驳灿烂的色彩。唐三彩的蓝釉是钴的氧化物的呈色结果，证明用钴于陶瓷釉始于唐代，使青花釉料的来源有了一个可追溯的线索。唐三彩是汉代以来低温铅釉发展的结果，它也吸收了当时制瓷工艺的某些技艺，为宋代及以后的多种低温色釉和釉上彩瓷的出现奠定了基础。

　　2. 制瓷技术的外传

唐代的制瓷技术是随着瓷器对外贸易的发展而流传出去的。在东亚地区，唐朝主要与朝鲜半岛诸国和日本进行贸易，随着大量陶瓷器输入朝鲜半岛，中国陶瓷的制造技术也随之输出，促进了朝鲜陶瓷业的兴起。他们模仿唐三彩，烧成了所谓的"新罗三彩"。其仿烧的中国越窑系青瓷，通常被称为"新罗烧"，亦被称为"翡色"瓷器。①唐朝与日本的贸易中，陶瓷是大宗商品之一，关于这一切，可以从日本出土的大量唐五代时期的越窑青瓷得到证实，其中福冈县出土的残片最多，这是因为日本大宰府所在地就在福冈，

---

① 苏垂昌：《唐五代中国古陶瓷的输出》，《厦门大学学报（哲学社会科学版）》1986 年第 2 期，第 93—101 页。

而大宰府是负责外交、贸易的唯一官方机构，由于严禁私下贸易，来自中国的商船只能在其管理下的鸿胪馆进行贸易，所以在这里出土的瓷片最多也就不难理解了。此外，与中国隔海相望的日本九州西岸长崎县、佐贺县、熊本县和鹿儿岛县也集中出土了不少唐五代时期的中国陶瓷，说明虽然有禁令颁布，但私下贸易仍然屡禁不绝，这就是这一时期日本官方不断颁布禁令的原因所在。[①]越窑瓷器在日本共有 52 处遗址，发现的多为日常生活用品，如碗、盒、水注、灯碗、砚台等，这也正是其来自民间的贸易的一个特征。当然除了越窑产品外，其他地区所产的瓷器也有输往日本的，只是数量多寡不一而已。有学者指出：9 至 10 世纪前半期（晚唐五代），越窑、长沙窑和南北窑系白瓷，同时通过贸易渠道输入日本。与此同时，烧窑技术也随之传入，最主要是日本引进了越窑制瓷技术，改进窑炉结构，连窑具也模仿唐五代造型。爱知县的猿投窑（日本古名窑）仿制的越窑青瓷，无论造型、釉色和装饰手法（暗花）都与越窑十分相似。[②]"奈良三彩"是中国的唐三彩传到日本后，由日本匠师仿造而成的。可见，与中国的陶瓷贸易对日本制瓷业的发展具有极大的促进作用。

唐朝与东南亚各国的陶瓷贸易也很频繁，从考古发现的情况看，东南亚各国曾大量地发现过唐五代时期烧制的瓷器，其中菲律宾出土的最多，马来西亚、新加坡、印度尼西亚、文莱、泰国等也都出土过数量不等的中国瓷器。这些瓷器大都是五代长沙窑、越州窑、广州西村窑的产品，其中也有与福建出土的瓷器相似的商品，说明其很可能是福建生产的产品。[③]在泉州沿海的晋江、惠安一带发现多处唐、五代窑址，其中以 1954 年在泉州东门外发现的碗窑乡窑址规模最大，该窑分南北二窑，遗留物堆积有 1 米多，据考证这是五代时期泉州外销瓷的产地之一。[④]此外，福建还有福州怀安窑、南安窑、将乐窑、建窑等，都在生产外销瓷，因此，在东南亚一带出土类似于福建生

①　陈文平：《唐五代中国陶瓷外销日本的考察》，《上海大学学报（社会科学版）》1998 年第 6 期，第 93—98 页。

②　苏垂昌：《唐五代中国古陶瓷的输出》，《厦门大学学报（哲学社会科学版）》1986 年第 2 期，第 93—101 页。

③　苏垂昌：《唐五代中国古陶瓷的输出》，《厦门大学学报（哲学社会科学版）》1986 年第 2 期，第 93—101 页。

④　刘文波：《五代时期泉州的海外贸易》，《江苏商论》2006 年第 8 期，第 160—161 页。

产的瓷器是不足为奇的。

在唐代中国与东非、南亚、西亚各国也建立了往来关系，商贸发展一直持续不断，从考古出土情况看，在东非肯尼亚的曼达岛出土了 9～10 世纪的越窑瓷和白瓷，在坦桑尼亚的基尔瓦也出土有唐末宋初的越窑青瓷以及白瓷。[①]埃及与中国的贸易也很频繁，在 20 世纪初期曾在这里发掘出了大量的陶瓷片，有唐五代时期的唐三彩、越窑系青瓷、邢窑白瓷，其中以越窑青瓷残片最多，有 600 多片，而且多为精品，其质量超过了西亚、日本出土的瓷器。红海岸边苏丹境内的爱札布遗址，出土了不少晚唐五代的越窑青瓷片。在肯尼亚以南至桑给巴尔一带沿海和岛屿发现中国瓷器的遗址，达 46 处之多。

地处南亚的印度、巴基斯坦和斯里兰卡，是东西经济文化交流的枢纽地带，因此这一地区也与中国建立了密切的贸易关系。印度南部的迈索尔邦博物馆就藏有晚唐五代的越窑系青瓷和长沙窑瓷；印度南部的阿里卡美都是重要贸易港，中国商舶曾停泊在这里卸货。这个废港遗址经过两次调查和发掘，出土了唐末五代越窑青瓷碟残片。巴基斯坦卡拉奇东南的斑波尔，是古代繁荣的贸易港口，在这里出土了晚唐五代越窑产的水注、长沙窑黄褐釉下绿彩花草纹碗残片。巴基斯坦信德邦那瓦布沙县的布拉夫米那巴德，在 11 世纪前是一座繁荣的商业城市，在这里曾发掘出唐末、五代至宋初的中国陶瓷。

伊朗德黑兰南面的赖依遗址，在 20 世纪 30 年代由美国波士顿美术馆和宾夕法尼亚大学联合进行过发掘，出土了唐五代越窑青瓷碗、长沙窑彩绘盘残片。此外，伊朗波斯湾畔的比比加顿，南部的沙斯、库吉斯坦等地都发现过长沙窑瓷器。日本学者三上次男指出：伊朗出土的唐五代陶瓷，以长沙窑为多。伊拉克也出土过中国瓷器，巴格达阿拉伯博物馆就收藏有萨马拉遗址出土的唐五代的越窑瓷，西柏林达累姆博物馆也收藏有该遗址出土的 9～10 世纪的越窑青瓷和白瓷碗的残片。[②]

在 8～9 世纪，波斯陶工仿造传到波斯的唐三彩而制成华丽的"多彩釉陶器"，又名"波斯三彩"。这是一种在红褐色的坯体表面敷挂一层白色化

① 马文宽、孟凡人：《中国古瓷在非洲的发现》，北京：紫禁城出版社，1987 年，第 12、97 页。
② 苏垂昌：《唐五代中国古陶瓷的输出》，《厦门大学学报（哲学社会科学版）》1986 年第 2 期，第 93—101 页。

妆土后，用绿釉和黄褐釉涂饰于其上，或点绘几何纹、花卉等图案，焙烧时釉色流动交融，烧成后光彩斑斓，颇似唐三彩。后来所谓的"波斯青花"瓷器，也是仿中国青花瓷而制成的。

　　中国陶瓷制造技术，同样启迪、影响了非洲陶瓷技术的发展，在古代埃及最大的制陶业中心，位于开罗南郊的福斯塔遗址出土的六七十万块陶瓷碎片中，70%～80%是中国陶瓷的仿制品。在输入中国唐三彩之后(9～10 世纪)，福斯塔陶工模仿唐三彩烧出多彩纹陶器和多彩线纹陶器。中国白瓷传入后，他们又仿烧出白釉陶器。11 世纪后，随着中国青瓷、青白瓷（影青瓷）和青花瓷的输入，他们又仿烧出造型和纹样完全类似的瓷质仿制品。

　　与朝鲜半岛、日本、波斯、古埃及不同的是，欧洲制瓷技术的掌握比较晚，直到 18 世纪，欧洲人仍然在苦苦地寻觅着瓷器制造的秘密。虽然威尼斯商人马可·波罗在其所著的《马可·波罗游记》中比较详尽地记载了中国的瓷器及其制作方法，对欧洲人制造陶瓷起到了启发作用。但法国甚至整个欧洲，如英国、西班牙、意大利等国真正陶瓷制品的出现，却是很多年以后的事情。法国传教士昂特雷科莱 1712 年来到景德镇，并在此生活了 7 年之久，将景德镇制胎、施釉、烧成的技艺传到欧洲，启迪了当时仍在探索的欧洲人，使他们豁然开朗，促进了欧洲陶瓷制造业的发展。[①]

三、造纸术的提高与技术外传

1. 造纸技术的提高

　　纸是中国古代的四大发明之一，从造纸术发明以来，随着造纸技术的不断提高，历代造纸的原料也在不断地改进。西汉时，大都以麻为造纸的原料，东汉时开始利用树皮造纸，此后，各类皮纸纷纷问世。

　　唐代造纸的原料比以往有所增加，有麻类、楮皮、桑皮、藤皮、瑞香皮、木芙蓉皮和竹类。但麻纸仍是主要纸种，其制造技术已达到登峰造极的地步。麻纸除用破麻布为原料外，还直接使用野生麻类纤维。中国野生麻资源比较丰富，原料充沛，用野生麻造纸，一方面降低了生产成本，另一方面也扩大了产地，使麻纸的生产在唐代得到很大的发展。

---

① 杜文玉、林兴霞编著：《图说中外文化交流》，西安：世界图书出版公司，2007 年，第 223 页。

　　从晋朝以来兴起的藤纸，到隋唐时期达到了全盛，各地都有藤纸生产，尤以浙江等地居多。据史书记载，婺州、杭州余杭等地都盛产藤纸，并将其作为土贡进献给朝廷。"婺州东阳郡，上。土贡：绵、葛、纻布、藤纸……"①，"杭州余杭郡，上。土贡：白编绫、绯绫、藤纸……"②其中，余杭县的由拳村"出好藤纸"③。由于藤纸具有优良的品质，所以政府常用其做公文纸，李肇《翰林志》曰："凡赐与、征召、宣索、处分曰诏，用白藤纸；凡慰军旅用黄麻纸……凡太清宫、道观荐告词文，用青藤纸。"此外，很多诗人也喜欢用藤纸写诗。

　　唐初还曾盛行一种剡藤纸，是用浙江剡溪附近所产的野生青藤皮做材料制成的。这种纸在藤纸中居上品，所谓"白纸之妙者，越之剡藤"。吴淑《纸赋》曰："金花玉骨剡藤麻面。"④由于这种纸品质卓越，在唐代社会生活中用途非常广泛，陆羽曾在《茶经》中指出，茶叶要"以剡藤纸白厚者夹缝之，以贮所炙茶，使不泄其香也"⑤。由于藤的资源有限，剡藤纸后来因大量砍伐古藤，原料来源锐减，生产越来越少，以致舒元舆有《悲剡溪古藤文》一文，以感叹剡溪几百里藤林的消失。晚唐以来，藤纸便越来越少。

　　与前代相比，皮纸在唐代开始大量生产，最常见的是楮皮纸，这种纸由于原料易得，纸质光滑紧密，不易破损，故在社会生活中的用量也逐渐增大，成为高级书画用纸和重要经典著作用纸。唐代的宗教经典用楮纸书写的特别多，有些僧人甚至自辟小园栽种楮树、自行造纸。僧人德元，"修一净园，种诸谷楮，并种香花、杂草，洗濯入园，溉灌香水。楮生三载，馥气氤氲……剥楮取衣，浸以沉水，护净造纸，毕岁方成"，然后用此楮纸写《华严经》。⑥永徽中，定州僧修德，"写《华严经》，先以沉香种楮树，取以造纸"⑦。僧人

①《新唐书》卷四一《地理志五》，北京：中华书局，1975年，第1063页。

②《新唐书》卷四一《地理志五》，北京：中华书局，1975年，第1059页。

③（唐）李吉甫撰，贺次君点校：《元和郡县图志》卷二五《江南道·浙西观察使·杭州》，北京：中华书局，1983年，第603页。

④（宋）高似孙：《剡录》卷七《纸·剡藤》，《文渊阁四库全书》，上海：上海古籍出版社，1987年，第485册，第589页。

⑤（唐）陆羽：《茶经》卷中《茶之器·纸囊》，《文渊阁四库全书》，上海：上海古籍出版社，1987年，第844册，第616页。

⑥〔日〕高楠顺次郎：《华严经传记》卷五，《大正新修大藏经》，东京：大正一切经刊行会，1928年，第51册，第155页。

⑦（清）汪灏：《御定佩文斋广群芳谱》卷七五《木谱·楮》，《文渊阁四库全书》，上海：上海古籍出版社，1987年，第847册，第141页。

将楮树与香花等同种，又用含香料之水细心灌溉养护，历三年后再取其皮，辅以香料，造出香气氤氲的楮纸，用以撰写佛经。不独佛教写经使用这种特制的楮皮纸，其他宗教亦采用此纸，已出土的开元六年（718 年）道教经典《无上秘要》也写于黄色楮纸，表面涂蜡，属于黄蜡笺。[①]由此可见，楮纸品质确实较高，至少也是结实耐磨，否则需要广为流传的宗教典籍是不会选用它的。

唐人对香料情有独钟，不仅在日常生活中大量使用香料，还利用香树如栈香树、沉香树、白瑞香树等树的树皮造纸，这种纸称为香皮纸。“广管罗州多栈香树，身似柳，其花白而繁，其叶如橘皮，堪作纸，名为香皮纸。灰白色，有纹如鱼子笺，其纸慢而弱，沾水即烂，远不及楮皮者。”[②]《北户录》也说：“罗州多栈香树，身如柜柳，其华繁白，其叶似橘皮，堪捣纸，土人号为香皮纸。作灰白色，文如鱼子笺。今罗辨州皆用之。小不及桑根、竹莫纸、松皮纸、侧理纸也。”[③]香皮纸盛产于雷州、罗州、义宁、新会，都在当时的岭南道，说明当时的岭南是以盛产香皮纸而闻名的。从史料中可以看出，唐人已经认识到香皮纸的纸质柔弱，沾水即烂，不易贮藏，与桑皮纸、竹纸、松皮纸、侧理纸相比略次之。这也是前面所说的僧人宁愿花三年的时间用加入香料的水栽植楮树，再加入香料用其皮制纸来撰写佛经，也不愿用现成的香皮纸的原因。既然香皮纸质量较差，唐人仍采用香材的韧皮造纸，自然是追求纸张的香味。但是据史料记载，香皮纸不一定都有香味，如用栈香树皮所造之纸，“又无香气，或云沉香、鸡骨、黄熟、栈香同是一树，而根干枝节各有分别者也”[④]。可见唐人已经注意到了这种利用香材皮却没造出带香气纸的情况，并对此做了分析，认为这些香树外形相似，当同属一科，但却非同一品种。

唐代还有以木芙蓉皮为原料造纸的，如“四川薛涛笺亦芙蓉皮为料，煮靡，入芙蓉花末汁，或当时薛涛所指，遂留名至今。其美在色，不在质

---

① 潘吉星：《敦煌石室写经纸的研究》，《文物》1966 年第 3 期，第 39—47 页。

② （唐）刘恂：《岭表录异》卷中，《文渊阁四库全书》，上海：上海古籍出版社，1987，第 589 册，第 90 页。

③ （唐）段公路：《北户录》卷三《香皮纸》，《文渊阁四库全书》，上海：上海古籍出版社，1987 年，第 589 册，第 56 页。

④ （唐）刘恂：《岭表录异》卷中，《文渊阁四库全书》，上海：上海古籍出版社，1987 年，第 589 册，第 90 页。

料也"①。据此也可看出,薛涛笺能够为历代仿制并沿用不衰的原因不在于纸质的上乘,而在于其颜色、花纹精巧艳丽,深受人们喜爱。

竹纸是唐中叶出现的,用竹造纸是我国造纸技术史上的一个重大革新。麻纸和皮纸都是以植物茎干的韧皮纤维部分为原料,而竹纸的原料则是整根竹竿,相对而言,可以充分利用原材料。竹纸的发明使造纸原料大为丰富,也标志着造纸技术的显著进步。因为相较于树皮,竹竿更为坚硬一些,用竹竿制浆难度较大,针对这个问题,唐人在选材上"多以嫩竹为纸"②,同时改进蒸煮方法,从而造出合格的纸张。从史料记载来看,唐人显然已经掌握了用竹造纸的关键技术,造出了精美耐用的竹纸。李肇在《唐国史补》中列举的纸之精品中就有竹纸,"纸则有越之剡藤、苔笺……韶之竹笺"③。韶州在唐代属岭南道,自古盛产毛竹,所以此地竹纸质量上乘也是可信的。另外,前面在论述香皮纸质量时也已提及其"小不及桑根、竹莫纸",可见,唐代用竹造纸技术确已达到相当水平。当然,唐代竹纸的产地并不局限于韶关产竹区,南方有些地区也生产竹纸,如唐末崔龟图注《北户录》时指出:竹莫纸,"睦州出之"④,说明睦州(今浙江淳安)也已生产竹纸,而且质量亦不差,至少超过香皮纸。

竹纸的制造技术在唐代应该已较普及,《云仙杂记》载,姜澄10岁时,"父苦无纸,澄乃烧糠、协竹为之,以供父。澄小字洪儿,乡人号洪儿纸"⑤。10岁小儿,已会用竹造纸,尽管其过程不甚明了,但至少表明时人用竹造纸的现象已相当普遍。

用竹造纸不仅为唐代造纸开辟了一个新原料来源,还为近代木浆造纸开辟了道路。因为用竹竿造纸与用木头造纸一样,都是以整个竹竿或木材为原料,两者具有相似性。竹竿因为质地坚硬,故制浆较为困难和复杂。有学者

①(明)宋应星著,潘吉星译注:《天工开物译注》,上海:上海古籍出版社,1993年,第156、293页。
②(清)倪涛:《六艺之一录》卷三〇九《纸》,《文渊阁四库全书》,上海:上海古籍出版社,1987年,第836册,第536页。
③(唐)李肇:《唐国史补》卷下,《文渊阁四库全书》,上海:上海古籍出版社,1987年,第1035册,第447页。
④(唐)段公路:《北户录》卷三《香皮纸》,《文渊阁四库全书》,上海:上海古籍出版社,1987年,第589册,第56页。
⑤(明)陶宗仪:《说郛》卷一一九上《云仙杂记三·洪儿纸》,《文渊阁四库全书》,上海:上海古籍出版社,1987年,第882册,第766页。

指出，在中国攻克了技术难关造出质量上乘的竹纸一千多年后，英国人鲁特利奇才于 1875 年在西方首次以竹造纸成功。①

除用单一原料造纸外，唐代的混合原料纸也比以前有所增加。如新疆出土的唐大历三年（768 年）至贞元三年（787 年）的 5 种有年款的文书纸中，有用破布和桑皮、月桂皮纤维混合原料所造的纸。②

隋唐造纸技术的提高还表现在其质量的提高上，这一时期所造的纸，"厚度一般在 0.05mm～0.14mm 之间，较厚的纸为 0.15mm～0.16mm，再厚的少见。而魏晋南北朝纸厚度为 0.15mm～0.2mm，因此隋唐纸比前代更薄，欧洲人甚至在 18 世纪还造不出唐代的薄纸"③。造这种薄纸更难，不仅需要造出浓度更低的纸浆、编出细密的抄纸帘，还要有熟练的抄纸技术。

唐代造纸不仅薄，而且幅面更大，后期甚至能造出如一匹绢那样长的巨型纸。如陶毅之父为唐昭宗时人，家中"蓄纸百幅，长如一匹绢，光紧厚白，谓之鄱阳白"④。能成功制造出如此光亮紧密，且长度逾丈的巨型纸，原因在于唐人发现了用某些植物黏液做纸药水可以增加湿纸的润滑性，从而保证纸从竹帘上揭下时不易破损，这突破了前代以淀粉糊为纸药水的传统，成为了后世使用植物黏液的新开端，这种方法也为日本、朝鲜所沿用。常用的植物黏液是从黄蜀葵、杨桃藤（即猕猴桃）或野葡萄等的枝叶中提取的。"凡撩纸，必用黄蜀葵梗叶，新捣方可以撩，无，则占粘，不可以揭。如无黄葵，则用杨桃藤、槿叶、野蒲萄皆可，但取其不粘也。"⑤据此记载可见，揭湿纸时必须用黄蜀葵、杨桃藤或其他植物的黏液，意在保证湿纸揭开时不会破损。而且这些植物的黏液必须是新捣而成的，否则可能会影响到其功效。具体操作时应该是先将这种植物的黏液均匀涂在细密的抄纸竹帘上，然后再抄

---

① Hunter D. *Papermaking: The History and Technique of an Ancient Craft.* New York: Dover, 1978, pp. 571-572.

② Stein M. A. *Preliminary Report on a Journey of Archaeological and Topographical Exploration in Chinese Turkestan.* London: Eyre and Spottiswoode, 1901, pp. 39-40.

③ 潘吉星：《中国古代四大发明——源流、外传及世界影响》，合肥：中国科学技术大学出版社，2002 年，第 80 页。

④（宋）陶毅：《清异录》卷下《鄱阳白》，《文渊阁四库全书》，上海：上海古籍出版社，1987 年，第 1047 册，第 910 页。

⑤（宋）周密：《癸辛杂识续集》卷下《撩纸》，《文渊阁四库全书》，上海：上海古籍出版社，1987 年，第 1040 册，第 109 页。

出湿纸，经压榨去水后揭下烘晒即可。[①]

　　唐代造纸技术的提高还表现在对纸的深加工上。唐代纸根据其用途可分为生纸和熟纸，《邵氏后录》曰："唐人有生纸、熟纸，熟纸妍妙辉光，生纸非有丧不用。"[②]生纸是指从纸槽抄出后经烘干而成的纸，未经任何加工处理；熟纸是指经过深加工处理的生纸。纸的加工主要目的在于阻塞纸面纤维间的多余毛细孔，以便运笔时不致因走墨而晕染，包括施胶、涂布、加蜡、填料、染色等程序。熟纸光洁鲜艳，在生活中比较常用，而生纸使用较少，非丧事则不用。由此可见，唐代的纸大都是经过深加工后才投入使用的，也反映出唐代纸的深加工技术有了大幅提高。

　　施胶是使生纸变熟纸的方法之一，唐以前主要是用淀粉剂做胶，唐代开始用动物胶加明矾配入纸浆，效果比淀粉好许多。

　　唐代的染色纸品种大大超过了前代，有黄蜡笺、白蜡笺、粉蜡笺等。在制作这种纸的过程中要用到涂布技术，所谓表面涂布技术，是将浅色矿物粉末与黏胶或淀粉糊涂刷在纸上，然后再砑光。经过涂布的纸，色白而平滑，纸面紧密，吸墨性能极好。涂布技术在纸发明之初即已应用，唐代著名的涂布纸就是黄蜡笺，时称硬黄纸，"硬黄纸，唐人用以书经，染以黄檗，取其辟蠹，以其纸如浆泽莹而滑，故善书者多取以作字"[③]。这种纸就是一种染黄后再加蜡处理的蜡质涂布纸，纸质硬密光亮，防蛀抗水，颇受当时人的喜爱。其具体的加工方法是，"硬黄，谓置纸热熨斗上，以黄蜡涂匀，俨如枕角，毫厘必见"[④]，即将纸置于热熨斗上，以黄蜡涂匀。

　　为了适应皇家贵族的需要，唐代还造出了金花纸、银花纸等花样繁多的彩纸。"唐初，将相官告用销金笺及金凤纸书之，余皆鱼笺、花笺；凡赐予、征召、宣索、处分曰诏，用白麻纸；慰抚军旅曰书，用黄麻纸；荐告、词文用

　　① 据潘吉星：《中国古代四大发明——源流、外传及世界影响》第81页载，他认为是将植物中提取的黏液掺入纸浆中，以增加湿纸的润滑性，使其易于揭开而不破。而上引的《癸辛杂识》中没有将植物黏液掺入纸浆的意思，故不取此观点。

　　② （清）陈元龙：《格致镜原》卷三七《纸》，《文渊阁四库全书》，上海：上海古籍出版社，1987年，第1031册，第568页。

　　③ （明）陶宗仪：《说郛》卷九五下《硬黄纸》，《文渊阁四库全书》，上海：上海古籍出版社，1987年，第881册，第438页。

　　④ （明）陶宗仪：《说郛》卷三〇上《游宦纪闻》，《文渊阁四库全书》，上海：上海古籍出版社，1987年，第877册，621页。

青藤纸朱书；宰相及使相告用色背绫金花纸，节度使用白背绫金花纸，命妇金花罗纸，吐蕃及赞普书别录，用金花五色绫纸，吐蕃宰相已下书，用五色麻纸，南诏及清平官书用黄麻纸。"[①]这些纸做工精美、造价不菲，如金花纸，是将金压制成薄片并剪成形状不同的小碎片，撒在涂了胶水的彩色纸上，平整纸面后即可。这些纸主要应用于宫廷和官府文书的往来中，以示正式或尊贵。

金花纸、银花纸外形漂亮，但造价昂贵，非常人财力所能及；硬白、硬黄又太过于单调，难以满足普通民众对社会生活多样化的需求，所以唐代民间还制造出了各种色彩斑斓且价廉而物美的纸张。如云蓝纸，是段成式在九江所造的一种有浅蓝色云纹的纸张，纸成之后，他特意送给好友温庭筠五十枚，并作云蓝纸诗一首，在序中说："予在九江出意造云蓝纸，辄分送五十枚。"[②]

还有上文提到的薛涛笺，就是选用蜀地浣花潭之水所造的一种深红色短笺，此处水质最适宜造纸，故所造之纸，"随其广狭长短之制以造，斫则为布纹，为绫绮，为人物、花木、为虫鸟、为鼎彝，虽多变，亦因时之宜"。可见此纸颜色多变，花纹多样，且都是当时非常流行的图案，所以"涛侨止百花潭，躬撰深红小彩笺，裁书供吟献酬贤杰"[③]。因薛涛独爱深红色小笺，所以才在浣花溪所造的众多彩笺中撰深红色的，以供诗人墨客书写小诗。

蜀地还有一种十色笺，为谢师厚所创，"以便书尺，俗因以为名"。此十色笺有"深红、粉红、杏红、明黄、深青、浅青、深绿、浅绿、铜绿、浅云，即十色也"[④]。关于十色笺的出现年代，据费著《蜀笺谱》所言："谢公笺在薛涛先。"[⑤]可见，十色笺的出现应该在薛涛笺之前。[⑥]另外在《山堂肆考》中还记载道："浣花溪在成都府城西南……薛涛家于潭旁，以潭水造

①（宋）王应麟：《玉海》卷六四《唐王言之制》，《文渊阁四库全书》，上海：上海古籍出版社，1987年，第944册，第671页。

②《山西通志》卷二二九《杂志》，《文渊阁四库全书》，上海：上海古籍出版社，1987年，第550册，第780页。

③（明）陶宗仪：《说郛》卷九八《蜀笺谱》，《文渊阁四库全书》，上海：上海古籍出版社，1987年，第881册，第588页。

④（明）陶宗仪：《说郛》卷九八《蜀笺谱》，《文渊阁四库全书》，上海：上海古籍出版社，1987年，第881册，第588—589页。

⑤（清）倪涛：《六艺之一录》卷三〇九《蜀云母笺薛涛之遗也》，《文渊阁四库全书》，上海：上海古籍出版社，1987年，第836册，第548页。

⑥据《中国文物大辞典》载，谢公为北宋庆历时进士，曾制谢公笺，与《蜀笺谱》记载相异，今不取。中国文物学会专家委员会编：《中国文物大辞典》下，北京：中央编译出版社，2008年，第1345页。

纸，为十色笺。"①此条可以证明，十色笺当是唐代所造。当然，前面也已提到，薛涛独爱深红笺，故于"百花潭躬撰深红小彩笺"。所以薛涛笺应是十色笺中之深红色一支。此外，还有杨炎在中书省后阁糊窗用的"桃花纸"，罗隐用来赠芾凤鸣的"雁头笺"等。②

　　唐代还制造出了砑花纸和花帘纸，砑花纸是将刻有凸面反体纹理或图案的木板用强力压在纸上而制成；花帘纸是在编帘时，用粗细不一的丝线或马尾在竹帘上编出凸起的图案、纹理或方案，荡帘后自然显现出图案的纸。唐代的"衍波笺"③，其纸上有如水的波纹，就是一种花帘纸。而前面提到的浣花潭所造之纸，就是砑花纸，将纸砑为布纹、人物、花鸟虫鱼等一些流行图案。还有蜀人所造的鱼子笺，是将十色笺染色之后，"逐幅于方版之上砑之，则隐起花木、麟鸾，千状万态"④。

　　除了用这种雕刻好各种图案的木板做砑花纸之外，唐人还别出心裁，想出了用面浆做砑花纸的方法，如蜀地盛产的鱼子笺，除了用上述方法制作外，还可"以细布先以面浆胶令挺，隐出其文者，谓之鱼子笺，又谓之罗笺"⑤，即将面浆涂于细布，使之硬挺，令突出其纹路。这种砑花纸不仅蜀地有生产，其他地区也已有之。"剡溪亦有焉，亦有作败面糊，和以五色，以纸曳过，令沾濡，流离可爱，谓之流沙笺。"即剡溪所造的流沙笺，亦是用面浆和以五色，沾于纸上而成。

　　除面浆外，还有采用其他原料做砑花纸的，"亦有煮皂子膏并巴豆油，傅于水面，能点墨或丹青于上，以姜搅之则散，以狸须拂头垢引之则聚，然后画之为人物，砑之为云霞，及鸳鸟、翎羽之状，繁缛可爱，以纸布其上而受采焉，必须虚窗幽室，明盘净水澄神，虑而制之，则臻其妙也。近有江表

　　①（明）彭大翼：《山堂肆考》卷二四《浣花》，《文渊阁四库全书》，上海：上海古籍出版社，1987年，第974册，第404页。
　　②（明）徐应秋：《玉芝堂谈荟》卷二八《松皮纸》，《文渊阁四库全书》，上海：上海古籍出版社，1987年，第883册，第664页。
　　③（清）陈元龙：《格致镜原》卷三七《文具类·纸》，《文渊阁四库全书》，上海：上海古籍出版社，1987年，第1031册，第569页。
　　④（清）倪涛：《六艺之一录》卷三〇九《纸》，《文渊阁四库全书》，上海：上海古籍出版社，1987年，第836册，第536页。
　　⑤（清）倪涛：《六艺之一录》卷三〇九《纸》，《文渊阁四库全书》，上海：上海古籍出版社，1987年，第836册，第536页。

僧于内庭造而进上，御毫一洒光彩焕发"①，即将皂子膏和巴豆油相混合，傅于水面，点墨或丹青于其上，然后用姜或狸须拂头垢将之或散或聚，再据其色彩画以人物，斫之为云霞、虫鸟等图案，然后再将纸放置其上即成。这种纸制造时，必须有幽静安谧的环境，以及清澈明净的水源，这样则质量更为神妙。如江表僧人在宫廷制作的供御用的这种纸张，着墨则流光溢彩，甚是精美。实际上，这种纸严格来讲应该是一种染色与斫花合二为一的杰作，既有色泽，又有图案，实为熟纸中之精品。

隋唐三百多年间的造纸和纸的深加工技术基本上已形成完整的技术体系，为后世造纸业的发展打下了坚实的基础。纸是中国的独特发明，不但对中国文化的发展和传播做出了极其重要的贡献，也对世界文明产生了深远的影响。

2. 造纸术的外传

1）造纸术在东亚的传播

亚洲地区的朝鲜、越南、日本等国因与我国毗邻，历来与我国有着密切的交往，故纸和造纸技术较早地传入这些国家和地区。2～3世纪，纸就传到了朝鲜和越南，后来，他们都掌握了造纸技术。其中，高丽的皮纸质量尤佳。唐宋时，高丽纸反而向中国输送，并深受中国人的喜爱。据《负暄杂录》记载，唐时，"高丽岁贡蛮纸，书卷多用为衬，日本国出松皮纸，又南番出香皮纸，色白纹如鱼子，又扶桑国出芨皮纸"②。由此记载可知，唐时周边各国的造纸技术都有很大提高，能够根据各国的自然资源情况造出高质量的纸张。特别是高丽所造之纸，还作为岁贡输送给唐，而唐人写书作画多用此纸，可见其质量相当不错。

隋唐时期，朝鲜半岛与中国交往更为密切，其通过多种方式全面吸收唐文化。当时中国较为流行的是楮皮纸与麻纸，尤其是楮皮纸，因物美价廉深得国人喜爱。朝鲜半岛国家深受此影响，其造纸原料及方法多与中国相同，据《博物要览》载："高丽纸以绵茧造成，色白如绫，坚韧如帛，用以写字

① （清）倪涛：《六艺之一录》卷三〇九《纸》，《文渊阁四库全书》，上海：上海古籍出版社，1987年，第836册，第536页。
② （清）陈元龙：《格致镜原》卷三七《文具类·纸》，《文渊阁四库全书》，上海：上海古籍出版社，1987年，第1031册，第571页。

作画，发墨可爱，此中国所无，亦奇品也。"[①]又"绀珠白硾纸出高丽，以楮造，捣练极工，疑于茧凝霜纸，出黟歙，复有长纸一幅可五十尺"[②]。从以上两则材料可以看出，高丽纸的生产原料为楮树[③]，关于这一点，李朝学者李圭景（1788—约1862）也曾指出，朝鲜以楮树造纸，所谓"茧纸"者，乃因楮纸坚厚、润滑如茧而得名。"若以纸品之近我者，倭纸稍如我纸，而似用楮穀"[④]，即认为日本纸所用原料可能与朝鲜相同，都是用楮树皮。朝鲜的造纸方法也是取楮树皮后反复捣煮，所造之纸白而光滑，韧度可比棉帛，用来写字作画时，着墨呈半渗化状态，质量极好，甚至当时的唐朝也难以觅到这种高品质的纸张。更值得注意的是，当时已能造出幅长为50尺的巨型纸，可见其深得抄纸技术的精髓。前面已提到过，唐人能成功地造出巨幅纸，除了造纸技术的提高外，还在于使用了黄蜀葵、杨桃藤等植物的黏液作为纸药水，增加了湿纸的润滑性，保证在揭纸的过程中不致破损。据此推断，这种技术和原料也可能传到了高丽，所以其才能造出长为50尺的巨幅纸。

朝鲜造纸深受中国影响，还反映在首尔湖岩美术馆所藏的天宝十四载（775年）写本《大方广佛华严经》（下简称《华严经》）中，这也是新罗有关楮纸制造的最早记载，此写本的末尾题记中记载了其用楮树皮造纸的方法，潘吉星先生将其翻译如下：

> 从天宝十三年八月一日（754年8月23日）开始，至十四年二月十四日（755年3月30日）写完一部《华严经》（卷一～一〇）……写经纸制法是，将香水撒在楮树根部。待树长成后砍下，剥出楮皮，加工制成白纸……造纸人为长城郡珍面的黄珍知奈麻。[⑤]

① （清）陈元龙：《格致镜原》卷三七《文具类·纸》，《文渊阁四库全书》，上海：上海古籍出版社，1987年，第1031册，第571页。
② （清）陈元龙：《格致镜原》卷三七《文具类·纸》，《文渊阁四库全书》，上海：上海古籍出版社，1987年，第1031册，第569页。
③ 潘吉星《中国古代四大发明——源流、外传及世界影响》第365页载，他认为朝鲜纸以绵茧制造属误传，实际是以去掉外面粗皮后的楮树白皮捣煮而造为纸，今采其说法。
④〔朝〕李圭景：《五洲衍文长笺散稿》卷一九《纸品辩证说》，写本影印本，汉城：明文堂，1982年，上册，第563—564页。
⑤ 潘吉星：《中国古代四大发明——源流、外传及世界影响》，合肥：中国科学技术大学出版社，2002年，第363页。

这种用香水种植楮树造纸的方法与中国僧人造楮纸的方法惊人地一致，前已提到的僧人修德在永徽年间就是用香水浇灌楮树，三年后取其皮造纸，用来书写《华严经》。在中国僧人用香水浇树、自造楮纸的100年后，新罗人也采用了同样的方法，且造此纸的目的也惊人地一致，用来抄写《华严经》。所以不难看出，中国的造纸技术对朝鲜半岛影响至深。

日本的科学文化在西方文化进入以前，主要是从中国大陆移植过来的，其传入有两个系统，一是经朝鲜半岛而传入的系统，二是从中国直接输入的系统。这一点杉木勋先生已有详细的论述。[①]日本的造纸术在很大程度上也是通过朝鲜半岛上的国家传过去的。关于日本何时开始造纸，据《枯杭集》等古籍记载，王仁是日本的最初造纸者。潘吉星先生也认为日本造纸的创始人是5世纪初从百济到日本定居的五经博士王仁以及弓月君和阿知使主等大批中国人。当时，中国处于东晋十六国时期，已有纯熟的造纸技术，而朝鲜半岛造纸也有近百年的历史，这些人在百济早已习惯用纸，所以他们完全有可能组织工人在日本造纸。[②]根据对日本现存的飞鸟时代（约始于600年，止于迁都平城京的710年）的纸本文物检验来看，这些纸都是楮皮纸，且完全是依照中国方法抄照。[③]

圣德太子执政时期，日本的造纸技术有了很大进步，日本推古天皇十八年（610年）"春三月，高丽王贡上僧昙徵、法定，昙徵知《五经》，且能作彩色及纸墨"[④]。高丽贡送给日本懂得制造颜料及纸墨的僧人昙徵，日本人跟随昙徵学习造纸，这样，造纸术通过高丽人的介绍，又辗转传到了日本。此后，当时的圣德太子为发展造纸，令全国在昙徵的指导下遍种楮树，制造楮纸。[⑤]为了满足全国抄录文书、撰写经典等大量需求，日本在中央设置纸屋院，各地设置纸坊造纸。并在中央设图书寮，置头一人掌管与造纸有关的事务，其职掌据《延喜式》卷一五《职员令》记载为："掌经籍、国书、修撰国史、内典、佛像、宫内礼拜、校书、装潢功程，给纸笔墨等事。助一人，小允一人，大属一

①〔日〕杉木勋编，郑彭年译：《日本科学史》，北京：商务印书馆，1999年，第27页。

② 潘吉星：《论日本造纸与印刷之始》，《传统文化与现代化》1995年第3期，第67—76页。

③〔日〕寿岳文章：《和纸的旅》，东京：芸草堂，1973年，第33、68页。

④〔日〕舍人亲王：《日本书记》卷二二，坂本太郎等校注本，东京：岩波书店，2000年，第4册，第118、464页。

⑤〔日〕关义城：《手瀧纸史的研究》，东京：木耳社，1976年，第2页。

人，小属一人，写书手二十人，造纸手四人，掌造杂纸。"

奈良时代（710～794 年），日本的纸深加工技术已经相当发达，纸的品种有"谷纸""麻纸""檀纸""宿纸"等。此时除了制造本色纸外，日本还造出了染色纸和加纸，如《令义解》中就记载了图书寮下纸屋院中"造色纸三十张"。而日本正仓院文书中所载染纸名目有七十多种，不胜枚举[①]，且所用染料基本与中国相同，如染红染料用菊科红花，染蓝用大戟科山蓝，染黄用芸香科黄檗皮，染紫用紫草，染绿以蓝靛与禾本科青茅汁相配。

奈良朝还造出了金银粉和金银箔色纸，《宝庆四明志》中记载日本"善造五色笺，销金为阑或为花，中国所不逮也，多以写佛经"[②]。制作这些纸时先用染液涂于纸上，染出各色彩片，再将金银粉或金银碎片撒在色纸上，固定即可。这种制作方法与前面所述唐朝制造金花纸、银花纸相同，因此，其技术显然是来自唐朝。据此条可以看出这种金银箔纸的用途大多是用来抄写佛经，这与日本方面的记载相吻合，如天平宝字四年（752 年）《奉写一切经料纸墨纳账》载："用黄染纸一万五千张，须岐染成金银粉或金银箔色纸。"而正仓院藏天平胜宝四年写《经纸出纳账》亦载有绿金银箔纸、金箔敷青褐纸、敷金绿纸、金尘绿纸、银箔敷红纸、敷金缥纸、银尘红纸等十多个品种。[③]可见这种制作金花纸的技术在日本得到了发扬光大，生产出了品种繁多的金银箔纸。不同的是，中国生产的各种金银花纸主要用于满足上层社会生活的需求，而日本则是用来抄写佛经。

在依照中国造纸技术及方法的基础上，日本还对其进行了发挥，制造出了"吹绘纸"。其制作方法是：在纸上放置树叶或其他各种形状的"型纸"，以吹雾器将染液以雾状吹在纸上，放置树叶或型纸的地方因被遮盖而未喷上染液，去掉树叶或型纸后，白纸上就会出现白色的树叶或型纸形状的纹样，非常美观。正仓院中藏有 30 张吹绘纸。[④]

---

① 〔日〕关义城：《手漉纸史的研究》，东京：木耳社，1976 年，第 297—298 页。

② （宋）罗濬：《宝庆四明志》卷六，《文渊阁四库全书》，上海：上海古籍出版社，1987 年，第 487 册，第 85 页。

③ 潘吉星：《中国古代四大发明——源流、外传及世界影响》，合肥：中国科学技术大学出版社，2002 年，第 373 页。

④ 潘吉星：《中国古代四大发明——源流、外传及世界影响》，合肥：中国科学技术大学出版社，2002 年，第 374 页。

　　造纸技术在日本得到了很好的消化和吸收，日本造出了质量上乘的纸张。据《清异录》载："建中元年，日本使真人兴能来朝，善书札，有译者乞得章草两幅，笔法有晋人标韵。其纸一云女儿青，微绀；一云卵品，光白滑如镜面，笔至上多褪，非善书者不敢用，意唯鸡林纸可与比肩。"①日本使者兴能擅长书法，其笔法有晋人之风。其作书所用之纸一为女儿青微绀，一为卵品，两者都洁白光滑，宛若镜面，运笔纸上，腻滑凝脂，毫不涩滞，所以不是擅长书法者不敢用此纸书写。这种高品质的纸只有朝鲜半岛生产的鸡林纸能与之相提并论。可见，日本当时已很好地掌握了造纸技术，造出了令唐人亦称奇不已的精品纸。

　　由于日本造纸技术的不断提高，其纸张也通过各种形式不断输入中国，而中国人亦以此为贵。《松窗杂录》载，开元二年（714 年）"上以八分书日本国纸为答"②。玄宗以八分体隶书书于日本国纸上答宁王，说明日本纸在中国的地位是较高的，皇帝用其来书写，可见其质量之高。另外，日人牧墨仙《一宵话》卷一云："唐玄宗得日本纸，分赐诸亲王，乃今檀纸之类也。"玄宗与众兄弟关系极好，制长枕大被，与诸兄弟抵足同眠，有好东西自然与众人同享，得了日本纸亦要分赐于诸亲王，据此也可见日本纸的质量较好，深得上层社会之喜爱。

　　地处东南亚的越南与中国山水相连，自古就与中国保持着密切的联系。造纸术在汉代就传入了越南境内，三国时已经能够造出质量不错的楮皮纸，"榖，幽州人谓之榖桑，或曰楮桑，荆扬交广谓之榖，中州人谓之楮。殷中宗时，桑榖共生是也，今江南人绩其皮，以为布，又捣以为纸，谓之榖皮纸，长数丈，洁白光辉"③。

　　2）造纸术在南亚的传播

　　南亚一些国家与中国长期往来，也深受中国文化影响。这些国家在造纸术传入以前用树皮、皮革、木板、棕榈树叶和陶土等作为书写材料。如印度

---

①（清）陈元龙：《格致镜原》卷三七《文具类·纸》，《文渊阁四库全书》，上海：上海古籍出版社，1987 年，第 1031 册，第 568 页。

②（唐）李濬：《松窗杂录》，《文渊阁四库全书》，上海：上海古籍出版社，1987 年，第 1035 册，第 557 页。

③（吴）陆玑：《毛诗草木鸟兽虫鱼疏》，丛书集成本，上海：商务印书馆，1935 年，第 29—30 页。

在公元前 3 世纪用白桦树皮写字，11 世纪的波斯学者比鲁尼（al-Biruni）在《印度志》中提到，印度用名为 bhùrja（白桦）的树皮磨光后写字。而印度、缅甸、泰国、孟加拉、斯里兰卡等国还盛行用贝叶书写宗教著作。贝叶全称为贝多罗叶，梵文为 patra，意为叶子，《大唐西域记》记载的恭建那补罗国就是用多罗树的叶子写字的，"城北不远有多罗树林，周三十余里，其叶长广，其色光润，诸国书写，莫不采用"①。上述材料都不如纸方便适用，所以当中国的纸和造纸术传入这些国家后，便逐步取代了这些原有材料。

　　纸张传入印度的时间，季羡林先生认为大约是在唐代，因为 7 世纪时梵文中才有"纸"字，而造纸术的传入一定晚于纸。671～695 年去过印度的唐代僧人义净在《梵语千字文》中载有 kākali 一词，指的是纸。②但 kākali 不是梵文固有名词，而是外来语，它与波斯语 kāgaz 和阿拉伯语 kūgad 有同一语源，二者都指纸。德国汉学家夏德认为这些词最初来自汉文中的"榖纸"，即楮皮纸，古音为 kok-dz'。③而汉学家劳弗则注意到古回鹘文称纸为 kagas④，这可能是波斯文、阿拉伯文和梵文的源头，因为这些地区接触到的纸都是由我国新疆运出去的。而新疆在晋、十六国时已经能够造纸⑤，20 世纪丝绸之路中国路段上出土的用梵文写的纸本佛经不晚于 9～10 世纪，说明这时新疆、甘肃有印度商人和僧人的足迹，造纸术由我国新疆经克什米尔传入印度的可能性是存在的，当然，造纸术还有可能由我国西藏经尼泊尔传入印度。我国西藏地区于 650 年开始造纸，吐蕃王朝与尼泊尔有密切交往，造纸术这时由我国西藏传入尼泊尔，由此再南传是可行的。据此可以推断，印度境内造纸当在 7～10 世纪，即 8 世纪前后。⑥

　　巴基斯坦和孟加拉国造纸的时间比印度稍晚一些，但至迟在 13～14 世

　　①（唐）玄奘撰，章巽校点：《大唐西域记》卷一一《恭建那补罗国》，上海：上海人民出版社，1977 年，第 261 页。

　　② 季羡林：《中国纸和造纸法输入印度的时间和地点问题》，《历史研究》1954 第 4 期，第 25—53 页。

　　③ Hirth F. Die erfindung des papiers in China. *Toung Pao*, 1890, (1): 12.

　　④ Laufer B. *Sino-Iranica: Chinese Contributions to the History of Civilization in Ancient Iran.* Chicago: University of Iuinois, 1919, pp. 557-559.

　　⑤ 潘吉星：《新疆出土古纸研究——中国古代造纸技术史专题研究之二》，《文物》1973 年第 10 期，第 52—60 页。

　　⑥ 潘吉星：《中国古代四大发明——源流、外传及世界影响》，合肥：中国科学技术大学出版社，2002 年，第 378—379 页。

纪孟加拉造纸业已达相当高的水平。缅甸造纸可能始于 13 世纪末，当时元朝将其划归云南行省统治，并从中国调配官员、僧人、学者和工匠，中国纸和造纸术也随之传入。其余如泰国、柬埔寨、印度尼西亚、菲律宾等国的造纸技术也均来自中国，并且其造纸技术的掌握时间都晚于唐代。[①]

3）造纸术在中亚、西亚和北非的传播

中亚和西亚各国在中国古代被称为西域诸国，唐帝国强盛时将西域不少小国纳入大唐版图，并设置官员进行治理。由于中西方的贸易通道打通，中西政治、经济、文化交流也因此频繁起来，唐朝的纸张也随着中西交通的打通流入西域各国。

造纸术传入阿拉伯国家源于怛罗斯战役，唐玄宗天宝十载（751 年），安西节度使高仙芝率部与大食军队在怛罗斯交战，唐军大败，不少士兵被大食军队俘获，其中有一些是从军的工匠，包括纸工。据阿拉伯文献记载，正是这些被俘的唐朝纸工，把造纸技术传到了大食国的撒马尔罕，并通过撒马尔罕传遍了整个阿拉伯世界，此后再传到欧洲，所谓"大秦国出蜜香纸"[②]。

最先将这场战役与造纸术西传联系起来的是奥地利阿拉伯学家卡拉巴塞克，他援引了 10 世纪波斯文学家萨阿利比在《世界明珠》中的话：

> 在撒马尔罕的物产中，应提到的是纸，由于纸更美观、更适用和更简便，因此取代了先前用于书写的莎草片和羊皮。纸只产于这里和中国。《道里邦国志》一书的作者告诉我们，纸是由战俘们从中国传入撒马拉罕的。这里战俘为利利之子齐亚德·伊本·沙利所有，在其中找到了造纸工。造纸发展后，不仅能供应本地的需要，也成为撒马尔罕的一种重要贸易品，因此它满足了世界各国的需要，并造福于人类。[③]

萨阿利比的记载很清楚地说明了中国的造纸术西传的史实。与其处于同一时代的波斯人比鲁尼也说："造纸术始于中国……中国战俘把造纸法传入

---

① 潘吉星：《中国古代四大发明——源流、外传及世界影响》，合肥：中国科学技术大学出版社，2002 年，第 379—381 页。

②（明）徐应秋：《玉芝堂谈荟》卷二八《松皮纸》，《文渊阁四库全书》，上海：上海古籍出版社，1987 年，第 883 册，第 664 页。

③ Karabacek J. *Das arabische Papier: Ein historis che-antiquarische Untersuhung. Mittelungen aus der Sammlung der Papyrus Erzherzog Rainer*. Ⅲ. Wien, 1887, p. 112.

撒马尔罕，从那以后许多地方都造起纸，以满足当时之需。"[①]阿拉伯作者巴赫尔在《回鹘旅行记》中还说到，775～785 年撒马尔罕守备官还掳来另一些唐人，"要他在撒马尔罕制造上等纸和各种各样武器"[②]。这些史料有力地打破了欧洲学术界认为"中国古代以丝造纸，造这种纸的方法约于 652 年传到波斯……阿拉伯人用棉代丝，并把造纸术传入非洲和西班牙。而意大利人于 13～14 世纪最先以破麻布造纸"的说法。[③]

根据巴迪斯、卡拉巴塞克等的研究，阿拉伯的造纸法如下：首先对破麻布进行选择，除去污物，用石灰水蒸煮，再以石臼、木棍或水磨击碎。纸料与水配成浆液，用漏水的细孔纸模抄纸，半湿纸以重物压之，晒干后即成纸。[④]这种方法与唐代北方造麻纸的方法是相同的。

4）造纸术在欧美的传播

经过阿拉伯国家与欧洲国家的交通，造纸术又传入了欧洲。但欧洲掌握造纸技术最早也在 12 世纪了，1150 年，阿拉伯人在西班牙西南盛产亚麻的萨狄瓦城建成了欧洲第一个造纸工场[⑤]；1276 年，意大利蒙地法罗建成了意大利第一家纸场[⑥]；1348 年，法国巴黎东南特鲁瓦附近也建立起了最早的纸场[⑦]。此后，法国和意大利成为欧洲重要的纸张输出国。但是，直到 18 世纪，法国还要向中国学习造纸技术。14 世纪初，造纸术从法国传到了德国。造纸术传到英国比较晚，时间为 15 世纪。在此之后的两个世纪内，造纸术传遍了欧洲。17 世纪以后，欧洲殖民势力又把造纸术带到了美洲。但到 17 世纪时，欧洲造纸术只相当于中国宋代的水平。乾隆年间，在清廷任职的法籍画师、耶稣会教士蒋友仁将中国造纸术绘制成图，寄回巴黎，从此先进的中国造纸

① Sachau E, tr. *Al-Biruni's India*, vol. 1. London, 1910, p. 171.

② Minorsky V. Tamin ibn-Bahr's journey to the Uyghurs. *Bulletin of the School of Oriental and African Studies*, 1948, 12(2): 258.

③ Andrés J. Dell'origin dei Progressi, dello Stato Attuale d'Ogni Letteratura, vol. 1. Parma, 1782. Cited by Thomas I. *The History of Printing in America*. pp. 37-38.

④ Karabacek J. *Das arabische Papier: Ein historis che-antiquarissche Untersuchung. Mittelungen aus der Sammlung der Papyrus Erzherzog Rainer*, Ⅱ/Ⅲ. Wien, 1887, p. 128ff.

⑤ Blum A. Les origines du papier. *Revue Historique*, 1932, 170: 435.

⑥ Carter T F. *The Invention of Printing in China and Its Spread Westward*. 2nd ed. New York: Ronald Press Co., 1955, pp. 100-101.

⑦ Blum A. *On the Origin of Paper*. Lydenberg H M, tr. New York: Bowker, 1934, pp. 32-33.

技术才在欧洲传播开来。到 19 世纪，中国造纸术已传遍了整个文明世界。

欧洲最早的花帘纸出现于 1282 年的意大利，而直至 1796 年英国才造出最早的矻花纸[①]，这些都比中国晚了几百年。18 世纪末，法国人尼古拉斯·路易斯·罗伯特发明机器造纸，从而超越了中国。

纸对人类文明的发展做出了巨大贡献，有学者评论说："纸是中国人发明的……纸在 13 世纪已逐渐通行欧洲，不久即有印刷术的发明。古书流行，学问才由少数人的变成多数人的，文艺复兴和宗教改革，都与纸到欧洲有密切的关系。"[②]

四、印刷术的外传与影响

1. 印刷术的广泛应用

造纸业的发展为印刷术的发明和提高提供了条件，印刷术的发明是人们长期生产实践和经济文化生活持续发展的结果，是继造纸术之后人类制造精神文化产品的又一次划时代革命。印刷术的推广和普及，不仅大大提高了劳动效率，还加速了文化知识的传播。

关于雕版印刷术的起源，历代学者大都认为始于隋代，盛于唐代，"雕本肇自隋时，行于唐世，扩于五代，精于宋人"[③]。胡应麟进一步解释说："叶少蕴云：'世言雕板始自冯道，此不然，但监本始冯道耳。《柳批训》序言：其在蜀时，尝阅书肆所鬻字书、小学率雕本。则唐固有之。'陆子渊《豫章漫抄》引《挥麈录》云：毋昭裔贫时，尝借《文选》不得，发愤云：'异日若贵，当板镂之以遗学者。'后至宰相，遂践其言。"[④]他认为国子监正式印制儒家经典应该始自冯道，然而唐人柳玭在蜀时就已经发现有出售雕版印刷的小学基础读本，而毋昭裔贫困时因借书不得，愤然立誓他日富贵之时当刻书以赠学者，其官至宰相后也的确做到了。而唐人司空图在《为东都敬

① Hunter D. *Papermaking: The History and Technique of an Ancient Craft.* 2nd ed. New York: Dover, 1978, pp. 474，519.

② 姚从吾：《中国造纸术输入欧洲考》，《辅仁学志》1928 年第 1 期。

③（明）胡应麟：《少室山房笔丛正集》卷四《经籍会通四》，《文渊阁四库全书》，上海：上海古籍出版社，1987 年，第 886 册，第 211 页。

④（明）胡应麟：《少室山房笔丛正集》卷四《经籍会通四》，《文渊阁四库全书》，上海：上海古籍出版社，1987 年，第 886 册，第 210 页。

爱寺讲律僧惠确化募雕刻律疏》中云："今者以日光旧疏龙象宏持，京寺盛筵，天人信受迷，后学竞扇异端，自洛城闺遇，时交乃楚，印本渐虞散失，欲更雕馊。"①这里的"日光旧疏"指唐初相州日光寺僧法砺的《四分律疏》。②从这段表述可知，唐武宗灭佛之前《四分律疏》已经有刻印本，后因禁佛印本散失殆尽，禁佛令停止后，司空图募捐资金以重新刻印经书。这条资料也证明了唐代已开始使用印刷术印刷佛经了。

武则天时期，不仅印刷佛经佛像，还将印刷术用于印发政府文件上。天授二年（691 年），洛阳王庆之等上表请立武承嗣为皇太子，武则天不同意，王庆之便"伏地，以死泣请，不去，太后乃以印纸遗之曰：'欲见我，以此示门者。'自是庆之屡求见，太后颇怒之"③。此处的印纸当是宫内用纸印发的类似于通行证的证明，否则王庆之便无法凭此自由出入宫门。而建中四年（783 年），更有作为税收单据的纸质印刷品出现，"给与他物或两换者约钱为率，算之市牙，各给印纸"，即商品贸易中由政府委派的官员市牙以印纸为凭证征收一定的税款。宪宗元和时期发行的"飞钱，谓之便换"④，是富豪商人为了携带方便而发明的一种契约式的纸钱，持此飞钱的人到各地钱柜"合券乃取之"⑤，大大便利了商人外出。既然飞钱在各地都能使用，而且要合券才能兑换现钱，所以飞钱的格式必须一致，应当是印制而成的。这种便携式的纸币大大便利了人们出行，受到人们的欢迎。

中唐以来，关于印刷术的记载就大大增多起来。宗教是印刷术发展的巨大动力之一，广大信徒需要大量的宗教经典和宗教画，所以早期的印刷品多为宗教经典或画像。宗教经典的印刷如前面司空图为洛阳敬爱寺僧人惠确募捐雕刻律疏便是一例；唐宣宗时，"纥干尚书泉苦求龙虎之丹十五余稔，及镇江右，乃大延方术之士，乃作《刘弘传》，雕印数千本，以寄中朝及四海

---

① （唐）司空图：《司空表圣文集》卷九《为东都敬爱寺讲律僧惠确化募雕刻律疏》，《文渊阁四库全书》，上海：上海古籍出版社，1987 年，第 1083 册，第 538 页。

② 周一良：《纸与印刷术——中国对世界文明的伟大页献》，李光璧、钱君晔编：《中国科学技术发明和科学技术人物论集》，北京：生活·读书·新知三联书店，1955 年、第 1—20 页。

③ 《资治通鉴》卷二〇四则天后天授二年，北京：中华书局，1956 年，第 6475 页。

④ 《旧唐书》卷四九《食货志下》，北京：中华书局，1975 年，第 2121 页。

⑤ 《新唐书》卷五四《食货志》，北京：中华书局，1975 年，第 1388 页。

精心烧炼之者"①。纥干泉出任江西观察使时在当地召集大批方士，雕刻印刷数千本道教典籍《刘弘传》，并将其寄送给中央及各地精通炼丹者。另外还出土了大量有确切纪年的佛经，如现藏于伦敦大不列颠博物馆的"咸通九年（868 年）四月十五日王玠为二亲敬造普施"所刊印的金刚经，是有明确年代的印刷品。此外，还有大量佛像印制，玄奘曾经"发愿造十俱胝像……并造成矣"②。俱胝为梵文量词 koti 的音译，指十万或万万，十俱胝指百万，在这里是一个概数，指数量极其多。这段史料意思是说玄奘曾发愿要印造百万枚佛像，后来也确实完成了愿望。《云仙杂记》对这件事做了更详细的记载："玄奘以回锋纸印普贤象，施于四众，每岁五驮无余。"③这段记载不仅指出了印制佛像的纸张是回锋纸，还指出了印制的佛像为普贤菩萨像，"五驮无余"反映出每年散发给信徒佛像的数量极大。

唐朝后期印刷术的使用范围更加广泛，开始从宗教转入世俗方面④，除了印制佛经外，开始大量印制面向大众的工具书、医书和历书。如前引《柳批训》序言中就称蜀中的基础读物大都是雕本，而毋昭裔更是将《文选》等书刻印以赠学者，可见印刷术的范围已得到扩大。敦煌出土现藏于巴黎的咸通二年（861 年）传抄"京中李家于东市印"的新集备急灸经，即刊印于长安东市。历书本该由司天台审定上奏，进而颁行天下，但因其与老百姓的生活息息相关，需求量非常大，所以一些书商为了利润，在民间私自印卖历书，文宗大和九年（835 年），东川节度使冯宿奏："准敕禁断印历日版，剑南两川及淮南道皆以版印历日鬻于市，每岁司天台未奏颁下新历，其印历已满天下，有乖敬授之道。"⑤四川及淮南各道都有私印历书的情况，而且往往政府尚未颁布新历，民间就已经到处贩卖私历，这种做法显然损害了政府的

① （唐）范摅：《云溪友议》卷下《羡门远》，《文渊阁四库全书》，上海：上海古籍出版社，1987年，第1035册，第611页。

② 〔日〕高楠顺次郎：《大慈恩寺三藏法师传》卷十，《大正新修大藏经》，台北：商务印书馆，1983年，第50册，第666页。

③ （唐）冯贽：《云仙杂记》卷五，《文渊阁四库全书》，上海：上海古籍出版社，1987年，第1035册，第666页。

④ 觉明：《中国印刷术的起源》，上海新四军历史研究会印刷印钞分会编：《雕板印刷源流》，北京：印刷工业出版社，1990年，第12页。

⑤ （宋）王钦若等编：《册府元龟》卷一六〇《帝王部·革弊第二》，北京：中华书局，1960年影印本，第1932页。

威严，所以朝廷下令禁止民间私自刻印历书。同年十二月，"敕诸道府不得私置历日板"①。由此可见，民间私印历书的现象是比较严重的。然而，即便是朝廷严令各道查禁私历，这种现象还是没有得到控制，僖宗朝甚至出现了民间私印历书由于版本不同而节气互异，进而导致争议的现象，"太史历本不及江东，而市有印货者，每差互朔晦，货者各征节侯，因争执"②。这种现象充分说明了民间私印历书不但没有被扼制，反而愈演愈烈，并且一直持续到了唐末。

唐代是一个文学非常发达的时代，雕版印刷的范围不可避免地扩大到了文学作品中。唐末，文士诗文开始有了印刷。晚唐五代的徐夤曾作《自咏十韵》："只合沧州钓与耕，忽依萤烛愧功成。未游宦路叨卑宦，才到名场得大名。梁苑二年陪众客，温陵十载佐双旌。钱财尽是侯王惠，骨肉偕承里巷荣。拙赋偏闻镌印卖，恶诗亲见画图呈……如今便死还甘分，莫更嫌他白发生。"诗中作者提到了亲眼见到自己的诗赋被镌印鬻卖的事实，可见雕版印刷的范围在唐后期得到了很大的扩展。

唐代不但推广使用了木版印刷，还出现了铜版印刷。铜版尽管价格昂贵，但更坚固耐久，不用时还可以重铸新版。唐开元年间遗留下来的阳文反体经文《心经》，经研究并非用作书范，而是直接用以印刷该经的铜质印版。③

中国印刷的书籍还传往外国，如咸通五年（865 年），来华的日本学问僧宗睿返日之时带回一些中国书，他在《书写请来法门等目录》中开出了一些书目："西川印子《唐韵》一部、五卷，西川印子《玉篇》一部、三十卷……右杂书等虽非法门，世者所要也。"④这里的西川印子指的是四川印本，外国人也能轻松地访求到诸多印本，可见唐代的书籍印刷已经比较普遍，尤其是四川地区的印刷种类更多。

2. 印刷术的对外传播

日本是继中国后第二个发展雕版印刷的国家，日本大化革新（646 年）

① 《旧唐书》卷一七下《文宗下》，北京：中华书局，1975 年，第 563 页。
② （宋）王谠：《唐语林》卷七《补遗》，上海：上海古籍出版社，1978 年，第 256 页。
③ 庄葳：《唐开元〈心经〉铜范系铜版辨——兼论唐代铜版雕刻印刷》，《社会科学》1979 年第 4 期，第 151—153 页。
④ 〔日〕木宫泰彦著，胡锡年译：《日中文化交流史》，北京：商务印书馆，1980 年，第 202 页。

之后，其社会经济、文化迅速发展，中日交通频繁，日本派遣大批遣唐使、留学生和学问僧来华，此时日本造纸业已有发展，在佛教的促进作用下，印刷术也很快从唐朝引进了。

　　日本最先使用印刷技术刊印的仍是佛经，与其他国家不同的是，印刷术在日本是由政府最先开始使用的，且规模巨大。率先使用印刷术的是日本孝谦天皇，其在 764 年平叛朝臣作乱时曾发愿，如能平息叛乱，愿在各地造百万佛塔，每塔各置一陀罗尼神咒。后来叛乱很快平息，天皇也如约开始造塔、刻经，完工后将塔及经咒共百万份分别安置于大和、摄津、近江三个畿内要地的十大名寺中。据《续日本纪》载："初天皇八年乱平，乃发弘愿，令造三重小塔一百万基，各高四寸五分，基径三寸五分，露盘之下各置《根本》、《慈心》、《相轮》、《六度》等陀罗尼。至是功毕，分置诸寺。赐供事官人以下、仕丁以上一百五十七人爵，各有差。"[①]根据唐代大尺一尺约等于 29.5 厘米来计算，则所造佛塔高约 13.3 厘米，底面直径为 10.3 厘米，塔内的空洞中放置《根本》《慈心》《相轮》《六度》等陀罗尼经。完工之后，天皇还分别对参加者给予一定赏赐。

　　关于这件事，奈良《东大寺要录》卷四《诸院章》也记载道："东西小塔院：神护景云元年（767 年）造东西小塔堂，实忠和尚所建也。天平宝字八年（764 年）甲辰秋九月一日，孝谦天皇造一百万小塔，分配十大寺，各笼《无垢净光大陀罗尼》摺本。"这里的摺本相当于汉语印本，日本古称"摺写供养"（作供奉之印本），以有别于"书写供养"（作供奉的写本）。[②]这条记录充分印证了前面天皇造塔印佛经之史实。

　　《百万塔陀罗尼》印本传世者很多，至今仍有，分布于世界各地。如此大规模的印刷，需要相当精良的技术作后盾，而从史料记载中看不到日本之前有印刷活动。所以，此次大规模的印刷佛经一方面反映了佛教的影响力，另一方面也充分说明了日本印刷术的移植性。因为任何一个技术从发明到推广是需要一定的时间来不断改进和完善的，只有移植才可以避免这个漫长的

　　①〔日〕菅原真道著，宇治谷孟译：《续日本纪》卷三〇《称德天皇纪》，东京：讲谈社，2000 年，第 33 页。
　　② 潘吉星：《中国古代四大发明——源流、外传及世界影响》，合肥：中国科学技术大学出版社，2002 年，第 405 页。

过程，直接将对方优秀的技术挪作己用。所以奈良朝的这次大规模印刷所需的技术当是从唐朝传入。对此，日本学者也大多持有相同观点，木宫泰彦说："从当时的日、唐交通、文化交流等来推测，我认为是从唐朝输入的。"①秃氏祐祥博士也认为："从奈良时代到平安时代（794～1192 年）与中国大陆交通的盛行和中国给予我国显著影响的事实来看，此陀罗尼的印刷绝非我国独创的事业，不过是模仿中国早已实行的作法而已。"②并且他还认为日本的印刷术是由 754 年东渡日本的唐代僧人鉴真等传入的。③此外，中国学者潘吉星在将奈良刊本与韩国庆州发现本作了综合比较后发现，奈良刊本的底本与庆州本在经文、异体字、版框形制、字体及用纸颜色等方面大致相当，当来自中国的武周刊本，只是在奈良刊本中对个别字进行了校勘。④

朝鲜半岛于 668 年结束了三国时代，建立起统一的新罗王朝以后，由于与唐接壤，与唐的交流异常频繁，所以唐代大量的纸写本和印本传入了朝鲜，基本满足了其国内需要。从现存史料来看，这一时期朝鲜没有发展印刷业，出土的当时的一些印本如《无垢净光大陀罗尼经》，据研究也是从唐代传入的武周刊本。⑤

朝鲜半岛印刷是从高丽朝前期开始的，当时宋太宗于太平兴国八年（983年）刊刻完成 5048 卷的《大藏经》，高丽成宗王治遂于端拱二年（989 年）遣使韩彦恭到宋向太宗请求赠其宋刊藏经一套，以为其刻印藏经的底本。⑥这一事实在《宋史》中也有记载："彦恭表述治意，求印佛经。诏以《藏经》并御制《秘藏诠》、《逍遥咏》、《莲华心轮》赐之。"⑦宋太宗满足了高丽王的要求，不仅赐予《大藏经》，还额外赠送了《秘藏诠》《逍遥咏》《莲华心轮》等。淳化三年（992 年），太宗"亲试诸道贡举人，诏赐高丽宾贡进士王彬、崔罕等及第，既授以官，遣还本国"，这里太宗授予王彬等的官

① 〔日〕木宫泰彦：《日本古印刷文化史》，东京：富山房，1932 年，第 17—29 页。

② 〔日〕秃氏祐祥：《东洋印刷史研究》，东京：青裳堂书店，1981 年，第 166 页。

③ 〔日〕秃氏祐祥：《东洋印刷史研究》，东京：青裳堂书店，1981 年，第 182 页。

④ 潘吉星：《中国、韩国与欧洲早期印刷术的比较》，北京：科学出版社，1997 年，第 240—242 页。

⑤ 潘吉星：《论韩国发现的印本〈无垢净光大陀罗尼经〉》，《科学通报》1997 年第 10 期，第 1009—1028 页。对此，韩国学者有不同观点。

⑥ 〔朝〕郑麟趾：《高丽史》卷九三《韩彦恭传》，平壤：朝鲜科学院出版社，1958 年，第 71—72 页。

⑦ 《宋史》卷四八七《高丽传》，北京：中华书局，1977 年，第 14040 页。

职乃是"秘书省校书郎"。淳化四年（993 年），太宗"遣秘书丞直史馆陈靖、秘书丞刘式为使"前往高丽，"七十余日而还"[1]。秘书省掌管国家的图书出版发行等工作，此时，宋太宗不但授予高丽留学生以秘书省官职，还派遣本国秘书省官员出使，且长达七十余日，这些现象说明这一时期对朝鲜来说是一个印刷技术输入的时期。

越南造纸术虽然发展较早，但印刷术却迟至 13 世纪才从中国引入。[2]唐宋时期，中国出版的印本佛经和历书大量涌入越南，越南本国的经济文化也在不断地发展，在内外因素的影响下，越南的印刷术发展起来了。

越南有关印刷的最早记载见于《大越史记全书·陈记二》："（陈明宗）大庆三年，阅定文武官给户口有差，时阅定官见木印帖子，以为伪，因驳之。上皇闻之曰：此元丰故事，乃官帖子也。因谕执政曰：凡居政府而不谙故典，则误事多矣。"这段史料记载了越南大庆年间评定文武官员户口的时候，因为评阅官不了解旧政，误以为用木版印刷的户籍是假的，引起上皇不满，告知用木版印刷户籍帖子是元丰年间的形式。此条可证明越南在 13 世纪才有了木版印刷，然而在当时也可能只是昙花一现，后来没有再使用，否则后来的当政官不可能不知道政府曾经使用过木版印刷户籍。

此后，陈朝英宗又派遣使者出使元朝，求回《大藏经》刊本一套，作为刊行的底本，越南的印刷业才轰轰烈烈地发展起来。此事见《钦定越史通鉴纲目》卷八《陈纪》载："英宗七年颁释教于天下，初陈克用使元，求《大藏经》。及回，留天长府，副本刊行。至是又命刊行佛教法事道场、公文格式，颁行天下。"

中亚和西亚虽然在唐朝时已从中国引进了造纸技术，但印刷术的引进却晚了很多，直至蒙古人入主中亚、西亚地区后，其印刷术才有了发展。1260年忽必烈册封旭烈兀建立了伊利汗国，定都于伊朗的大不里士，旭烈兀从中国调来大批的工匠、医生和技师等致力于首都的建设。此后，继位统治者禁止使用金属货币，开始采用中国的纸币制度印发纸币。印刷工人由境内的汉人工匠与当地工匠合作，完成印刷过程。尽管汗国印发纸钞的行为最终失败，

---

① 《宋史》卷四八七《高丽传》，北京：中华书局，1977 年，第 14040—14041 页。
② 潘吉星：《中国古代四大发明——源流、外传及世界影响》，合肥：中国科学技术大学出版社，2002 年，第 417 页。

但此举在西亚地区印刷史上有重大意义和影响。拉施特丁在其 1311 年完成的《史集》中记录了伊利汗国按中国方式印发纸钞的经过，并在该书的世界史部分介绍了中国的印刷技术。同时代的波斯诗人达乌德在其 1317 年写成的《论伟人传及世系》中引用了拉施特丁的论述。拉施特丁在《史集》中描述了中国传统的雕版印刷技术，这也是中国以西地区有关印刷技术的最早记载。①

12～13 世纪欧洲各国通过阿拉伯地区引进了中国的造纸术，从而纷纷建起了造纸厂，但印刷术的传入却是 14～15 世纪以后。

前述伊利汗国自 1294 年发行纸币以来，印刷业得到了发展，并于 13 世纪初将此技术扩散到埃及。这样，对欧洲人来说，获得印刷术就比较简单了。另外，蒙古军队在 13 世纪的西征活动，重新打通了亚欧陆上丝绸之路交通线，中国与欧洲有了直接往来，东西方之间的经济、文化和科技交流大大加强，这都为中国印刷术向西方传播提供了途径。

1350～1400 年是欧洲发展印刷业的最初阶段，而德国和意大利的印刷术和造纸业一样，走在了欧洲各国的前列，其早期的印刷品大多是满足大众需要的纸牌和宗教画。据德国南部奥格斯堡和纽伦堡早期市政记载，在 1418、1420、1433、1435 及 1438 年的记事中，多次提到了"纸牌制造者"②。

据 17 世纪意大利作者札尼所载，威尼斯的纸牌是从中国传入的，他说："我在巴黎时，一位在巴勒斯坦的法国传教士特雷桑神甫给我看一幅中国纸牌，告诉我有一位威尼斯人第一个把纸牌从中国传入威尼斯，并说该城是欧洲最先知道有纸牌的地方。"③而意大利纸牌最早的印刷时间却难以确定，不过从意大利威尼斯市政当局于 1441 年发布的一项命令来看，其纸牌和图像的生产时间应该早于 1441 年，"鉴于在威尼斯以外各地制造大量的印制纸牌和彩绘图像，结果使原供威尼斯使用的制造纸牌与印制图像的技术和秘密方法趋于衰败。对这种恶劣情况必须设法补救……特规定从今以后，所有印刷

---

① 潘吉星：《中国古代四大发明——源流、外传及世界影响》，合肥：中国科学技术大学出版社，2002 年，第 426 页。

② 潘吉星：《中国古代四大发明——源流、外传及世界影响》，合肥：中国科学技术大学出版社，2002 年，第 432 页。

③〔美〕卡特著，吴泽炎译：《中国印刷术的发明和它的西传》，北京：商务印书馆，1957 年，第 166 页。

或绘在布或纸上的上述产品，即祭坛背后的绘画、图像、纸牌……都不准输入本城"①。这条史料证明威尼斯在 1441 年以前曾在纸牌和图像印刷上占有中心地位，不过后来受到了外来产品的冲击，所以市政当局采取了地方贸易保护政策。根据同时期德国乌尔姆城的记载，威尼斯的印刷产品此次受到的威胁可能来自乌尔姆，因为有该城将印制的纸牌装入木桶运往西西里和意大利的记载。

欧洲这两种早期印刷品出现在意大利和德国是有深刻原因的，当时的意大利是宗教中心和文艺复兴的发源地，对外贸易发达；德国地处中欧，交通便利，与意大利和蒙古汗国较近，所以这两个国家在欧洲最先引进印刷术是很自然的。

欧洲早期木刻本在版面形制、刻板、上墨、印刷及装订等各工序操作上，基本是按照中国的技术方法进行的，这点美国印刷史家特文尼已做过相关研究。②欧洲的其他学者也注意到了这种相似性，并认为这种技术是从中国传入的。如英国东方学家柯曾道："我们必须认为，欧洲木板书的印刷过程肯定是根据某些早期旅行者从中国带回来的中国古书样本仿制的，不过这些旅行者的姓名没有流传到现在。"③卡特也认为："在欧洲木版印刷的肇端中，中国的影响其实是最后的决定性因素。"④

五、酿酒与制糖技术的交流

1. 酿酒技术的提高与交流

酒是世界上许多民族的传统饮料之一，酿酒工艺是世界上最古老的化学工艺之一。酿酒的过程实际就是利用微生物在某种特定的条件下，将含淀粉或糖分的物质转化为含酒精等多种化学成分的饮料或食品的过程。

中国是世界四大古代文明的发源地之一，酿酒历史也特别悠久，并形成了自己独特的技艺和品种，在世界上独树一帜。中国在传统上是个以种植业

① 〔美〕卡特著，吴泽炎译：《中国印刷术的发明和它的西传》，北京：商务印书馆，1957 年，第 161、165—166 页。

② de Vine T L. *The Invention of Printing*. New York: F. Hart, 1876, pp. 119-120, 203.

③ Curzon R. The history of printing in China and Europe. *Philobiblon Society Miscellanies*, 1860, 6(1): 23.

④ 〔美〕卡特著，吴泽炎译：《中国印刷术的发明和它的西传》，北京：商务印书馆，1957 年，第 180 页。

为主的农业国家，人们较早地掌握了谷物的栽培，同时也较早地运用谷物来酿酒。根据史书记载，夏商时已掌握了酿酒技术，"仪狄始作酒醪，变五味，少康作秫酒"[①]。而出土的大量商周时期的文献和器物中，"酒"字和酒器已占有相当大的比例，说明当时饮酒现象较普遍，也进而说明酿酒业的发达。

中国传统的酿酒工艺是使用酒曲发酵酿酒，这种工艺到唐宋时期达到成熟，不仅形成了传统的酿造理论，其工艺流程、技术措施及主要的工艺设备也基本定型。唐代流传下来完整的酿酒技术文献资料较少，但散见于其他史籍中的零星资料则极为丰富。

酿酒工艺最突出的成就是蒸馏酒的出现，在唐代的文献中，大量地提到一种烧酒，如"荔枝新熟鸡冠色，烧酒初开琥珀香"[②]，"自到成都烧酒熟，不思身更入长安"[③]。这种酒是否就是蒸馏酒，还有争议，但不可否认的是，唐代已有相当高的蒸馏技术，在唐人陈藏器所著的《本草拾遗》中，有"甑气水""以器承取"的记载，表明当时的蒸馏技术已相当成熟。在出土文物中也已发现有唐代用于蒸馏液体的甑和15～20毫升的小酒杯，这说明当时可能已有蒸馏酒。有学者认为在唐宋时期已有蒸馏酒是较为可靠的，但是从现有的资料来看，当时蒸馏酒的烧制只是在个别地区的小规模生产，其他大多可能还是由炼丹家或医药家为配制药物而烧造。[④]

西方的蒸馏酒首先出现在炼金术中。大约在 12 世纪的意大利，炼金术士在蒸馏葡萄酒中得到可以燃烧的水液——蒸馏酒（即白兰地）。

我国古代就有葡萄酒的酿造技术，张骞通西域之后，从西域引进了葡萄新品种，并掌握了葡萄酒酿造技术。[⑤]汉代虽引入了葡萄及葡萄酒生产技术，但未传播开来。汉代之后，中原地区也不再种植葡萄，至唐初时，中原地区对葡萄酒已是一无所知了。唐代葡萄酒的酿造方法得到较大提高，得益于唐

① （清）秦嘉谟辑补：《世本》卷九，琳琅仙馆木刻本，1818 年，第 7 页。

② 《全唐诗》卷四四一白居易《荔枝楼对酒》，北京：中华书局，1999 年，第 4944 页。

③ 《全唐诗》卷五一八雍陶《到蜀后记途中经历》，北京：中华书局，1999 年，第 5955 页。

④ 周嘉华：《中国蒸馏酒源起的史料辨析》，《自然科学史研究》1995 年第 3 期，第 237—238 页。

⑤ 陈习刚：《唐代葡萄酒酿酒术探析》，《河南教育学院学报（哲学社会科学版）》2001 年第 4 期，第 70—72 页。作者引用了余华清的观点，认为东汉时期内地才掌握了葡萄酒酿造技术。薛宗正则认为唐代内地掌握了此项技术。陈习刚认为早在西汉时期长安已普遍种植葡萄，并且与西域交往密切，葡萄酒酿造技术应当早于东汉时的洛阳。

太宗平高昌时引进了马乳葡萄，同时引进了西域先进的葡萄酒酿造技术。通过对西域酿酒技术的改造，唐朝酿制出了八种色泽的葡萄酒，"芳辛酷烈，味兼缇盎。既颁赐群臣，京师始识其味"[①]。此后葡萄酒在长安及附近地区流行开了，并由此产生了许多歌咏葡萄酒的诗句，如唐代诗人王翰的《凉州词》："葡萄美酒夜光杯，欲饮琵琶马上催。"李欣的《塞下曲》："金笳吹朔雪，铁马嘶云水。帐下饮葡萄，平生寸心是。"刘禹锡也曾作诗赞美葡萄酒，诗云："我本是晋人，种此如种玉，酿之成美酒，尽日饮不足。"唐朝重新引进葡萄后，在今天的山西南部建立了大规模的种植园，并在当地设置了葡萄酒酿造工场，自此河东酿造的葡萄酒便名闻天下了。另外，这些诗句大都与边塞有关，也可见唐代军旅中盛行饮葡萄酒。

我国古代葡萄酒的酿制方法大致有三种：葡萄自然发酵法、葡萄与粮食混酿法、葡萄汁加曲发酵法。根据史料记载，唐代的葡萄酒酿造主要采用自然发酵法，"酒有蒲桃、秫、黍、杭、粟、曲、蜜等作酒醴，以曲为，而蒲桃、蜜等独不用曲"[②]可为一证。此外，唐代还在葡萄酒酿造时使用了冷热处理和降酸的措施，以改善新酒的颜色和风味。[③]随着唐代葡萄酒酿造技术的提高，葡萄酒也跻身于唐代的名酒之中，如《唐国史补》卷下所罗列的唐代名酒中，就有河东"乾和葡萄"。

2. 制糖技术的交流

我国制糖的历史已经很悠久了，其中蔗糖的制造至迟在魏晋南北朝时期就已经出现了[④]，但由于技术和生产原料等方面的原因，所造糖的质量并不太好。唐代能够生产出质量上乘的蔗糖与引进外来的制糖技术密切相关。

蔗糖是用甘蔗做原料制成的，甘蔗在唐代的北方地区还是比较稀罕的东西，文献中有皇帝向臣下或高僧赏赐甘蔗的记载，也说明这种水果在当时并

---

① （宋）王钦若等编：《册府元龟》卷九七〇《外臣部·朝贡第三》，北京：中华书局，1960 年影印本，第 11400 页。

② （唐）苏敬等：《新修本草》卷一九，上海：上海古籍出版社，1985 年，第 287 页。

③ 陈习刚：《唐代葡萄酒酿酒术探析》，《河南教育学院学报（哲学社会科学版）》2001 年第 4 期，第 70—72 页。

④ 季羡林：《文化交流的轨迹——中华蔗糖史》，北京：经济日报出版社，1997 年，第 64—67 页。在此书中季先生只说中国蔗糖的制造始于三国魏晋南北朝至唐代的某个时期，至少在后魏以前。

非常见之物，如是常见之物，也用不着皇帝赏赐了。唐朝蔗糖制造技术的提高与和印度的交流有直接关系，印度也是一个有着悠久甘蔗种植历史的古国，故蔗糖技术有其独特的一面，有关印度日常生活中食糖的记载也不少。如玄奘的《大唐西域记》卷二记载印度物产时写道："至于乳酪、膏酥、秒糖、石蜜、芥子油、诸饼麨，常所膳也。"义净在《南海寄归内法传》卷一记载说："次授干粳米饭，并稠豆臛，浇以热酥，手搅令和，投诸助味。食用右手。才可半腹，方行饼果。后行乳酪，及以沙糖。"玄奘所说的秒糖，就是义净记载的沙糖。在印度即使佛教寺院中的日常生活中都不缺少甘蔗所制的沙糖，可见在这里沙糖乃是寻常之物。

　　关于唐朝引进印度制糖技术之事，正史中就有所记载，如《新唐书》卷二二一上《西域传上》载："摩揭它，一曰摩伽陀，本中天竺属国。……太宗遣使取熬糖法，即诏扬州上诸蔗，拃沈如其剂，色味愈西域远甚。"上引《新唐书》有关此事的记载比较简略，另据道宣的《续高僧传》卷四《玄奘传》载：

　　　　初，奘在印度声畅五天，称述支那人物为盛。戒日大王并菩提寺僧，思闻此国，为日久矣，但无信使，未可依凭。……戒日及僧，各遣中使赍诸经宝，远献东夏。是则天竺信命自奘而通，宣述皇猷之所致也。使既西返，又敕王玄策等二十余人，随往大夏。并赠绫帛千有余段，王及僧等，数各有差。并就菩提寺召石蜜匠，乃遣匠二人、僧八人，俱到东夏。寻敕往越州，就甘蔗造之，皆得成就。

可见印度制糖技术的引进与玄奘有关，因为玄奘在印度时宣传过唐朝的强大富庶，戒日王及菩提寺的僧遂各遣使访问中国，使者返回时，唐太宗命王玄策等随同使者回访印度，并请求菩提寺向中国派遣制糖工匠，于是便带回了工匠二人、僧八人。《新唐书》与此书所记不同的是，前者说在扬州制糖，后者却说在越州，虽不知到底是在何处，但扬州和越州均属南方，比较适宜甘蔗的种植，故被作为制糖新法的实验地。

　　关于蔗糖的制造，中国传统的方法有两种，一种方法是将蔗汁在阳光下曝晒，使其凝稠成块状；另一种方法是熬炼。上引《新唐书》说太宗命取熬糖法，显然从印度取回来的制糖技术属于后者。熬糖时可以去除杂质，因此糖的色泽纯度明显优于前者。《异物志》记载说：

> 甘蔗，远近皆有。交趾所产甘蔗特醇好，本末无薄厚，其味至均。围数寸，长丈余，颇似竹。斩而食之，既甘；迮取汁为饴饧，名之曰"糖"，益复珍也。又煎而曝之，既凝而冰破如博，其食之，入口消释，时人谓之"石蜜"者也。①

可见采用熬炼的方法制造的蔗糖色泽是白的，"白冰"，但尚不是颗粒状的。而唐太宗取回的印度熬糖法所制的糖为沙糖，显然是颗粒状的，与中国所制不同。上引《新唐书》说唐朝引进印度的制糖技术后，所制之糖"色味愈西域远甚"。采用印度之法，所造之糖却色味远甚印度，出现这种结果可能有三个原因，一是中国的原料——甘蔗比印度的质量更好；二是在制糖过程中，虽然程序上可能相同，但每道程序和火候等把握上，可能略有不同，所以制造出的蔗糖才口味不同；三是可能唐人并没有完全照搬印度的方法，而是有所改进，因此才能制造出比印度质量更好的蔗糖。从此以后，中国典籍中将蔗糖称作沙糖的记载便多了起来，当然也有仍旧称石蜜的。宋人洪迈所撰《糖霜谱》说：唐朝此次引进印度技术并加以改进后，"今之沙糖蔗之技尽于此"②。可知直到南宋有的蔗糖制造技术仍沿用唐代的这种技术。

　　季羡林先生认为这一时期中国引进制糖技术的对象并不仅限于印度，波斯也是向中国输入这一技术的国度之一。其所依据的主要资料是：

> 孟诜曰：自蜀中、波斯来者良，东吴亦有不及两处者。皆煎蔗汁牛乳，则易细白耳。③

敦煌文书中所保存的《食疗本草残卷》亦载：石蜜，"波斯者良，注少许于目中，除去热膜，明目"。季先生引述西方学者 Deerr 的研究结论说："这并不是说，古代印度已经有了有组织的炼糖工业。这样的工业可能是在公元

---

　　① （北魏）贾思勰：《齐民要术》卷一〇《甘蔗》，《文渊阁四库全书》，上海：上海古籍出版社，1987年，第730册，第144页。

　　②《古今图书集成》卷三〇一《食货典·糖部》，上海：中华书局，1934年影印本，第4页。

　　③《古今图书集成》卷三〇一《食货典·蜜部》，上海：中华书局，1934年影印本，第16页。按：上引书所录唐人孟诜之语，来自其所著《食疗本草》，其残卷敦煌文书亦有存留。

六百年左右甘蔗传入波斯以后景教徒们开始形成的。"波斯人既然拥有高超的制糖技术，"在极短的时间内也传入了中国。生活于 621—713 年的孟诜，在自己的著作中讲到沙糖时说：'蜀地、西戎、江东亦有之。''西戎'一词不知何所指。在讲到石蜜时，他却明确说出：'自蜀中、波斯来者良。'看来上面的'西戎'很可能指的就是波斯"①，很明显，季先生认为波斯的制糖技术对中国亦有影响。

在唐代利用印度制糖技术改进了制糖法以后，此项技术又输出到了东亚地区。于唐高宗显庆四年（659 年）修成的《新修本草》，六七十年后就被日本遣唐使抄写并带回了日本。此书卷一七的"沙糖"条说：

味甘寒，无毒，功体与石蜜同，而冷利过。笮甘蔗汁煎作。蜀地、西戎、江东并有，而江东者先劣后优。

其中讲到江东所造沙糖先劣后优，很值得注意。联系前引《新唐书》之文，可知江东（包括扬州、越州）在引进印度制糖法后加以改进，于是所制之糖就变劣为优了。季先生指出：江东制糖变劣为优，不是一下子就做到的，而是经过了 12 年的改进试验才得以成功的。因为引进印度制糖技术是在 647 年，而《新修本草》成书于 659 年。②

此外，唐代高僧鉴真东渡日本时，也带去过蔗糖。据日本真人元开所撰的《唐大和上东征传》记载，鉴真在天宝二年（743 年）准备乘船东渡日本时，准备带去的物品中，有"毕钵、诃黎勒、胡椒、阿魏、石蜜、蔗糖等五百余斤，蜂蜜十斛，甘蔗八十束"③。此次东渡虽然没有成功，但据此可以推测出，当时的日本并不盛产蔗糖或蔗糖极少，所以鉴真才会不远万里、不辞辛劳地带上蔗糖。唐朝这种先进的制糖技术有可能也传入了日本。至于朝鲜半岛各国，大约也是在这一历史时期得到了中国的这一制糖技术。

① 季羡林：《文化交流的轨迹——中华蔗糖史》，北京：经济日报出版社，1997 年，第 101—102 页。
② 季羡林：《文化交流的轨迹——中华蔗糖史》，北京：经济日报出版社，1997 年，第 104—105 页。
③〔日〕真人元开著，汪向荣校注：《唐大和上东征传》，北京：中华书局，2000 年，第 47—48 页。

六、指南针与造船技术的外传

1. 指南针的外传

指南针是利用磁石的指极性而制成的磁学定位装置，是中国古代科学技术的四大发明之一，是中国人在战国以来近千年间确定方位的实践过程中不断摸索的产物。长期以来，方位概念贯穿于中国人的生产和生活实践中，建筑需要确定方位和布局，行军作战、采矿、观测星象、水陆旅行等社会活动都需要辨明方向。古人靠昼观日影、夜观星象辨别方向，但这种方法具有很大的局限性，容易受到天气的干扰，而以磁学方法制成的定向装置则避免了这一弊端。

人类最早制成的磁体定向装置，是利用天然条状磁石制成的"司南"，它出现于中国的战国末期，汉代得到进一步发展，是指南针的前身。司南的制造是建立在磁学原理的基础上的，而中国人在很早的时候就已经了解了磁学。战国时期的史料中有大量关于磁石的记载，如灌题山，"其中多慈石"[①]。"上有慈石者，其下有铜金。"[②]古人在发现磁石的同时，还发现了它善于吸铁的特性，"慈石召铁，或引之也"[③]，即古人认为磁石是铁矿的母亲，可以牵引出其子铁矿。

古人在发现磁石具有吸铁性的同时，还发现了它的指极性，并依此特性制作成指示方向的仪器，即"司南"，晋人左思《吴都赋》载"俞骑骋路，指南司方"，明确地指明"指南"是指示行路方向的仪器。《鬼谷子·谋篇》也记载道："郑人之取玉也，必载司南之车，为其不惑也。"[④]从战国至汉晋、南北朝一直在使用和发展司南。南北朝至唐代时期，对战国、秦汉以来使用的勺状天然磁石制成的司南仪做了技术上的改进，制成针状或鱼状、蝌蚪状的人造磁体，提高了其指极的灵敏度，并将刻度盘即司南仪的地盘形状也做了相应变化，使其由方形演变成圆盘形。

唐以前人们已经将司南仪上的勺状天然磁石换成人造的磁针，并将司南

---

① 袁珂校注：《山海经校注》卷三，上海：上海古籍出版社，1980年，第74页。

② 《管子》卷二三《地数篇》，百子全书本，杭州：浙江人民出版社，1984年。

③ （战国）吕不韦著，高诱注：《吕氏春秋》卷九《季秋·精通》，上海：上海古籍出版社，1989年。

④ 《鬼谷子·谋篇第九》，百子全书本，杭州：浙江人民出版社，1984年，第5册，第5页。

的方形地盘换成圆形方位的刻度盘，但磁针不能像磁勺一样直接放置在地盘上，否则磁针会无法自由旋转，所以唐以前的人们已经尝试过用丝线将磁针悬挂在地盘上，待其停止旋转后可以指出方位。但这种方法磁针容易受周围空气的影响而摆动，出现误差，所以人们又将其制成蝌蚪形或鱼形的薄片，这种方法也一直为后世沿用。然而这种方法受外界影响较大，对周围环境要求较高，不能在空气流动剧烈的状态下使用，更不能在颠簸状态下使用，为了解决这个问题，唐后期出现了堪舆罗盘。这是一种悬浮罗盘，即将天盘（中心圆）由平面制成凹面，内盛以水，使磁针浮在水面上旋转，旋转停止后，就在周围刻度盘上指出了方位。采用这种方式放置磁针，受到周围气流的影响较小。这实际上就是北宋出现的水罗盘。①

　　唐代使用磁针之后，指针灵敏度大大提高，唐人也因此发现了指针在指示方位上的偏离，即发现了磁偏角，磁偏角的发现有助于后人对指南针的方位盘采取校正措施，以更好地指导海陆航行。成书于唐末的堪舆书《管氏地理指蒙》与《新唐书·艺文志》中所载的《管氏指略》②实为同一部书③，书中有关于磁偏角的记载："磁者母之道，针者铁之戕。母子之性以是感，以是通。受戕之性以是复，以是完。体轻而径，所指必端，应一气之所召。土曷中，而方曷偏，较轩辕之纪，尚在星虚、丁癸之躔，惟岁差之法，随黄道而占之，见成家之昭然……针之指南北，顾母而恋其子也。"④这段话的意思是说磁石具有吸铁性和指极性，磁针质量轻且直，所指方位应是南北正位，然而由于黄道所产生的岁差，有时针的指向并不是正南正北，而是有所偏斜。

　　为了改变这种现象，唐人根据各地情况在罗盘盘面上增设了校正针位。清代堪舆家叶泰编写的堪舆书《罗经指南拨雾集》中记载道："中、缝两针，非凭空无据而设者，盖有理，斯有气，有气自有象也。经盘秘妙，丘公得之太乙老人，有正针一针，有天纪、地纪、分金三盘，地纪从正针，人所共知。

---

① 潘吉星：《中国古代四大发明——源流、外传及世界影响》，合肥：中国科学技术大学出版社，2002年，第333页。

② 《新唐书》卷五九《艺文志》，北京：中华书局，1975年，第1532页。

③ 潘吉星：《中国古代四大发明——源流、外传及世界影响》，合肥：中国科学技术大学出版社，2002年，第336页。

④ 《古今图书集成》卷六五五《管氏地理指蒙》，上海：中华书局，1934年影印本，第18页。

分金子偏东北、午偏西南，故杨公加入缝针，所以明分金之位。"[1]这里的正针是天文南北方位，而缝、中二针是罗盘指示方位，缝针表示针位比天文方位北偏东或南偏西 7.5° 的校正方位，中针是表示针位比天文方位北偏西或南偏东 7.5° 的校正方位。堪舆罗盘的最内圈有"丘公正针"，这是唐代堪舆家丘延翰在开元十八年（730 年）左右设置的，按天文南北方位将司南仪方形地盘上四边的二十四方位平均排列在圆圈内；最外圈天盘有"杨公缝针"，这是唐末堪舆师杨筠松大概在广明元年（880 年）增设的，为磁针指示方位，与天文方位相比，北偏东或南偏西，其各方位处于正针方位间的夹缝中。当然，居中的一圈人盘还有"赖公中针"，这是北宋年间的堪舆师赖文俊在绍兴二十年（1150 年）左右加入的，是根据 12 世纪发现磁针指示方向较天文方位北偏西而提出的校正方位。罗盘盘面上校正指针方位的三针，有两种是唐人提出并设置的，可见，唐代确实已经发现了磁偏角，并且制定了相应的改善措施，这种方式经过宋人的改进后，成为明清堪舆罗盘的模型。这种堪舆罗盘经过简化后，就能用作导航仪器，唐代海上交通的大发展与之有着莫大的关系。

尽管唐代改革司南仪的方法和技术在相关文献中记录很少，但是从北宋前期制造罗盘的技术成果中仍然可以看到唐代罗盘制造的技术水平。北宋是磁学知识高速发展的时期，这种高速发展是需要一个积累过程的，所以以唐代完成的从司南向磁罗盘的转变为北宋进一步完善这些技术成果打下了良好基础。

天然磁铁矿遍布世界各地，古代各民族也都早已发现，但制成磁体指南装置的时间却不尽相同。古希腊哲学家苏格拉底早已认识到磁石能吸铁环，罗马学者普利尼在《博物志》中谈到亚历山大城亚西诺寺庙用磁铁矿制作出拱形屋顶，将皇后的铁铸像悬吊在空中。[2]欧洲人尽管早已发现了磁石吸铁的特性，但对其指极性却一无所知，中国人在公元前 3 世纪已经制成了司南仪，而欧洲人在 12 世纪末以前仍然没有制作出磁体定向装置，所以在利用磁石的指极性方面欧洲比中国落后了 1000 多年。欧洲有关指南针的最早记载出现在英国人尼坎姆 1190 年写成的《论自然界的性质》一书中，该书首次提到

---

[1]（清）叶泰：《罗经解》，康熙三十二年（1693 年）经纶堂刻本，第 23—24 页。

[2]〔美〕弗·卡约里著，戴念祖译：《物理学史》，呼和浩特：内蒙古人民出版社，1981 年，第 11—12 页。

了磁石指极性和磁感应①，而在这之前的 300 年，中国人已经在关心磁偏角并制成磁罗盘了。

尼坎姆之后，法国犹太人纳克丹在 1195 年编写的《石头的力量》一书中也提到了磁石和指南针。②1200 年后不久，意大利北部的城市马萨附近在开矿时也用到了指南针。而 17 世纪英国人帕查斯则更认为指南针是："三百多年前从蛮子国，我们现在称为中国，传到意大利的。"③可见，欧洲人不但在航海时使用指南针，在陆地上也用指南针来指明方位。

欧洲能够在短期内出现人造磁针做成的罗盘，显然是受到了外来影响，这种外来影响来自哪里呢？恩格斯认为："磁针从阿拉伯人传到欧洲人，1180年左右。"④1180～1250 年是欧洲发展指南针的早期阶段，这一阶段航海时使用的导航水罗盘是对中国宋代航海仪器的仿制和试用，从相关记载来看，这一时期欧洲人无论在理论上还是在实践上都没有超出宋人制造仪器的水平。

在 11 世纪以前，阿拉伯人也只知道磁石具有吸铁性，而不知其有指极性，直到 1232 年穆罕默德·奥菲在《奇闻录》中才提到，他在海上旅行时，看到船长用一块凹形的鱼状铁片放在水盆中，此浮鱼头部所指的就是南方，船长解释道，以磁石摩擦铁片，铁片就自然具有了磁性。这种海上导航仪器正是与中国北宋年间使用的水罗盘基本相同的一个航海罗盘⑤，但与中国相比晚了 300 多年。此后，在阿拉伯文献中多次可见这种水浮式指南针的记载，这与中国的传统是一致的。

亚洲国家在中世纪时从事远洋航海的较少，在周边海域的活动中多靠天文导航技术支持，且唐代指南针用于航海事业已是唐末，此后经历五代至宋，指南针才获得了大发展，但此时由于持续的战乱，朝鲜、日本与中国的交往不再如唐中期时频繁，甚至一度中断，因此指南针未能及时传入。

朝鲜文献中关于指南针的记载出现得很晚，高丽朝（936～1392 年）的

① Bromehead C E N, tr. Alexander Neckam on the compass needle. *Geographical Journal*, 1944, (104): 63.

② Jacobs J. *Jewish Encyclopaedia*, vol. 6. London, 1904, p. 619; Sarton G. *Introduction to the History of Science*, vol. 2, pt. 1. Baltimore: Williams & Wilkins Co. , 1931, p. 349.

③ Purchas S. *Purchas His Pilgrimes*, pt. 1, bk ii, chap. 1. London, 1625.

④〔德〕恩格斯著，于光远等译编：《自然辩证法》，北京：人民出版社，1984 年，第 42 页。

⑤ Wiedemann E. *Zur Geschichte des Kompasses bei den Arabern*. Berlin: Verhandlungen der Deutschen Physikalischen Gesellschaft, 1907, 9(24): 764; 1909, 11(10-11): 262.

史料中尚未见有指南针的相关记载，但到 15 世纪时，中国式的堪舆罗盘却成为朝鲜风水家的专用物[①]，出现这种情况的原因不排除在这之前朝鲜有可能已经开始使用罗盘，但史料中缺乏记载，但即使有使用，时间也不会太久，因为如果长期使用，不可能史料中对相关过程毫无记载，所以外界传入的可能性较大。考察其文献中流传下来的关于磁石指南的相关资料，可以发现，这种罗盘是从中国引进的。成书于 1610 年的朝鲜医书《东医宝鉴》载："以磁磨针锋，则能指南。其法，取新矿中独缕，以半芥子许蜡缀于针腰，无风处垂之，则针常指南。以针横贯灯心，浮水上，亦指南，常偏丙位，不全南也。"[②]即用磁石磨擦铁针后，针尖就能指南。具体的操作方法有两种，一是用极小的蜡将新丝线粘在已磁化的针中间，挂在无风处，针尖就能指南；二是用磁化针横穿灯心草，再放置在有方位盘的木盘中间的圆形水槽内，针尖也可以指南。但是在这两种方法中，针尖并不总是指向正南，而是会偏向丙南，也就是存在磁偏角。

　　朝鲜的这两种利用磁针指南的方法并不是独创，因为早在 1116 年，宋人寇宗奭就在《本草演义》中记载道："磁石磨针，则能指南，然常偏东，不全南也。其法新矿中独缕，以半分子蜡缀于针腰无风处，垂之则针常指南，以针横贯灯草心，浮水上，亦指南，然常偏丙位。盖丙为火庚辛金，受其制，故如是物类相感耳。"[③]考察这两段史料，意思完全相同，且语言也没有差别，可以说是基本照搬。在《本草演义》成书 500 年之后，《东医宝鉴》才出现相同记载，而且没有任何提高，可见其关于指南针的技术完全是照搬中国的。

　　日本利用指南针的时间较晚，江户时代（1603～1868 年）以前的日本古书中很少有相关记载。江户时代以后，荷兰商船大批驶入日本，带去了欧洲的旱罗盘技术，同时中国商船上使用的指南针也引起了日本人的注意，因而形成了中国技术和欧洲技术同时在日本传播的局面，最后达到东西方技术的融合。

　　江户时代的《大和本草》（1729 年）和《本草纲目启蒙》（1806 年）等本草学著作中的磁石、指南针方面的知识引自中国本草学著作，但《舍密

①〔韩〕全相运：《韩国科学技术史》，汉城：科学世界社，1966 年，第 139—142 页。
②〔朝〕许浚：《东医宝鉴》卷九《杂病篇》，上海：校经山房，1980 年石印本，第 16 页。
③〔清〕陈元龙：《格致镜原》卷四九《日用器物类·针》，《文渊阁四库全书》，上海：上海古籍出版社，1987 年，第 1032 册，第 27 页。

开宗》（1837 年）中的这类知识则来自荷兰著作。寺岛良安的《和汉三才图
会》（1713 年）虽然是按明代人王圻的《三才图会》（1609 年）体例编成的，
但其中有关磁石方面的记载则是源自中国和欧洲两方面的内容。如书中将磁
针描述为鱼或蝌蚪，认为磁石的作用像活体一样，有头有尾，头指北，尾指
南，而头的力量要大于尾的。中国早期的磁针也是鱼状，称为"玄鱼"或指
南鱼，阿拉伯地区和欧洲早期的指南针受中国影响也是鱼状，所以日本的指
南针在这方面是受到中国的影响。但书中还说，如果将磁石碎成小块，则每
块都有头和尾，具有像大磁石一样的性质。如果用铁片喂它，它就会变"胖"，
如果饿着它，就会变"瘦"，如果放在火中烧它，就会"死亡"，失去南北
指极性；磁石还忌烟草。如果将磁石的头与针头摩擦，尾与针尖摩擦，针头
就会指北，针尖指南；如果将针靠近磁石，针就反转，针尖与磁石的头同向，
针头与磁石的尾同向。用这种方法可以辨别磁石的头和尾。[①]日本指南针的
这部分内容来自欧洲。

　　古代印度在数学、天文历法和医药学方面取得了不少成就，但在磁学方
面的发展却比较缓慢，古书中很少有相关内容的记载。据研究，印度最早的
指南针名称是 maccha-yantra，意思是"鱼机"，这个名称显示了其可能源自
中国。而且印度罗盘磁体呈鱼状，浮在盛有油的碗状罗盘中。[②]这与中国北
宋的水罗盘指南鱼及阿拉伯地区、欧洲的同类装置类似，所以据此可以推断
出印度使用指南针的时间大约与阿拉伯地区相当，即在 13 世纪左右。当时中
西陆海交通都比较畅通，中国装了指南针的大型海船远航至南洋、印度洋、
波斯湾及其他各口岸，阿拉伯商船也常到印度或经印度到达中国广州、泉州
等港口，所以中国指南针传到印度是极可能的。

　　据此可见，指南针是在中国最先出现的，东西方指南针技术的源头在中
国。中国人从发现磁石的指极性到以人造磁针做成罗盘，中间经历了一千多
年，而欧洲人从对磁石的指极性一无所知到 12 世纪末短期内直接过渡到以水
罗盘做导航系统。东亚世界从没有指南针的相关记载到直接使用中国式罗盘，
这种没有经过一定发展阶段的突然飞跃显然是受到了外界影响后才可能出

---

　　① 潘吉星：《中国古代四大发明——源流、外传及世界影响》，合肥：中国科学技术大学出版社，
2002 年，第 502 页。

　　② Smith J. Precursors to Peregrinus. *Journal of Medieval History*, 1992, (18): 21-74.

现，而这外来的影响只能是来自中国。

2. 造船技术的提高与外传

中国是世界上最早使用木船的国度之一，经过长期的总结与发展，至唐代造船技术已经相当高超，在当时的世界上居于领先地位。

隋唐时期的造船业大都集中在南方各地及沿海一带，北方亦有造船业存在，但规模相对要小得多。在这一历史时期造船业分为官营与私营两大类，官营所造之船多用于漕运和军事用途，偶尔也为皇家的特殊需求制造，规模非常庞大。据《大业杂记》载，隋炀帝出游江都时所乘的龙舟高 45 尺、宽 50 尺、长 200 尺，共 4 重，有五楼船 200 艘、三楼船 120 艘、二楼船 250 艘，"舳舻相继二百余里"。能够一次制造如此巨大的船，没有高超的技术水平显然是办不到的。除了技术高超外，这一时期造船规模也很大，如大业元年（605年）三月，"遣黄门侍郎王弘等往江南造龙舟及杂船数万艘"[1]。结果同年八月，炀帝行幸江都时，王弘就遣龙舟奉迎了，可知此时龙舟已经完工。上万艘船只，其中还包括这只特大型的豪华版龙舟，仅用时 5 个月即完成，隋朝的造船速度之快可见一斑。当然，一次制造如此多的船只，仅依靠官营制造工场显然是不可能完成的，必须动用民间工匠。史书也记载说因为工期紧张，日夜不息，役工死者相继。

唐代的官营造船规模在隋代的基础上有所扩大，有关官府下令大规模造船的记载较多，如贞观二十一年（647 年）八月，"敕宋州刺史王波利等发江南十二州工人造大船数百艘，欲以征高丽"[2]。次年八月，"敕越州都督府及婺、洪等州造海船及双舫千一百艘"[3]。唐昭宗天复三年（903 年），荆南节度使成汭造巨舰，"三年而成，制度如府署，谓之'和舟载'，其余谓之'齐山'、'截海'、'劈浪'之类甚众"。这些船舰每艘皆可"载甲士千人，稻米倍之"[4]。类似的记载还有很多，足见当时官方造船业之规模。

当时的私人造船规模也不小，只是所造船只一般来说比较小，但这并不等于其不具备造大船的技术，只是需求不同，因而一般不必过大而已。如"大

① 《资治通鉴》卷一八〇"隋炀帝大业元年三月"，北京：中华书局，1956 年，第 5619 页。
② 《资治通鉴》卷一九八"贞观二十一年八月"，北京：中华书局，1956 年，第 6249 页。
③ 《资治通鉴》卷一九九"贞观二十二年八月"，北京：中华书局，1956 年，第 6261 页。
④ 《资治通鉴》卷二六四"唐昭宗天复三年四月"，北京：中华书局，1956 年，第 8607 页。

历、贞元间,有俞大娘航船最大,居者养生、送死、嫁娶,悉在其间,开巷为圃,操驾之工数百,南至江西,北至淮南,岁一往来,其利甚博"①。俞大娘这艘船操驾之工即达数百人之多,可见是一艘极大的船,这艘船当为民间所造。史书还记载说:"洪、鄂之水居颇多,与屋邑殆相半。凡大船必为富商所有,奏商声乐。"②引文中说今江西、湖北一带住在船上的人甚多,几乎相当于城市人口的一半,可以推知这一地区所拥有的船只数量一定很惊人。类似史料也不少,所谓"三江五湖,控引河洛,兼包淮海。弘舸巨舰,千轴万艘,交贸往还,昧旦永日"③,这是对唐代商船情况的描写。"天宝十载,广陵郡大风架海潮,沧江口大小船数千艘"④,这仅是沉没船只的数量,没有沉没的不在其内,可见扬州一带船只之多。"广德元年十二月辛卯夜,鄂州大风,火发江中,焚舟三千艘"⑤,说明鄂州江面上停泊的船只既多又密集。我国早在唐代以前就能造载重量超过万斛的大船,《颜氏家训》说:"昔在江南,不信有千人毡帐;及来河北,不信有二万斛船。皆实验也。"⑥至唐代时,类似记载就更多了,如杜甫诗云:"荡荡万斛船,影若扬白虹"⑦;"蜀麻吴盐自古通,万斛之舟行若风"⑧。王建诗曰:"逆风上水万斛重,前驿迢迢后淼淼。"⑨其描写的都是当时所拥有的载重量巨大的船只。这一切都是民间造船业发达的具体表现。

唐代的船只种类很多,有江船、河船、海船之别,即使江船也有较大的区别,如通过长江三峡的江船便有上江之船与下江之船的差别。唐人王周说:"峡山之船,与下之船,大抵观浮叶而为之,其状一也。执而为用者,或状殊而用一,或状同而名异,皆有谓也。下之船有檣、有五两、有帆、所以使风

---

① (唐) 李肇:《唐国史补》卷下,《文渊阁四库全书》,上海:上海古籍出版社,1987年,第1035册,第449页。

② (唐) 李肇:《唐国史补》卷下,《文渊阁四库全书》,上海:上海古籍出版社,1987年,第1035册,第449页。

③《旧唐书》卷九四《崔融传》,北京:中华书局,1975年,第2998页。

④《旧唐书》卷三七《五行志》,北京:中华书局,1975年,第1358页。

⑤《新唐书》卷三四《五行志一》,北京:中华书局,1975年,第886页。

⑥ (北齐) 颜之推:《颜氏家训》卷下《归心篇第十六》,《文渊阁四库全书》,上海:上海古籍出版社,1987年,第848册,第972页。

⑦《全唐诗》卷二二一杜甫《三韵三篇》,北京:中华书局,1999年,第2337页。

⑧《全唐诗》卷二二九杜甫《夔州歌十绝句》,北京:中华书局,1999年,第2507页。

⑨《全唐诗》卷二九八王建《水夫谣》,北京:中华书局,1999年,第3375页。

也。尾有柁，傍有棚。上者以其山曲水急，下有石，皆不可用也。状直如橹，前后各一者，谓之梢。船之斜正敧侧，为船之司命者。梢类柁，其状殊，而船之便于事者。……橹、桨、桡、棹、拔，使其进而无退，利涉川泽，为船之陈力者。"①之所以有这样的差别，目的就在于适应于不同的水况。引文中提到樯、帆、柁、棚、橹、石、梢、橹、桨、桡、棹、拔等各种船具，可见唐代的航船设施已经非常复杂了，唯其如此，才能保证行船的安全和快捷。

据《三国志·吕蒙传》记载，为了修理较大的船舰，吴国大将吕蒙在安徽巢河濡须口的水师基地修建了一个"形状如偃月"的船坞。这是迄今为止有史料记载的世界上最早的船坞，其原理与现代的船坞大体相同。在唐代凡建造大船多使用船坞，但建小船则不一定使用。这一技术仍然比西方早得多，直到1495年英王亨利十世时，才在朴茨茅斯建立起欧洲第一个船坞，比我国吕蒙建的船坞晚了1000多年。②

尤其值得注意的是，唐代已经出现了以轮驱动的航船。据载：唐德宗时的荆南节度使李皋，"常运心巧思为战舰，挟二轮蹈之，翔风鼓浪，疾若挂帆席，所造省易而久固"③。这是一种用足踏带动水轮，以驱动船舰前进的新式船只，不像通常的船只必须具备木浆和风帆，这实在是造船业进入机械推动的重要一步，意义十分重大。南宋初期，农民起义军杨么在洞庭湖也拥有一批"以轮激水，其行如飞"的船舰④，实际就是对李皋造船技术的沿袭。

中国古代的造船技术还有许多重大的发明，如舵（包括门舵、平衡舵、升降舵）、水密舱、龙骨设计、尖底结构、轮桨设置等，都领先于世界。唐代有的大海船载重数万石，舵长3至5丈。唐宋时期福建地区建造的船体两侧下削，由龙骨贯串首尾，船面和船底的比例约为10：1，船底呈V字形，也便于行驶，这就是所谓的尖底结构。1960年3月，在唐代扬州运河工地发掘出了沉没的木船，长24米，是我国发现的重要唐代木船，该船就已经使用密封舱技术⑤，从而证明了文献记载的可靠性。

① 《全唐诗》卷七六五王周《志峡船具诗并序》，北京：中华书局，1999年，第8770—8771页。
② 唐志拔：《中国舰船史》，北京：海军出版社，1989年，第65—66页。
③ 《旧唐书》卷一三一《李皋传》，北京：中华书局，1975年，第3640页。
④ 《宋史》卷三六五《岳飞传》，北京：中华书局，1977年，第11384页。
⑤ 江苏省文物工作队：《扬州施桥发现了古代木船》，《文物》1961年第6期，第52—54页。

唐代的帆篷也很有特色，属于硬帆系列，能利用多面风，与舵配合使用，使行船更加得心应手。而当时如欧洲乃至于阿拉伯人均采用软帆，只能利用顺风，船的动力主要靠桨，因此船上有许多桨。造船技术综合反映了一个时期科学技术发展的水平，体现了当时的中国人对流体力学、材料力学、阻力、杠杆原理、轮轴关系等许多方面的认知与应用。

除了以上技术外，中国很早就使用桐油来刷船体，以石灰桐油搅拌后涂船缝，可以起到防腐和加固密封的作用；铁钉的使用也是中国古代造船工艺先进的表现，使用它可以建造巨大而结实的船。唐朝舟船已采用了先进的钉接榫合的连接工艺，使船的强度大大提高，而且还根据船的不同部位采用不同的钉子，主要有铲钉、方钉、枣核钉、趴头钉、扁头钉、蘑菇钉等的区别。

关于这个问题考古发现也提供了充分的证明。1973 年 6 月，在扬州港东如皋发掘出了唐代木船，长 17.32 米，单桅九舱，各舱之间都安装有隔舱板，船底平，吃水浅，显然是用于内河航运的船只。这只船的船体就使用了铁钉和榫接的制造技术。[①]而西方直到西罗马帝国后期，仍只知用皮条固定船体，还不知使用铁钉。

10 世纪阿拉伯人引进了中国的舵，12 世纪末至 13 世纪初，中国舵经阿拉伯传入欧洲。而中国的密封舱技术传入欧洲则要更晚一些，在 18 世纪末，这一技术才开始引起西方各国的重视，美国与英国人相继采用了这种技术。此后，中国密封舱技术流遍欧美各国，乃至于全世界。李约瑟博士指出：船尾的方向舵西方落后于中国约 400 年，"造船和航运的许多原理"，落后时间多于 1000 年。[②]前者李约瑟估计的时间太少了，后者如指密封舱等则大体是符合实际情况的。

正因为唐代的造船技术高超，所造船只不仅载货量大，而且平稳安全，所以当时阿拉伯商人都愿意乘坐中国船，而不愿乘本国船，因为当时他们都是用椰索和糖泥来黏合船体，安全性比较差。有学者指出："七世纪以后，中国海舶更以体积大，载量多，结构坚固以及抵抗风浪的能力强而非大食海舶所能及。在九世纪中叶，苏曼曾谓唐代常有大商舶航行到魁郎，在约一百

---

① 南京博物院：《如皋发现的唐代木船》，《文物》1974 年第 5 期，第 84—90 页。

② 〔英〕李约瑟著，《中国科学技术史》翻译小组译：《中国科学技术史》第一卷第二分册，北京：科学出版社，1975 年，第 549 页。

年后的十世纪中叶，马斯欧迪进而谓当时到波斯湾的中国海舶可载四五百人。"[1]到了宋代，随着指南针广泛用于航海，以后又流传到各国，更是为世界航海技术的发展做出了伟大的贡献。因此美国科技史学者坦普尔评价道："如果没有从中国引进船尾舵、指南针、多重桅杆等改进航海和引导的技术，欧洲绝不会有导致地理大发现的航行，哥伦布也不可能远航到美洲。"[2]

七、纺织与冶金技术的交流

1. 纺织技术的交流

中国是丝织技术的发明国，至唐代时丝织技术已经相当成熟了，并通过丝绸之路和沿海港口对世界各国产生了巨大的影响，远销东亚、西亚和欧洲、非洲，极受西方国家的欢迎。古代罗马和埃及都把中国丝绸看作"光辉夺目、人巧几竭"的珍品，以能穿这种珍品为荣。随着大批精美的丝织品的输出，中国的丝织技术也随之外传，并使得许多周边国家的丝织品反而向中国回流。从唐代的情况看，凡是见于文献记载的多为外国的贡品，据不完全统计，主要有新罗、大食、康国、米国、石国、史国、波斯、罽宾、日本等国。这是由于凡是贡品中国典籍总是不厌其烦地详细记载，而对于商人的贸易活动则极少予以记载。其中有些国家向唐朝进贡的不一定都是本国生产的，如唐玄宗天宝四载（745 年）罽宾国进贡的波斯锦[3]，就非本国生产。但是绝大多数国家的贡品都应是本国生产的精品，这一点应该是没有疑问的。

在唐代向中国进贡丝织品最多的国家当属波斯和新罗两国，新罗所处的朝鲜半岛与中国山水相连，距离最近，故其接受中国丝织技术最为方便，因此新罗拥有比较发达的丝织业一点都不奇怪。通常认为公元前 1 世纪，中国的丝绸就已经输出到中亚、西亚和欧洲。在萨珊波斯时期，波斯人就已经掌握了丝绸技术，波斯锦早在南北朝时期就已向中国回流了，至唐代时遂越来越多。波斯人掌握丝织技术与其同罗马的丝绸贸易有关。最初波斯人从中国

① 张铁生：《中非交通史初探》，北京：生活·读书·新知三联书店，1973 年，第 95 页。

②〔美〕罗伯特·K. G. 坦布尔著，陈养正、陈小慧、李耕耕，等译：《中国：发明与发现的国度——中国的 100 个世界第一》，南昌：21 世纪出版社，1995 年，第 12 页。

③〔宋〕王钦若等编：《册府元龟》卷九七一《外臣部·朝贡第四》，北京：中华书局，1960 年影印本，第 11411 页。

获得丝绸后，转手贩运到罗马，获取了巨额的利润，这种贸易长期被控制在波斯人手中。为了获得更大的利润，波斯人遂向中国学习丝织技术，发展本国的丝织业，然后再与罗马人进行贸易。在唐代，波斯锦不仅流入罗马，罽宾、突厥乃至西域地区也都有流入。突厥人还把获得的波斯锦向唐朝进贡，如开元十五年（727 年）七月，"突厥骨吐禄遣使献马及波斯锦"[①]，便是一例。在吐鲁番阿斯塔那 170 号墓出土的 6 世纪"随葬衣物疏"中，就有"波斯锦十张"的记录。[②]

尽管波斯人在丝织技术方面取得了很大的进步，在当时的西方世界中地位非常突出，但仍不能与中国相提并论，还非常需要中国的技术，所以其常常利用中国的工匠帮助织造。据唐代旅行家杜环的《经行记》说，他在天宝十载（751 年）到过大食，写道"绫绢机杼……织络者，河东人乐瓌、吕礼"[③]，也就是杜环亲眼看到中国的河东人乐某、吕礼在当地织络，络就是绸。

中亚的粟特人建立的国家，这时也掌握了丝织技术，康国、米国、石国、史国等国多次向唐朝进贡丝织品的记载就是明证。此外，从考古出土文物中也发现了一些中亚、西亚纹饰风格的丝织品。如在吐鲁番阿斯塔那 325 号墓和 332 号墓中出土了猪头纹锦和颈绕绶带的立鸟纹锦，夏鼐先生研究后指出："这些织锦的花纹图案自成一组，不仅与汉锦不同，便和隋唐时一般中国织锦也大不相同，但是和中亚和西亚的图案花纹几乎完全相同。"他认为猪头纹锦图案，阿富汗巴米扬壁画中便有；另在乌兹别克斯坦的巴拉雷克·节彼遗址的壁画中，也有穿着布满猪头纹织锦外衣的人物；在我国新疆拜城克孜尔石窟的壁画和波斯萨珊时期的银器刻纹上，均有立鸟纹。[④]显然在吐鲁番发现的这些古代丝织品不同于中国织造的。

最值得注意的是，在阿斯塔那 6 世纪末至 7 世纪的墓葬中，还发现了不

---

①（宋）王钦若等编：《册府元龟》卷九七一《外臣部·朝贡第四》，北京：中华书局，1960 年影印本，第 11408 页。

②《高昌章和十三年孝姿随葬衣物疏》，唐长孺主编，中国文物研究所、新疆维吾尔自治区博物馆、武汉大学历史系编：《吐鲁番出土文书》，北京：文物出版社，1994 年，第 2 册，第 60 页。

③（唐）杜佑：《通典》卷一九三《边防典九·大食》引杜环《经行记》，北京：中华书局，1984 年，第 1044 页。

④夏鼐：《新疆新发现的古代丝织品——绮、锦和刺绣》，《考古学报》1963 年第 1 期，第 45—76 页。

少中国仿制的具有中亚、西亚织锦特征的实物，有以中国织法而用萨珊式花纹的产品，也有采用萨珊织法和萨珊花纹的中国织锦产品。[①]这一切都是中外丝织技术交流的最好证据。

　　除了陆路之外，海上的丝织技术交流与外传也很频繁。早在秦汉时期，中国丝绸就已经通过海路向外输出了，至唐代贸易规模进一步扩大。如曾流落广州的高僧鉴真就见到过："（珠）江中有婆罗门、波斯、昆仑等舶，不知其数。"[②]到过印度半岛的新罗僧人慧超则说，波斯商人"常于西海泛舶入南海……直至广州，取绫绢丝绵之类"[③]。除了通过外国商人大量输出丝织品外，中国商人或使者也通过海路大批地向外贩运丝绸。大约在唐朝中期，陆、海交通在中西往来中的地位发生了根本变化，陆路盛极而衰，海路地位则超越陆路，成为中西往来的主要渠道。至五代十国时期这种趋势进一步加快，沿海各国开辟了更多的对外贸易港口，从而使丝绸的输出更加便利。仍以广州为例，在其与印度半岛之间，航海路线已有多条，或从广州起航，穿越南海到苏门答腊岛上的室利佛逝国，再经马六甲海峡、孟加拉湾到印度半岛；或从广州到交趾，过南海到加里曼丹岛西部的社婆国，再西行经马六甲海峡和孟加拉湾到印度半岛；也可以从乌雷（今广西钦州）出发，沿中南半岛海岸南行，经扶南、郎迦等国，再到狮子国。另一个比较明显的发展是，随着中国造船和航海技术的巨大进步（如船体比以前加大，结构更加坚固，指南针、牵星术、航海图以及季风助航普遍应用等），唐朝人也热衷于海上贸易，从而使丝绸的输出量远远超过了陆路的水平。这种变化很值得关注，因为以前的丝绸输出以外国人来华贸易为主，至此中国人也开始主动出击，使丝绸由外藩来求变为主动外销。唐朝政府在广州设立市舶司机构，就是为了满足对外贸易管理以及征税的需要。

　　中国丝织技术对日本的输出，据日本学者研究，大约在秦和西汉时期，中国的缫丝织绢和织罗技术就相继传入日本，日本传说中的兄媛、弟媛、吴服、穴织四个人物，就是在这种情况下产生的。这样的结论是相当正确的。这在中国的史籍里也有所反映。《三国志·倭人传》载三国时期日本有"蚕

①　李斌城主编：《唐代文化史》，北京：中国社会科学出版社，2002年，下册，第1909页。
②　〔日〕真人元开著，汪向荣校注：《唐大和上东征传》，北京：中华书局，2000年，第74页。
③　（唐）慧超：《往五天竺国传》，北京：中华书局，2000年，第101页。

桑""缣绵"，无疑就是在这以前传去丝织技术的结果。在南北朝时期，日本也专门派人到中国今浙江沿海地区招募丝织技工去日本传授技术。另外还有一部分中国北方人东渡定居，专门从事纺织，成为那时日本纺织业的骨干。在唐代，中日两国来往更加频繁，唐朝大批精美的丝织品源源不断地输出到日本，日本正仓院和其他博物馆就收藏有唐朝的丝织品，这些都是很重要的实物证据。随着大批丝织品的输出，中国的新技术也随之到了日本，日本古代丝织物中著名的博多织，就是在这一时期学习了中国技术之后出现的。

欧洲人传统的纤维原料主要是亚麻和羊毛，因此生产出的织物都比较厚重。东罗马人看到中国丝绸非常细薄，于是便把中国丝绸拆开取其纤维，再杂加亚麻、羊毛重新织造，以便获得比较轻薄的产品。《三国志》卷三〇《魏书·乌丸鲜卑东夷传》裴松之注引《魏略》载，大秦国"常利得中国丝，解以为胡绫"，说的就是这种情况，至于"胡绫"自然是中国史书对这种织物的一种称呼。但是由此却带来了一个问题，即这时欧洲的织机都是竖机，和中国不同，竖机不能使用较多的综片，也不能利用脚踏控制经线的提升或间丝，织不出结构比较复杂的织物。由于追求中国丝绸的效果，所以欧洲也只好废弃竖机不用，而改用中国式的水平织机。因此，在6世纪以前西方还不会织大花纹的丝织物，在六七世纪才辗转得到了中国织机的构造方法，开始织出比较复杂的提花织物。需要指出的是，波斯人率先获得了这项技术，然后再经过很长时间传到欧洲。

关于唐代纺织技术对世界的影响，赵承泽主编的《中国科学技术史——纺织卷》[①]第三章"高度发达的纺织技术对世界的影响"中有较详细的论述，此不赘述，这里只就唐代所使用的束综提花机的情况略作论述。这种织机经两晋南北朝至隋、唐、宋等朝的改进提高，已逐渐完整和定型。具体样子见宋人楼璹所绘的《耕织图》，上面绘有一部大型提花机，有双经轴和十片综，上有挽花工，下有织花工，她们相互呼应，正在织造结构复杂的花纹。这也许是世界上最早的提花机，在当时堪称世界第一。这种提花机一直沿用下来，虽然偶尔有些变化，但是始终没有脱离原有的窠臼。直到1801年，法国人贾卡（Jacquard）在中国束综提花机的基础上发明了新一代提花机，用穿孔纹

① 赵承泽主编：《中国科学技术史——纺织卷》，北京：科学出版社，2003年。

版代替花版，从而使丝织提花技术进入了一个新时代。但是贾卡发明的这种织机却和中国的束综提花机有极密切的关系，它们的基本构造仍然相同，虽然把花版改成纹版，但是原理依然未变，只不过形式稍有不同罢了。

　　2. 冶金技术的交流与外传

　　我国古代的冶炼技术居于世界各国前列。燃料在冶金生产中占有特殊的地位。人类最早使用的冶金燃料是木炭。木炭的优点是：第一，容易获得；第二，气孔度比较大，使料柱具有良好的透气性，在鼓风能力不强、风压不高的条件下，这一点具有尤其重要的意义；第三，所含硫、磷等有害杂质比较低。一直到现在，木炭还是冶炼高级生铁的理想燃料。木炭的最大缺点是资源有限，所以人们一直在努力寻找新的燃料，首先找到的是煤。

　　我国冶炼生铁用煤的起始年代可以上推到西汉。关于这个问题考古新成果提供了证据，在今河南巩义市嵩山脚下的铁生沟，发现了西汉各式冶炼炉16座，同时还发现煤和煤饼，证明西汉时已经用煤来进行冶炼了。魏晋南北朝时期继续了用煤冶铁的做法，如《西域记》曰："屈茨北二百里有山，夜则火光，昼日但烟，人取此山石炭，冶此山铁。"[1]在隋唐时期也出现不少使用煤的记载，如《隋书》卷六九《王劭传》记载："今温酒及炙肉，用石炭、柴火、竹火、草火、麻荄火，气味各不同。"文中所说的"石炭"就是煤。唐代诗歌中也有不少关于煤的记载，所谓"炼蜜敲石炭，洗澡乘瀑泉"[2]，"铁盂汤雪早，石炭煮茶迟"[3]，说明这一历史时期在生活中已经使用煤了。安徽省萧县东窑废墟中发现了堆积很厚的煤炭渣，时间在唐宋之际[4]，表明晚唐至宋已开始用煤烧制瓷器了。这是将煤用于生产的例子。在唐代用煤炼铁的例子也是有的，张泽咸根据《入唐求法巡礼行记》卷三、《新唐书·地理志》、《杜鹏举神道碑》等文献的记载，认为今山西南部早在唐玄宗开元初，就已经使用当地所产的优质煤炼铁了。[5]到了宋代以后，冶炼用煤又有了进一步的发展。但是用煤冶炼也有缺点：一是所含硫、磷等有害杂质成分

　　① （北魏）郦道元：《水经注》卷二，《文渊阁四库全书》，上海：上海古籍出版社，1987年，第573册，第31页。

　　② 《全唐诗》卷三一〇于鹄《过凌霄洞天谒张先生祠》，北京：中华书局，1999年，第3507页。

　　③ 《全唐诗》卷八三一贯休《寄怀楚和尚二首》，北京：中华书局，1999年，第9457页。

　　④ 胡悦谦：《安徽萧县白土窑》，《考古》1963年第12期，第662—667页。

　　⑤ 张泽咸：《唐代工商业》，北京：中国社会科学出版社，1995年，第25页。

比较高，它们在冶炼过程中会渗入生铁而引起金属加工过程中的热脆和冷脆问题；二是所含其他杂质也比较多，因此炼渣多，炉子容易发生故障；三是煤的气孔度小，热稳定性能比较差，容易爆裂，影响料柱透气性。于是人们又进行新的探索，终于找到了另一种冶金燃料，这就是焦炭。焦炭是由煤干馏得到的，它保留了煤的长处，避免了煤的缺点。直到现在仍旧是冶金生产的主要燃料。我国冶炼用焦炭的记载最早见于明末清初方以智的《物理小识》卷七。欧洲人到 18 世纪初才使用焦炭，解决了冶炼燃料的问题。在生铁冶炼用煤和冶金用焦炭上，我国都比欧洲早得多。

在冶金技术方面，众所周知，中国发明了胆铜法，就是胆水浸铜法。所谓胆铜法，就是把铁放在胆矾（硫酸铜）溶液里，人们把这种溶液称为胆水，以胆矾中的铜离子被金属铁所置换而成为单质铜沉积下来的一种产铜方法。通常认为这种技术发明于宋代，然而根据一些迹象分析，可能在晚唐五代时期人们就已经掌握了这一技术。据乐史《太平寰宇记》卷一〇七《江南西道五·信州》载：信州铅山县，"贞元元年，置永平监。其山又出铅及青碌，又有宝山连桂阳山，出铜"。又载："跳珠泉在县西一里许，泉涌如珠，亦名小石井，又有胆泉，出观音石，可浸铁为铜。"张泽咸先生据此认为晚唐五代已有胆铜炼铜法了[①]，宋代只是把此种技术发展成为比较完善的工艺罢了。胆铜法有很多优点，它可以就地取材，在胆水多的地方设置铜场，设备比较简单，成本低，操作容易，只要把铁薄片和碎块放入胆水槽中，浸渍几天，就能得到金属铜的粉末。与传统的火法炼铜相比，它可以在常温下提取铜，既节省大量燃料，又不必使用鼓风、熔炼等设备。还有一个优点，那就是贫矿和富矿都能应用。在欧洲，胆水法炼铜出现得比较晚，17 世纪后期，西班牙的里奥廷托铜矿最早采用胆水法取铜，并于 1752 年创造了与淋铜法相似的堆积收铜法。

从世界范围看，青铜器和铁器在中国的出现都不算最早，但冶炼和铸造技术发展却很快。青铜器产生于夏朝，到商周时代达到极盛；到春秋战国时期，中国社会从铜器时代进入了铁器时代；秦汉时期，设置了专门的机构管理全国铁业，炼铁的手段和技术不断发展；南北朝时期发明了用生铁和熟铁

---

① 张泽咸：《唐代工商业》，北京：中国社会科学出版社，1995 年，第 19 页。

合炼成钢的"灌钢法",还普遍推广使用了水力鼓风技术;隋唐时期,炼炉和鼓风技术都有进步,灌钢法得到了普及,大型铸件铸造技术也有突出的发展;唐代的金银器饰加工精美,不仅表明当时冶炼技术的进步,还表明当时切削、抛光、焊接、铆、镀、刻、凿等工艺技术也已达到较高的水平。所有这些技术都领先于当时的世界各国,著名学者李约瑟认为西方的铸铁技术比中国落后 11 个世纪[①],大约在 15 世纪才有了铸铁技术。

日本的金属采矿业,在大化革新后开始发展。这时从中国移植过来的采矿冶金术正在各地普及起来,中央政府派遣专门的技术工人在政府的典铸司、锻冶司、造兵司等部门从事金属的铸造、锻造、镀金、雕刻等工作,这些技术人员经常被选拔出来到唐朝学习先进技术。在采矿、冶金业迅速发展的情况下,国家为了修建宫殿、衙署,造兵器、农具等,对金属的需求迅速扩大。另外,大量的需求也刺激了矿业的快速发展,各地纷纷给朝廷进献铜、金、水银、铁矿砂等金属,政府也非常重视矿业发展,《杂令》中就有关于开采铜、铁的规定;各地撰写进献的《风土记》里也有寻找矿产品的报告;向各地征收的调物也从过去的丝绸改为矿产品。

当时采矿技术的实际情况,史料记载中没有保存多少,只有平安时期左右大江维时著的《对马贡银记》留存下来,其中记载了对马银矿的开采情况:对马的银矿是进行坑道采掘的,从矿口到底部深达二三里,矿工三人一组,一人持烛,一人握铁锤开采,一人将矿石运到外面。特别是排水操作艰难,要投入大量的劳力。该书还就炼银方面记载道:"其后,量以斗斛,将其置于高山四面受风处。以松树枝烧数十日,以水洗之,以斛别定其率法,以其灰为铅锡,得银满一千二百两则以为年输。"这种炼银法被解释为酸化精炼法,即利用银难以酸化的性质,长时间烧矿石,将所含的铅和硫黄等酸化尽了,最后让银留下。[②]

日本的金属文明时代始于奈良时代,但其金工技术的具体情况,因史料不足,无法具体了解,这里试通过象征着日本当时金属文明最高水平的东大寺卢舍那佛的铸造窥探当时的金属发展水平。据《大佛殿碑文》记载,铸造

①〔英〕李约瑟著,《中国科学技术史》翻译小组译:《中国科学技术史》第一卷第二分册,北京:科学出版社,1975 年,第 548 页。

②〔日〕杉木勋编,郑彭年译:《日本科学史》,北京:商务印书馆,1999 年,第 46 页。

大佛曾使用铜 739 560 斤（约 490 吨）、白合金 12 618 斤（约 7.5 吨），还用了黄金 10 446 两（约 450 千克）和水银 58 620 两施以镀金，前后共花费 15 年时间才完成。关于大佛的铸造法，据碑文记载，是分为八次铸造而成的。每次先在台上建造作为内铸模的塑像，然后涂以泥土，做成母模。待泥土干燥后，再移去泥土做的母模，将内铸模刮去约 5 厘米铸件的厚度，再盖上母模，将金属熔液注入两铸模的间隙。这样反复操作八次，才逐步完成整体。天平胜宝四年（752 年）大佛开眼供养大会举行以后，再用汞剂法进行镀金，至此，整个佛像全部完工。

关于天平时代大佛殿的铜钟等打击乐器的合金，有《正仓院文书》中保留着的《东大寺铸镜所需费用》和《造佛所农作物帐》等记录。根据这些记录，可知天平时代的工匠对合金的比率已有明确的认识，开始按器物的不同用途进行定量铸造，对于各种装饰品和器具的制造，特别是玻璃制品的材料定量都有详细记载，并能够严格执行。使用这种技法以后才能制造出像铸金、染织、玻璃等种类繁多的高级工艺品，而事实上这些技法大部分已在中国与伊朗、阿拉伯等国家和地区付诸实践了。

朝鲜半岛与中国山水相连，早在殷商时期就已接受了中国文化的影响，汉代时已掌握了铸铁技术，其出土的铁制利器、农具、工具等，都是采取铁范铸造的。这一时期朝鲜半岛出土的铁制器物，实际上是内地铸铁技术传入的结果。高句丽、百济、新罗时代继续保持着与中国的密切联系，无论是高句丽还是新罗，出土的金属器物都保留有不少的中国风格。比如，出土的刀、剑、枪、斧等，其刀柄和剑柄都有环头，环内刻有镂空的三叶饰龙凤，考古学家都归之于中国的影响。[①]

越南为中国郡县的时间要比朝鲜半岛更久，早在公元前 214 年秦始皇平百越，设置了三个郡，其中象郡就在越南境内。此后历汉、晋、南北朝、隋唐，中国一直都在越南设置了郡县机构，因此越南的文化与中国密不可分，包括冶金技术方面亦是如此。从早期的青铜器物到后来的金、银、铁器，都是在中国内地先进技术的直接影响下生产的。从越南发掘出土的铜镜、铁制兵器，无论形制还是制造工艺，都与唐代的风格完全一致，甚至有不少中国

---

① 朱云影：《中国文化对日韩越的影响》，桂林：广西师范大学出版社，2007 年，第 340 页。

的工匠就在越南从事各种行业的生产。越南独立后，其对中国技术的依赖性仍然如故，内地的许多生产技术只要传到南方，不久就会流传入越南。

在中国冶金技术对外输出的同时，唐朝还引进了一些外来的冶金技术和优质金属器物。比如，从西域引进的一些波斯风格的银壶和体现了金属制作工匠高超技艺的精美实物，如杯、瓶、碟、盒等。这些具有异族风格的器物深受唐人的喜爱，于是在唐朝便出现了仿制这些外来器物的制品，在中国国内出土的不少异国风格和装饰图案的金属器物，就是很有力的证据。

用金属片制成的盔甲也有引进外国的，如明光甲就来自朝鲜半岛，这种甲因为甲片磨得具有耀眼的光泽而得名。唐朝获得这种甲大体有两种途径，一种是进贡，如百济就向唐朝进贡过雕斧和明光甲；另一种则是战争缴获，唐太宗在与高丽的战争中，曾经缴获过明光甲 5000 领。[1]后来这种甲便逐渐发展成为唐朝军队中常见的装备之一。锁子甲也是一种外来的装备，在唐玄宗统治时期，康国就曾向唐朝进贡过这种铁制的锁子甲[2]，但是这种甲却起源于伊朗[3]。此外，还有一些优质钢材也输入到中国，如大马士革钢便是其中的一种，根据 6 世纪的记载，这种钢产于波斯，但 7 世纪的记载却说其产于罽宾。中世纪时印度出产一种高碳的印度钢，与大马士革钢一样具有波形的条纹。唐代文献将其称为"镔铁"，美国学者谢弗认为"镔"字可能来自印度帕拉克里语中的类似于 Pina 的伊朗方言，并认为唐朝获得这些金属很可能是以印度或者印度化的民族为中介的。[4]这些钢铁都是用来制造兵器，由于稀少还不能用来制造生产工具。所有这些外来的金属和器物，不仅丰富了唐朝的社会生活和军事需要，而且也有利于吸收外来的冶金技术，不断提高中国在这方面的技术水平。

---

① 《旧唐书》卷一九九上《高丽传》，北京：中华书局，1975 年，第 5325 页。
② 〔宋〕王溥：《唐会要》卷九九《康国》，北京：中华书局，1955 年，第 1775 页。
③ 〔美〕谢弗著，吴玉贵译：《唐代的外来文明》，北京：中国社会科学出版社，1995 年，第 572 页。
④ 〔美〕谢弗著，吴玉贵译：《唐代的外来文明》，北京：中国社会科学出版社，1995 年，第 574 页。

第五章　科技教育的地位与特点

中国的科学技术在历史上曾经有过一段辉煌的历程。当欧洲还处于中世纪黑夜时，我国的科学技术却轰轰烈烈地发展了起来，无论是火药、指南针、造纸术、印刷术、天文历法，还是数学、医学，我国均走在世界前列。本书主要从科技教育的角度，探讨唐代的科技教育在当时世界上所处的地位，以及对东亚各国科技教育的影响，以期对唐代的科技教育有一个客观的评估，以显现当时中国科技水平处在世界前列的原因。

一、教育体系的完整性

唐代的科技教育体系由三大板块构成，即医学教育、数学教育和天文历法教育，每个板块既相互联系，又各自具有独立完整的体制。具体而言，唐代的医疗机构分为中央与地方两个部分，中央机构又分为太常寺下辖的太医署、殿中省下辖的尚药局及太子东宫下辖的药藏局，此外，后宫的尚食局以及翰林院也有医术人员。唐代中央的医学教育主要由太医署承担。太医署本来是国家的医疗机构，但自晋代以来，开始兼具医学教育功能，成为官办的主要医学教育机构，唐朝延续了这一医学教育体制。太医署的教官主要有：医博士1人，正八品上，助教1人，从九品上，掌教授医生；针博士1人，从八品上，助教1人，针师10人，并从九品下，掌教授针生；按摩博士1人，按摩师4人，并从九品下，掌教授按摩生；咒禁博士1人，从九品下，掌教授咒禁生。此外，唐朝还置有药园师2人，掌教授药园生，以识别药物，并教授药材的种植、收采、贮存、焙制等技术。①

在地方上几乎每个州（府）都设有医学，置医学博士1人，以教授学生。开元以后，三都、都督府及中州以上各设医学助教1人。学生的员额，则根据州（府）等级的不同而不同，据《旧唐书》卷四四《职官志三》载：京兆、

①《新唐书》卷四八《百官志三》，北京：中华书局，1975年，第1245页。

河南、太原等府，有学生 20 人，大都督府 15 人，中都督府 15 人，下都督府 12 人，上州 15 人，中州 12 人，下州 10 人。地方的医学博士、助教和学生，除了医学知识的授受，也兼负治疗疾病之责。此外，唐朝还规定："凡课药之州，置采药师一人。"[①]地方采药师是否也负有教授学生之责，史书中没有明确的记载。我国传统医学所用之药均为植物、动物或矿物，医师在诊疗疾病之时，必须掌握药物的识别、焙制等技能，甚至要亲自外出采集药物，因此掌握药物学的知识非常重要。在中央的太医署中有药园师教授学生，那么在地方上的采药师很可能也负有这方面的职责。

为了适应畜牧业的发展，唐朝还在太仆寺设置了兽医学，置"兽医六百人，兽医博士四人，学生一百人"[②]。兽医生以庶民子弟为之，通过考试录取，学成之后，补为兽医，如技艺优长，则进为博士。

我国古代数学有着悠久的历史，早在西周时期就开始对儿童进行数学启蒙教育，《礼记·内则》曰："六年教之数与方名，……九年教之数日；十年出就外傅，居宿于外，学书计。"但在魏晋以前，数学教育多由史官负责，不列于国学，隋唐时期始在国子监中专门设立了算学，开始了数学专业化教育。据《旧唐书》卷四四《职官志三》载："算学博士二人（从九品下），学生三十人。博士掌教文武八品已下及庶人子为生者。"

我国古代天文历法科学发展很早，早在黄帝时已有专掌天文、历法之事的官吏[③]，历经夏商周秦，天文历法日益精进，至隋唐达到空前繁荣程度。唐代天文历法的教学机构主要是太史局，其教官有历博士（保章正）1 人，从八品上，掌教历生；天文博士（灵台郎）2 人，正八品下，掌教天文生；漏刻博士 6 人，掌教漏刻生。

综上所述，唐代的科技教育体系是非常完整的，设官分职，详尽明确，以培养国家和社会所需的各种人才。在同一历史时期中，世界上其他各国科技教育情况又如何呢，首先谈谈东亚各国的情况，然后再论述欧洲的科技教育情况。

在隋唐时期，朝鲜半岛上共有三个国家并立，这就是高句丽、百济、新

①《新唐书》卷四八《百官志三》，北京：中华书局，1975 年，第 1245 页。
②《旧唐书》卷四四《职官志三》，北京：中华书局，1975 年，第 1881 页。
③《史记》卷二六《历书》索隐，北京：中华书局，1959 年，第 1255—1256 页。

罗三国，三国均与中国有着密切的往来。新罗统一朝鲜半岛后，仿照唐朝的官学教育制度，"立国学，置卿一人"①，当时新罗的国学领导管理体制、学科设置、培养目标、教育内容，均仿照唐朝的中央官学。国学的专业设置中有儒学、算学和医学三科，其中儒学居于主导地位，这一点与唐朝并无不同。717年，"置医博士、算博士各一员"②，最初新罗并无天文历法方面的教育，直到749年，才设立了天文博士、漏刻博士等职。与唐朝不同的是，其医学设在国学之中，并未像唐朝那样设在太医署中，这样的体制虽然有利于国家对教育的统一管理，然对医学这种临床性很强的学科来说，则不如设医疗机构中更有利于学生的培养，这是新罗在科技教育方面的一个欠缺之处。

日本自古以来与中国和朝鲜往来频繁，在政治经济和文化教育方面，深受中国影响。日本虽然接受中国文化较早，但其教育体制的真正建立，却是在学习隋唐制度后。7世纪中期，日本皇室和新兴贵族在参照中国制度改革自己的政治经济制度的同时，仿照唐朝的教育制度建立自己的贵族教育制度。据《日本数学史》载，在推古朝时（602年），中国的数学传入日本，他们开始设置了算学博士、天文博士和历博士，招收算生、天文生和历生，以培养高等科技人才。在天智天皇时，始设大学寮，到大学寮学习的人被称为博士学生。③701年，日本制定了《大宝律令》中的"学令"。按照大宝令的规定，日本在京都设立大学寮、典药寮、阴阳寮、雅乐寮；在地方上设立国学。除"学令"外，"职员令""选举令""考课令""医疾令"中也涉及了教育问题，对与教育有关的各种事项做了规定。大学寮归式部省掌管，共设教官9人，即博士1人，助教2人，音博士2人，书博士2人，算博士2人。日本的典药寮归宫内省管辖，实为医学教学机构，教授医学的教官称为博士、医师。设在地方的国学也有医学、药学，以医师为教师，以教授学生。

由于东亚诸国的科技教育体制均效仿中国的体制，而在完整性和系统性方面又有所欠缺，因此，唐朝的科技教育体系在东亚地区无疑是最先进、最系统的，具有无可争议的重要地位。那么，与当时的西方科技教育体系相比较，中国又处于什么地位呢？

① 〔高丽〕金富轼原著，孙文范等校勘：《三国史记》卷八《新罗本纪》，长春：吉林文史出版社，2003年。
② 〔高丽〕金富轼原著，孙文范等校勘：《三国史记》卷八《新罗本纪》，长春：吉林文史出版社，2003年。
③ 曹孚、滕大春、吴式颖，等编：《外国古代教育史》，北京：人民教育出版社，1981年，第145页。

　　欧洲的科技教育体系建立得较晚，最早的大学建立于 12 世纪的意大利、法国和英国。在这之前教育机构多为教会学校或修道院，除了神学外，最重要教学课目便是所谓"七艺"。所谓"七艺"，指文法、修辞法、辩证法、算术、几何、天文、音乐等，其中与科技有关的是算术、几何、天文三科。西方教育史告诉我们，当时在欧洲占据支配地位的基督教会只主张教授神学，在相当长的时期（约 5～10 世纪）内对来自古希腊、古罗马的传统世俗文化——"七艺"，采取了完全排斥的态度。直到中世纪后期，由于社会的发展和学术研究的进步，世俗文化不断壮大，教会对世俗文化的禁锢开始松弛，"七艺"才得到了一定的发展。[①]这就说明，在相当于隋唐时期的欧洲尚不存在真正意义的科技教育体制，那时的科学研究仅仅是少数科学家的个人行为。

　　自从 12 世纪欧洲建立大学以来，科技教育才有了一定发展。然这一时期的大学实际上仅为专科学校，以最具有代表性且影响较大的意大利波隆那大学和萨莱诺大学、法国巴黎大学为例，前者以教授法学为主，13 世纪时增加了医学和神学内容；萨莱诺大学最初是一所医科学校，而巴黎大学则以研究神学著称。这种现象倒与唐朝科技教育体制有些相似，对学生均进行单科教育。需要指出的是，唐代的国子监下辖有六种学校，每种学校相当于今天大学中的学院，因此也可以说是世界上最早的综合性大学。至于在太医署和太史局中设立的学校，相当于在研究和工作机构中办学，有利于将学习与实践紧密地结合在一起，对于培养学生的实际能力有很大的好处。在欧洲，具有综合性质的大学则是在文艺复兴之后才出现的。

　　阿拉伯人比较重视科技教育，9 世纪在巴格达创建了赫克迈大学，这是阿拉伯的第一所大学。10 世纪，阿拉伯人在科尔瓦多建立了一所大学。11 世纪初，又在开罗建立了一所科学会堂。这些大学在科技教育和传播希腊的科学和文化方面贡献很大，虽然比唐朝的科技教育晚了许多年，但是却比欧洲早数百年，并且对欧洲科技教育的发展具有一定的促进意义。

　　与中国一样具有古老文明的印度，虽然与唐朝有着频繁的文化交流，并

---

　　① 孙培青、任钟印主编：《中外教育比较史纲（古代卷）》，济南：山东教育出版社，1997 年，第 290—291 页。

且在科学方面也取得了不少成就，但在科技教育方面，则仍然非常落后。其在天文、数学、物理、医学、农学等方面，都有不俗的成就，但是由于印度人始终将科学与宗教纠缠在一起，且没有建立起独立于宗教之外的科技教育体制，其科学家往往也是宗教家，遂使其古典文明与中国相比，存在着明显的不足与缺陷。印度贵族对知识的获取以家庭教育为主，后来虽然出现了婆罗门学校教育，但其学习的内容是"六科"，即语音学、韵律学、语法学、字源学、天文学和祭祀，其中属于科技的仅天文学一门。在 5 世纪末的笈多王朝时期才出现了比较高级的学校，即巴瑞萨（Parisad）和隐士林（Hermitage）。它们都是婆罗门学者创办的私人学校，教授的课程属于科技方面的仍仅有天文学一门，而且没有教材，由教师口授，学生笔录。直到阿育王时期的塔克撒西拉大学，教授的科目才多了起来，属于科学方面的有天文、数学和医学。除了婆罗门之外，佛教寺院也开展教育工作，除了教授佛学外，还包括数学、天文、医学等方面的内容，但是却没有制定严格的学制和编定系统的教材，随意性较大。此外，在印度更多的医生却是通过私人带徒弟的方式培养的，虽然培养了不少名医，但却算不上严格的学校教育。[①]正因为古印度在科技教育方面存在这些不足，所以也就不可能出现如中国那样造福于整个人类的四大发明。

二、教育内容的先进性

我国古代的科技教育内容经过长期的发展，至唐代时已经比较完善了，各学科的内容非常完整系统。以医学为例，由医博士、助教等教官教授医生，太医署有医生 40 名，除了博士、助教等教官外，由于医学的特殊性，"又置医师、医工佐之，掌教医生"[②]，其中医师定额为 20 人，医工 100 人。唐代的医学下又分了 5 个二级学科，即体疗（内科）、疮肿（外科）、少小（儿科）、耳目口齿（五官科）、角法（拔火罐）。可见其专业的设置十分齐全。这种分科教育的体制影响了后代的医学体系，宋元明清在此基础上分科进一步细化，从而更有利于医学知识的传播和掌握。唐代医学的基本教材是《本

① 藤大春：《外国教育史和外国教育》，保定：河北大学出版社，1998 年，第 50—65 页。
②（唐）李林甫等撰，陈仲夫点校：《唐六典》卷一四《太医署》，北京：中华书局，1992 年，第 410 页。

草》《甲乙经》《脉经》《素问》《伤寒论》等典籍。

太医署置针博士、助教各 1 人，针师 10 人，此外还有针工 20 人、针生 20 人，针师、针工辅佐博士、助教教授针生。所谓"针博士掌教针生以经脉孔穴，使识浮沉涩滑之候，又以九针为补泻之法"[①]。这 9 种针分别是："一曰镵针，取法于巾针，长一寸六分，大其头，锐其末，令不得深入，主热在皮肤者。二曰员针，取法于絮针，长一寸六分，主疗分间气。三曰鍉针，取法于黍粟之锐，长二寸半，主邪气出入。四曰锋针，取法于絮针，长一寸六分，刃三隅，主决痈出血。五曰铍针，取法于剑，令其末如剑锋，广二分半，长四寸，主决大痈肿。六曰员利针，取法于牦，直员锐，长一寸六分，主取四支痈、暴痹。七曰毫针，取法于毫毛，长一寸六分，主寒热痹在络者。八曰长针，取法于綦针，长七寸，主取深邪远痹。九曰大针，取法于锋针，长四寸，主取大气不出关节。"[②]针生的基本教材是《素问》《黄帝针经》《明堂》《脉诀》等，并兼习《流注》《偃侧》《赤乌神针》等。

按摩博士与按摩师、按摩工，负责教授按摩生。按摩师定额 4 人、按摩工 16 人、按摩生 15 人。"按摩博士掌教按摩生以消息导引之法，以除人八疾：一曰风，二曰寒，三曰暑，四曰湿，五曰饥，六曰饱，七曰劳，八曰逸。凡人支、节、府、藏积而疾生，导而宣之，使内疾不留，外邪不入。若损伤折跌者，以法正之。"[③]

此外，唐朝还置有咒禁博士 1 人，在其下有咒禁师 2 人、咒禁工 8 人、咒禁生 10 人。咒禁师与咒禁工辅佐博士以教授咒禁生，教授内容是："以咒禁被除邪魅之为厉者。"之所以在太医署开设咒禁方面的课程，与当时人们对疾病成因的认知以及科学发展水平的局限性有直接关系，世界上许多民族都走过这一段路程，并非中国如此。但中国能将其列入学校教育之中，却是他国所没有的。其内容分为道禁与禁呪两类，前者与道教方术有关，后者则

---

① 《旧唐书》卷四四《职官志三》，北京：中华书局，1975 年，第 1876 页。

② （唐）李林甫等撰，陈仲夫点校：《唐六典》卷一四《太医署》，北京：中华书局，1992 年，第 410 页。

③ （唐）李林甫等撰，陈仲夫点校：《唐六典》卷一四《太医署》，北京：中华书局，1992 年，第 411 页。又，《新唐书》卷四八《百官志三》载，按摩工 56 人，与《唐六典》所载不同。《旧唐书》卷四四《职官志三》亦记载为 16 人，故不取《新唐书》之说。

与佛教有关，"皆先禁食荤血，斋戒于坛场以受焉"①。

药园生在药园师的指导下，学习各种药物知识，其学习的教材有《神农本经》《医别录》《新修本草》等，其中后一书为唐朝新修的药物学著作。唐朝在长安选良田300亩作为药园，由药园师与药园生按时种植，收采诸药，同时还要对诸州进贡之药材进行鉴别分等。

以上四科共有博士4人、助教2人、师36人、工144人、生85人。其中负责教学和辅助教学的共有186人，学生85人，师、生的比例超过了2∶1，教学资源非常充足，可以保证学生的培养质量。

在数学教育方面，我国自古以来就非常重视，早在春秋时期，孔子就以礼、乐、书、御、射、数等对学生进行教育，这就是所谓的"六艺"教育，其中就包括了数学。自此以来，历代教育家都非常重视数学教育，如颜之推就说过："算术亦是六艺要事，自古儒士论天道、定律历者，皆学通之。"②唐朝规定国子监算学置学生30名，学习《九章》《海岛》《孙子》《五曹》《张邱建》《夏侯阳》《周髀》《缀术》《缉古》等古代数学经典。"其《纪遗》、《三等数》亦兼习之"③。由于算学需要学习的知识很多，且非常复杂，所以唐朝又将学生分为两组，规定学习《九章》等七种著作者15人，学习《缀术》《缉古》者15人，同时他们都要兼习《纪遗》和《三等数》。

在天文历法的教育方面，唐朝规定太史局招天文生60人，历生36人、装书历生5人，漏刻生360人。天文生在天文博士的指导下除了学习《石氏》《甘氏》《巫咸》等古代天文学著作外，还要学习观察天文，掌握相关仪器。历生在历博士的指导下，除了学习历法知识，还要掌握测影的相关技术。在唐代有许多所谓占书存世，规定不经允许，即使历博士也不许随便阅读，更不用说历生了，以防将此类东西泄漏于外，蛊惑人心。漏刻生在漏刻博士指导下，"掌习漏刻之节，以时唱漏"④。

①（唐）李林甫等撰，陈仲夫点校：《唐六典》卷一四《太医署》，北京：中华书局，1992年，第411页。

②（北齐）颜之推：《颜氏家训》卷下《杂艺篇》，《文渊阁四库全书》，上海：上海古籍出版社，1987年，第848册，第988页。

③《旧唐书》卷四四《职官志三》，北京：中华书局，1975年，第1892页。

④（唐）李林甫等撰，陈仲夫点校：《唐六典》卷一〇《太史局》，北京：中华书局，1992年，第303—305页。

东亚的朝鲜与日本等国，在上述诸科的教学内容上基本沿袭了唐制。如新罗国学中的算学，"以《缀经》、《三开》、《九章》、《六章》，教授之"[①]，可以看出新罗算学的课程明显少于唐朝，唐朝算学除《纪遗》《三等数》为必修课外，其余9门课分为两组，所修之课分别为9门与4门。新罗算学共修4门，说明其学生很可能没有分组，这是其与唐制的一个不同之处。此外，《三开》与《六章》两种教材不见于唐制，说明其虽受唐制影响，但不一定照搬唐制。

新罗医学，"以《本草经》、《甲乙经》、《素问经》、《针经》、《脉经》、《明堂经》、《难经》为之业"[②]，没有像唐制那样分为医、针两科，从其教材看，其把唐制中的医、针两科中的教材都包括进去了，只是数量上明显少于唐制。这也是其不同于唐制的又一个地方。

其天文学与漏刻之制也沿袭了唐朝的规定。718年，新罗设立了天文学，共设天文博士1人、漏刻博士6人[③]，学生员额及机构、教材均未记载，749年正式付诸实施。即便如此，也可以从博士员额看出其完全沿袭了唐制，不同之处是，未见设立历博士。

日本的典药寮分为医、针、按摩、咒禁四科，完全同于唐制，只是规模较小而已。[④]学习的教材与内容也同于唐制，所采用的教材比新罗更多。根据日本《养老令·医疾令》的规定：医生必须学习《甲乙经》《脉经》《本草经》《小品方》《集验方》等，针生必须学习《素问》《黄帝针经》《黄帝明堂经》《流注经》《堰侧图》《赤乌神针经》等。[⑤]

阴阳寮下分为阴阳、历学、天文三科，这是日本的特殊建置。唐朝天文、历法两科隶属于太史局，相当于阴阳学的卜筮科隶属于太卜署，而日本则统统隶属于阴阳寮。唐朝的太卜署置有卜博士2人、助教2人、卜筮生45人，

①〔高丽〕金富轼原著，孙文范等校勘：《三国史记》卷三八《杂志·职官上》，长春：吉林文史出版社，2003年。

②〔高丽〕金富轼原著，孙文范等校勘：《三国史记》卷三九《杂志·职官中》，长春：吉林文史出版社，2003年。

③〔高丽〕金富轼原著，孙文范等校勘：《三国史记》卷九《新罗本纪》，长春：吉林文史出版社，2003年。

④ 高明士：《东亚教育圈形成史论》，上海：上海古籍出版社，2003年，第247页。

⑤ 转引自赵刚：《隋唐时代的医学教育》，《辽宁师范大学学报（社会科学版）》1990年第5期，第7—13页。

掌教授和学习卜筮之法。因为其与科技教育无关，所以本书不作详述。日本将阴阳、历学、天文三科统属于阴阳寮，是其重视卜筮之学的表现，所谓"阴阳、医术及七曜、颁历等类，国家要道，不得废阙"。又说"天文、阴阳、历算、医针等学，国家所要"[①]，说明日本极重视典药寮的诸医科及阴阳寮下属诸科，这也是日本学习唐制最为彻底的一种表现。

日本的算学隶属于大学寮，置算博士2人，其教材有《孙子》《五曹》《九章》《六章》《缀术》《三开》《重差》《周髀》《海岛》《九司》等。[②]其教材远远多于新罗，仅次于唐制，可以断定其学生也是仿照唐制分组学习的。其教材大部分都来自唐朝，小部分可能来自新罗，如《三开》《六章》，另外则为日本本土教材，如《重差》《九司》。这说明其在沿袭唐制的同时，也考虑到了本国的实际情况，并对教材进行了一定的改革。

还有一点需要说明，即唐代还有女医制度。所谓"诸女医，取官户婢年二十以上三十以下、无夫及无男女、性识慧了者五十人，别所安置，内给事四人，并监门守当。医博士教以安胎、产难及疮肿、伤折、针灸之法，皆按文口授。每季女医之内业成者试之，年终医监、正试。限五年成"[③]。据此可见，唐代女医的来源均为官奴婢，其教育由太医署医博士负责，主要学习的科目有妇产科、外科及针灸科。从按文口授的学习方法来看，女医学习是有专门教材的，因为由太医署负责其教育，估计不会超出上述太医署诸教材。女医每季都要接受一次考试，年终还要再考一次，学习年限为5年。根据女医的学习科目可知，她们主要负责的应该是后宫女性的日常治疗。

日本也仿唐制设置了女医，据《养老令·医疾令》载："女医，取官户婢年十五以上，廿五以下，性识慧了者卅人，别所安置，教以安胎产难，及创肿伤折针灸之法，皆案文口授，每月医博士试，年终内药司试，限七季成。"[④]此条日本令抄自唐令，但稍有改变。从"年终内药司试"一句看，

---

① 〔日〕菅野真道：《续日本纪》卷一〇、卷二〇，转引自高明士：《东亚教育圈形成史论》，上海：上海古籍出版社，2003年，第247页。

② 〔日〕藤原时平：《延喜式》卷二〇《大学寮》，〔日〕元亨利贞编：《新订增补国史大系》第二部，东京：吉川弘文馆，第523页。

③ 《天圣令》卷二六《医疾令》，天一阁博物馆、中国社会科学院历史研究所天圣令整理课题组校证：《天一阁藏明钞本天圣令校证》，北京：中华书局，2006年，第319页。

④ 转引自赵刚：《隋唐时代的医学教育》，《辽宁师范大学学报（社会科学版）》1990年第5期，第7—13页。

日本的女医也是负责宫内妇女疾病的诊治。

与唐朝同时期的欧洲，其教育仅限于神学教育，即使在中世纪后期开始学习"七艺"，其中属于科技内容的也不过是算术、几何和天文等三科，实际上仅为数学与天文两科。这一时期欧洲的天文学水平还远远落后于中国，如敦煌发现的《全天星图》（S.3326号），共绘有1350多颗星，是世界上现存星数最多，也是最古老的一幅星图，囊括了北半球肉眼所能看到的大部分恒星。唐代天文学家一行，在世界上首次实测了子午线长度，他还创制了黄道游仪，用以重新测定150余颗恒星的位置，并在世界上第一次发现恒星位置变动的情况。他与人合作制成了以漏水转动的浑天铜仪，是现代时钟的雏形。开元十五年（727年），他又主持编成了《大衍历》，是当时世界上最为精确的历法之一。这些成就都是当时的欧洲难以企及的。"七艺"中的几何学，在唐朝的算学教育中早已包括进去了，这就是《缀术》与《缉古》两书。前一书为祖冲之所著，他计算出的圆周率精确到小数点后7位，这一纪录直到1427年才被数学家阿尔·卡西打破。此外，此书还有由面积差求边长或圆的直径，由体积差求边长或球的直径等内容。后一书全称《缉古算经》，为唐人王孝通所著，现存仅1卷20题，内容包括天文历算、土木工程以及勾股计算等问题，其中以多面体体积计算公式和高次方程（尤其是三次方程）数值解法的成就最为显著。这些大都属于几何学方面的内容。同时，《缉古》还是世界上现存最早研究三次方程的著作。10世纪阿拉伯人发展了三次方程的几何解法，但都不能真正解决一般三次方程的正根计算问题，欧洲人直到13世纪初才由斐波那契给出了一个特殊三次方程的数值解，然已在王孝通之后600年了。至于欧洲的医学教育那还是以后的事情。

因此，可以说唐代科技教育的内容在当时世界上是最系统的，也是最先进的。东亚诸国学习唐制，自然不能与中国相提并论，至于当时的欧洲连东亚诸国都不如，更谈不上与中国进行比较了。

三、考试制度的严格性

学校教育的质量如何，要看其是否拥有完善的体制和高水平的教师与教材。此外，对学生能否严格要求，也会影响到教学质量，考试制度便是检验学生学习情况的最基本的制度。在这方面唐朝制定了严格的规定，这种规定因各科专业不同而不同。

太医署所管诸生的考试也有相应制度。唐朝规定博士每月一试，太医令、丞每季一试，太常丞年终总试。"其在学九年无成者，退还本色。"对医生学习年限的规定是："体疗者，七年成，少小及疮肿，五年，耳目口齿之疾并角法，二年成。"①其结业考试规定："医生试《甲乙》四条，《本草》、《脉经》各三条。"针生学习期限仍为 7 年，其结业考试规定："试《素问》四条，《黄帝针经》、《明堂》、《脉诀》各二条。"对医生、针生兼习之课程的考试办法是"医、针各三条"。同时还规定"问答法式及考等高下，并准试国子监学生例"，按摩生"限三年成"，咒禁生"限二年成"，学习结业后，各补为本色师、工。②

关于算学的学习年限，其规定"《孙子》、《五曹》共限一年业成，《九章》、《海岛》共三年，《张丘建》、《夏侯阳》各一年，《周髀》、《五经算》共一年，《缀术》四年，《缉古》三年"③。其具体的考试方式为："凡算学，录大义本条为问答，明数造术，详明术理，然后为通。试《九章》三条，《海岛》、《孙子》、《五曹》、《张丘建》、《夏侯阳》、《周髀》、《五经算》各一条，十通六，《记遗》、《三等数》帖读十得九，为第。试《缀术》、《缉古》录大义为问答者，明数造术，详明术理，无注者合数造术，不失义理，然后为通。《缀术》七条，《缉古》三条，十通六，《记遗》、《三等数》帖读十得九，为第。落经者，虽通六，不第。"④可见其考试分为口试和笔试，只有口试合格，才有资格进行笔试，笔试内容尽管各不相同，但每个专业都是 10 道题。另外，作为公共必修课，两个专业都要加试《记遗》和《三等数》共 10 道题，加试科目的成绩也非常重要，如加试成绩达不到十通九，则前面的科目即使达到了十通六，亦为不第。

唐代规定算学学生的学习期限为 7 年，如在校 9 年仍学无所成，则会被

　　① (唐) 李林甫等撰，陈仲夫点校：《唐六典》卷一四《太医署》，北京：中华书局，1992 年，第 410 页。

　　②《天圣令》卷二六《医疾令》，天一阁博物馆、中国社会科学院历史研究所天圣令整理课题组校证：《天一阁藏明钞本天圣令校证》，北京：中华书局，2006 年，第 318—319 页。

　　③ (唐) 李林甫等撰，陈仲夫点校：《唐六典》卷二一《国子监》，北京：中华书局，1992 年，第 563 页。

　　④《新唐书》卷四四《选举志》，北京：中华书局，1975 年，第 1162 页。

勒令退学。唐代规定："主簿掌印，勾检监事，凡六学生有不率师教者，则举而免之。其频三年下第，九年在学及律生六年无成者，亦如之。"①可见唐朝对学生的日常管理也是很严格的，既有期中淘汰的规定，也有最高年限的限制。

关于太史局所管的天文生、历生和漏刻生的学习年限，唐代规定天文生为 8 年，历生为 6 年，至于漏刻生则没有规定具体年限。对这些学生如何考试，史籍中未见记载，只说天文生业成后可补为天文观生，漏刻生业成后可补为典钟、典鼓。②显然对这些学生也是要进行考试的，否则如何衡量其是否业成呢？

唐朝的这些规定对新罗与日本也是有影响的，如日本《养老令·医疾令》规定："学体疗者，限七年成学，少小及创肿者，各五年成学，耳目口齿者，四年成，针生七年成。业成之日，令典药寮业术优长者，就宫内省，对丞以上，精加校练，具述行业，申送太政官。"可见日本关于学习年限的规定与唐制几无不同。在考试方面，日本规定："凡医、针生，博士一月一试，典药头助，一季一试，宫内卿辅，年终总试，其考试法式，一准大学生例。……其在学九年无成者，退从本色。"除了主持考试的官名不同外，这种月试、季试、年试的考试制度与唐制完全一致，显然是仿效唐制而制定的。其结业考试规定："医、针生，业成送官者，式部覆试，各十二条。医生试《甲乙》四条，《本草》、《脉经》各三条，针生试《素问》四条，《黄帝针经》、《明堂》、《脉诀》各二条。其兼习之业，医、针各二条，问答法式，并准大学生例。"③很显然这一规定也是仿照唐制的。

关于算学学生学习年限，日本没有明确规定，却制定了一个参照儒学学生年限的办法。据《延喜式》卷二〇《大学寮》载："《礼记》、《左传》各限七百七十日，《周礼》、《仪礼》、《毛诗》、《律》各四百八十日，《周易》三百一十日，《尚书》、《论语》、《令》各二百日，《孝经》六十

---

① （唐）李林甫等撰，陈仲夫点校：《唐六典》卷二一《国子监》，北京：中华书局，1992 年，第558—559 页。

② （唐）李林甫等撰，陈仲夫点校：《唐六典》卷一〇《太史局》，北京：中华书局，1992 年，第305 页。

③ 转引自赵刚：《隋唐时代的医学教育》，《辽宁师范大学学报（社会科学版）》1990 年第 5 期，第 7—13 页。转引时标点有改动。

日。"又说："《孙子》、《五曹》、《九章》、《六章》、《缀术》各准小经；《三开》、《重差》、《周髀》共准小经；《海岛》、《九司》亦共准小经。"①小经指《周易》《尚书》《论语》等，这样看来日本规定小经的学习期限应是 310 日至 200 日。引文中所谓"各准小经"，是指每部教材的学习期限；所谓"共准小经"，应是指这几部教材总共的学习期限。这样就可以推算出算学学生的学习年限。《延喜式》卷二〇《大学寮》还规定："凡学生入学，经九年不成业者，录名送省。但虽过年限，才近成立，量状听留。"也就是说，在一般情况下，学习期限最多不能超过 9 年。

关于新罗学生的学习年限问题，只有儒学学生的年限规定，其他学生仅规定在学最多不能超过 9 年。"位至大奈麻、奈麻而后出学"，大奈麻是其 17 等官位制中的第 10 等，相当于唐朝的正六品，奈麻为第 11 等，相当于从六品。②可见奈麻官位的取得是学生结业的最低资格，大奈麻是最高限度，而这些等级不同的官位的取得则必须经过相应的考试，也就是说在这 9 年中，每通过一次程序的考试，即可授予相应的位阶，直到获得奈麻或大奈麻为止。

综上所述，在学期限最高为 9 年，是包括中国在内的东亚诸国的共同规定，而这种规定的渊源则出自中国的儒家典籍《礼记·学记》。也可以说唐朝依据此书制定了这一规定后，为东亚各国所沿袭，因此唐制才是其真正的蓝本。

欧洲的学制长短与唐朝不同，这一点是没有问题的，也没有比较的必要，但是中西的考试制度却是可以比较的。欧洲中世纪的教会学校主要培养各种教职人员，虽然也以考试成绩来衡量学生的优劣，但由于考试内容多为神学，因此对科技水平的提高和社会的发展无丝毫积极意义。欧洲的世俗学校产生得较晚，因此其考试制度也出现得较晚，具体时间至今尚是一个悬而未决的问题。有人认为 1215 年巴黎大学开始口头论文测验③；1219 年，波隆那大学在法学考试中运用了口试④。这些也许是西方国家有案可查的最早的学校考

---

① 〔日〕元亨利贞编：《新订增补国史大系》第二部，东京：吉川弘文馆，第 523 页。

② 高明士：《东亚教育圈形成史论》，上海：上海古籍出版社，2003 年，第 201 页。

③ 瞿葆奎主编：《教育学文集》第 4 卷《教育目的》，北京：人民教育出版社，1989 年，第 3 页。

④ 孙培青、任钟印主编：《中外教育比较史纲（古代卷）》，济南：山东教育出版社，1997 年，第 402 页。

试。这种考试方式弊端不少，如试题太少，代表性差，学生心理紧张，难以适应众多学生的考试需要等，于是笔试逐渐取代了口试。在16世纪后期，教会学校也开始采用笔试，但真正意义的笔试直到1702年才在英国的剑桥大学中试行，而唐代早就在科技教育中推行了口试加笔试的考试方式，比欧洲早了1000多年。

四、教育体制之异同

在科技教育的管理体制方面，中外既存在许多不同之处，又有一些相同点，对这些异同进行比较研究，对评估唐代科技教育在当时世界上的地位，具有十分重要的意义。

首先，谈一谈教师队伍中存在的等级制。中国自古以来就有尊师重教的优秀传统，教师的地位一度被抬到一个非常高的程度，有所谓天、地、君、亲、师的说法。然而教师队伍中也存在一个水平高低不同的问题，尤其是从事科技教育的教师，这种现象更是明显。在唐代的各类学校中，就有博士、助教等不同地位的教师，他们地位的高下不同，不仅表现在品阶方面，而且表现在水平的高低不同方面。助教实际上是在博士的领导下从事教学，辅佐博士完成教学任务。在助教之下，还有一种特殊的教师，在太医署指医师、针师、按摩师、咒禁师等，在太史局则指司历、司辰等，在国子监算学中则指典学。他们的身份非常特殊，既负有指导学生之责，同时又处在继续深造之中。《唐六典》卷一四《太医署》载，"其属有四，曰医师、针师、按摩师、咒禁师，皆有博士以教之，其考试、登用如国子监之法"，便是明证。对算学中的典学，唐朝规定设置2人，"掌抄录课业"[1]。因此，以上这些人员在学校中的地位相当于今天大学中的助教，既要辅导学生，又在教授的指导下继续深造提高。综上所述，可以说在西方高等学校中形成的教授、副教授、讲师、助教等不同地位的教职制度，早在唐代就已经实行了。日本、朝鲜等国学习唐制，在其学校中也实施了这样的制度。这是中西学校教育的相同之处，只是这种制度在中国的出现远比西方早而已。

其次，学位（衔）制的异同。在欧洲中世纪的学校中，博士、硕士本来

---

① （唐）李林甫等撰，陈仲夫点校：《唐六典》卷二一《国子监》，北京：中华书局，1992年，第560页。

是对不同学科教师的称呼，后来才发展成为高低不同的学位，再加上以后出现的学士，遂形成了博士、硕士、学士等不同的学位制度。这种旨在区分学生学习程度高下不同的制度其实在唐代已经出现了，只是当时对它们的叫法不同于西方而已。比如，唐朝在国子监中置有大成的名额，初为 20 名，开元二十年（732 年）减为 10 名，上元二年（761 年）又恢复旧额。大成是通过考试录取的，平时也要考试，所谓"每三年一试。若九年无成，则免大成"①。有学者认为大成在唐代相当于今天的研究生，如此说可通，则在唐代的学校中就已经有了不同学衔的学生。其实在唐代的科技教育中也有不同学衔的情况，如太医署有医生、针生、按摩生、咒禁生等不同专业的学生，又有医工、针工、按摩工、咒禁工等。以上这些学生学成后，可升为诸工，但是他们仍是学生身份，只是等级高于诸生而已，再向上升就可达到诸师这一级。诸工有为人治病和指导诸生之责，所谓"凡医师、医正、医工疗人疾病，以其全多少而书之，以为考课"。又说：医师、医工"掌教医生"②。然而他们仍需在博士、助教指导下继续学习，其他诸工亦是如此。于是在唐代的太医署中就出现了诸生、诸工等不同地位的学生，再加上仍具有学生身份一面的诸师，于是就形成了师、工、生三级学衔。

在太史局中则有天文生与天文观生的区别，唐朝规定，天文生"年深者，转补天文观生"。可见天文观生的地位比天文生要高。此外，唐朝还规定，漏刻生可"转补为典钟、典鼓"③。典钟、典鼓也是学生身份，说明唐朝太史局中的学生分为两级制。在算学中则没有出现这种情况，这就说明在唐代学衔制还很不成熟。尽管如此，指出这种变化也是非常必要的，因为这种现象的出现要比西方早得多。

最后，教育目的之异同。在中国古代，发展教育的目的在于培养社会的管理者，也就是培养官员。早在先秦时期，伟大的教育家孔子就提出了"学而优则仕"的思想，并为历代教育者和被教育者所遵循。即使在本来是培养专业人才的科技教育中，这一原则仍然体现得非常明显。《唐令》规定诸学

---

① （唐）李林甫等撰，陈仲夫点校：《唐六典》卷二一《国子监》，北京：中华书局，1992 年，第 561 页。
② （唐）李林甫等撰，陈仲夫点校：《唐六典》卷一四《太医署》，北京：中华书局，1992 年，第 409、410 页。
③ （唐）李林甫等撰，陈仲夫点校：《唐六典》卷一〇《太史局》，北京：中华书局，1992 年，第 305 页。

学生学成后，申送尚书省准国子监学生例进行考试，"得弟（第）者，医生从九品上叙，针生降一等"①，即他们可以分别获得从九品上、从九品下的官阶。后来唐朝索性在科举中创立医术科，唐玄宗时称之为道术医药科，"道术医药举取艺业优长，试练有效者"②，这似乎仅是制举之一种。唐肃宗时，进一步规范了其考试办法和内容，仿明经、明法例，"各试医经方术策十道，《本草》二道、《脉经》二道、《素问》十道、《张仲景伤寒论》二道、诸杂经方义二道，七通以上留，以下放"③，不再是"艺业优长"这样的模糊概念。对于算学学生，唐朝则创立了明算科，专门录取算学学生及精于数算之术者为官。太史局诸生虽然没有科举科目作为其入仕之途径，但却可以通过流外入流入仕，如唐朝规定天文生可以转补为天文观生，而天文观生、历生等，皆"八考入流也"④。即使诸州府医学的学生，也同样给予入仕之便，天宝二年（743 年）规定："诸州医学生等，宜随贡举人例，申省补署，十年与散官。"⑤受唐朝影响，日本、新罗等国也采取了大同小异的政策，为诸生开辟了做官的途径。如日本《养老令》规定，医生、针生依大学生例考试，试题 12 道，"医生全通，从八位下叙；通八以上，大初位上叙。其针生，降医生一等"⑥。与唐朝一样，考试过关的诸生就可以进入仕途了。

　　与东亚各国不同的是，欧洲中世纪大学毕业的学生并不可以直接做官。中世纪早期的学校多为教会所办，其办教育的目的在于培养神职人员，宣传基督教教义，加强对人们的思想控制，所谓"使人本身具有更多的基督教精神，成为基督教教育的主要目的"⑦，因而这时的欧洲教育有着鲜明的神学烙印。中世纪后期出现的世俗大学兴起于商业经济活跃的城市之中，对基督

　　① 天一阁博物馆、中国社会科学院历史研究所天圣令整理课题组校证：《天一阁藏明钞本天圣令校证》，北京：中华书局，2006 年，第 318 页。

　　② 《全唐文》卷三〇玄宗《考试博学多才道术医药举人诏》，北京：中华书局，1983 年，第 342 页。

　　③ （宋）王溥：《唐会要》卷八二《医术》，北京：中华书局，1955 年，第 1525 页。

　　④ （唐）李林甫等撰，陈仲夫点校：《唐六典》卷一〇《太史局》，北京：中华书局，1992 年，第303—304 页。

　　⑤ （宋）王溥：《唐会要》卷七五《附甲》，北京：中华书局，1955 年，第 1372 页。

　　⑥ 转引自赵刚：《隋唐时代的医学教育》，《辽宁师范大学学报（社会科学版）》1990 年第 5 期，第 7—13 页。

　　⑦ 〔美〕布鲁巴克：《西方教育目的的历史发展》，转引自瞿葆奎主编：《教育学文集》第 4 卷，北京：人民教育出版社，1989 年，第 398 页。

教禁欲主义的教育有着强烈的排斥情绪，体现出了浓厚的世俗教育目的，具有很强的实用性，主张培养合格的律师、医师、教师和有一定专业知识的公职人员。所以培养官员并不是这一时期大学的主要目的，这一点与唐朝的学校有着很大的不同。正是这种侧重实用性、专门性的教育，为后来出现的现代大学教育开辟了道路，使得欧洲的科学技术由中世纪时期的衰退走上了飞速发展的道路，终于站在了世界的最前列。而中国长期以来存在的这种教育思想和教育目的，使其科技发展由先进逐渐落后，至明清时期科技教育终于被科举挤占得竟无一席之地。

五、科技教育的特点

　　唐代的科技教育实际上是一种官学教育，一切都是政府包办，教师自不待论，就是学生的一切费用也全都由政府包办了。学生没有生活之虞，没有前途出路之虞，可以专心地攻读所学专业。这是唐朝科技教育的一个明显特点。受唐朝的影响，东亚各国的学校也都采取了这种体制。需要指出的是：唐朝的官学学生仍需要交纳一定的束脩，以医学为例，唐朝规定"医、针生各绢一匹，按摩、咒禁及诸州医生率二人共绢一匹，皆有酒脯"。这种束脩只是象征性的、礼仪性的。关于这一点，文献中说得非常清楚，"诸医、针生初入学者，皆行束脩之礼于其师"[①]，并非真正的学费，这一点与私学有很大的不同。

　　唐代科技教育还有一个特点，即非常重视对外交流，善于吸收各种外来的科学技术和各种人才。在医药学方面，大量的外来药物及药物学著作输入中国，并对中国医药学产生了一定的影响。一些外国医生服务于唐朝宫廷及政府之中，如唐高宗时的侍医秦鸣鹤。高宗头痛，目不能视，经其医治后，高宗当时复明。此人可能就是大秦国人。[②]为诗人刘禹锡治疗眼病的眼医，是来自印度的婆罗门医生。在天文历法方面，来到唐朝的外国科学家更多，最著名的便是天竺人瞿昙家族和波斯人李素家族。前者一家四代人都在唐朝

　　① 天一阁博物馆、中国社会科学院历史研究所天圣令整理课题组校证：《天一阁藏明钞本天圣令校证》，北京：中华书局，2006年，第318页。

　　② 谢海平：《唐代留华外国人生活考述》，台北：商务印书馆，1978年，第147—148页。

的司天监（太史局的改名）任职，并多次担任这个部门的长官。此外，天竺人迦叶波、俱摩罗也先后在太史局任职，直接教授中国学生。关于这一点，《吏部常选广宗郡潘府君墓志铭》有明确的记载，墓主潘智昭，京兆华原人，"尤工书算"，后入司天监学习，"事瞿昙监，侍一行师"[①]，说明他是瞿昙氏与一行的学生。李素在代宗、德宗、顺宗、宪宗时期长期在司天监任职，其父及其诸子都在唐朝政府中任职，是一个信仰景教的波斯家族。[②]唐朝编制的著名历法《大衍历》，就吸收了不少天竺《九执历》的成果，其中在太史局任职的天竺人瞿昙悉达就出了不少力，由他翻译了《九执历》，才使得唐朝得以了解并掌握这部历法。此外，天竺人在算术与代数方面水平颇高，在一些方面超过了古希腊和中国[③]，中印两国文化交流的频繁发展，也对唐朝产生了一定的影响。正因为唐朝坚持社会开放的国策，加强对外文化交流，从而在一定程度上促进了科技教育的发展。

　　唐朝对进入官学学习科技知识的学生选拔颇严，如学习天文历法的学生大都来自天文世家。"大足元年九月十九日敕：'在史局历生、天文观生等，取当色子弟充，如不足，任于诸色人内简择'"[④]。可见在天文历法的学习中，家学是很重要的，出自天文世家者可以优先进入太史局学习。在太史局子弟流失严重的情况下，政府往往也从民间选取懂得天文知识者。"大历二年正月二十七日敕：'艰难以来，畴人子弟流散，司天监官员多阙，其天下诸州官人百姓，有解天文元象者，各委本道长吏，具名闻奏，送赴上都'"[⑤]。上面提到的潘智昭便是因为"尤工书算"而被选入司天监。取当色子弟入学是唐朝科技教育中的一条基本原则，并对日本、新罗等国产生了影响。如日本医学有关学生的入学顺序：第一是具有医学世袭职务药师称号的诸氏，第二则是三代以上以医学为业的世习之家，第三则采录庶人 13 岁至 16 岁中的聪慧者。这种庶人也非普通庶人，一般是五位以上子孙，根据具体情况，

　　①《全唐文》卷九九五阙名《吏部常选广宗郡潘府君墓志铭》，北京：中华书局，1983 年，第 4573 页。
　　② 荣新江：《一个入仕唐朝的波斯景教家族》，《中古中国与外来文明》，北京：生活·读书·新知三联书店，2001 年，第 238—257 页。
　　③ 尚会鹏：《印度文化史》，桂林：广西师范大学出版社，2007 年，第 270 页。
　　④（宋）王溥：《唐会要》卷四四《太史局》，北京：中华书局，1955 年，第 796 页。
　　⑤（宋）王溥：《唐会要》卷四四《太史局》，北京：中华书局，1955 年，第 796—797 页。

也采录八位以上者。[①]新罗则规定学生的入学资格是官位在大舍以下者，相当于唐朝的正七品，或 15 岁至 30 岁的无官位者。[②]选拔具有一定专业知识的学生入学，有利于深造成材，这是唐制的又一个显著特点。

当然唐代的科技教育也存在一些缺点或不足，最主要的是其学科并不齐全，仅设立了医学、算学、天文历法等直接与王政有关的学科，而与社会生产和生活有关的许多学科都没有列入官学，如农学、建筑、机械、矿产、手工业技术等，更不用说物理、化学、生物等理科专业了。尽管唐朝的科技教育比其他历史时期做得更好一些，但这种缺点也不能不指出来。还有一点也需要指出，即唐朝对科技人才的重视还很不够，虽然学习科技的学生允许入仕做官，但是相对于学习传统儒学的学生来说，两者仕途前景则相差很大，故这些科技类专业对企图步入仕途的知识分子吸引力不大，在一定程度上影响了科技水平的发展。在管理体制方面唐朝也存在较大的问题，欧洲中世纪大学按领导体制可分为两类：一类是"学生大学"，由学生来主管校务，教授的选聘、学费的数额和授课的时数都由学生来决定；另一类是"先生大学"，由教师掌管校务。这种由教师或学生自治的教育制度与唐代官办的教育制度相比较，有利于学术的自由发展和科学技术的繁荣。当然这一切都出现在唐朝以后，同与唐朝同时期的欧洲相比，还是中国科技教育体制更具有优越性，只是后来落后了。

　　① 赵刚：《隋唐时代的医学教育》，《辽宁师范大学学报（社会科学版）》1990 年第 5 期，第 7—13 页。

　　② 高明士：《东亚教育圈形成史论》，上海：上海古籍出版社，2003 年，第 200—201 页。

第六章 唐代科技繁荣的原因及历史贡献

唐代科技繁荣的原因是多方面的，既有政治、经济方面的原因，也有历史、文化、社会等方面的原因，总之，这是一个比较复杂的综合性问题。唐代科技的成就是辉煌的，并产生了很大的历史影响，主要表现在两个方面：其一，对唐代以后各朝产生了极大的影响，奠定了其科技继续发展的坚实基础；其二，对当时的世界各国产生了很大的影响，在很大程度上推进了世界文明的发展进程。对这些问题的研究有助于准确评估唐代科技在当时世界上的地位，有助于了解我们的祖先在历史上曾经创造的灿烂文明成果，增强民族自豪感和民族自信心，因此具有非常重要的意义。

一、唐代科技繁荣的原因

1. 历史原因

中国是世界上最古老的文明发源地之一，与其他几大文明古国一样，在世界文明发展中具有重要的地位。但与其他文明不同的是，中华文明具有延续性、实践性和相对独立性的特点。

中华文明的延续性表现在五千年的文明一以贯之，一直不间断地延续下来了，从来没有发生过文明中断的现象。而世界上的其他三大文明古国古埃及、古印度、古巴比伦文明都没有延续下来，发生过严重的断裂现象。它们所创造的辉煌文明成就和传统没有被后世继承下来。从这个角度看，中华文明才是现今世界上流传最久、持续时间最长的文明成果，因此也是人类社会最可宝贵的精神财富。

中华文明的实践性缘于其先民的宗教意识较为淡薄，在中国古老的神话传说中没有超越人间的神的形象，相反充满着对先祖杰出才能和品质的赞颂。[1]如盘古开天辟地、女娲补天、燧人氏钻木取火、神农氏遍尝百草等，都没有凌

---

[1] 吴国盛：《科学的历程》（第二版），北京：北京大学出版社，2002年，第49页。

驾于人间之上；考古也没有发现商朝到战国时期有过大型的宗教建筑，因此可以说，中国先民的早期精神生活受神的影响较小，更多的是重视现实世界，遵从生活经验，这种特性决定了中国科学的实用性和经验性。

中华文明的独立性缘于其所处的地理环境比较特殊，中国地处亚洲东部、太平洋的西岸，其北面是寒冷的西伯利亚荒原，东面、南面是浩瀚的大海，西部是阿尔泰山、喀喇昆仑山以及沙漠、戈壁，西南是喜马拉雅山。沧海大洋与高山大漠形成了一个相对封闭的地理环境，中华先民正是在这样一个相对封闭的环境中独自创造出了光辉灿烂的古老文明，并且延续几千年不曾中断。

中华民族的科技文化来源于其人民在认识大自然的过程中所采取的"仰则观象于天，俯则观法于地，观鸟兽之文与地之宜，近取诸身，远取诸物"的观察方法和其他多种实践活动，并由此逐渐形成了系统思维指导下的各个学科体系，有着鲜明的特色和广阔的领域，其中农学、医学、天文和算学是中国人独自创造的科学体系中的四大核心学科。同时，在整个科学体系的发展过程中，中华文明立足于本土科技文化，不断接触并吸收外来的优秀科技文化，兼收并蓄，博采众长，最终形成中华民族科学文化博大精神的内涵及光辉灿烂的科技成果。

唐代的科学技术知识，无论是对前朝理论或技术的继承和发展，还是部分地、有条件地淘汰，都是建立在对前朝科学技术充分掌握和研究基础之上的。换句话说，没有唐之前历代在科技方面积累的丰富经验和丰硕成果，就没有唐代辉煌的科技成就。

古代中国是一个农业社会，历代统治者都极为重视农业生产，从而使农业生产技术及与农业相关的部门迅速地发展起来。商周时期的甲骨片中关于农业丰收的卜辞已很多。春秋以来，出现了大量记载农业技术的文献，如对土地的精耕细作、新农具的出现和推广，以及为应对自然灾害而兴建的大型水利工程，如都江堰、郑国渠等，这些都是劳动人民在长期的生产生活中经验积累的成果，一些技术和方法至今还在使用。

农业的发展离不开历法的制定，作为农耕民族，中国很早就注重历法的编制，以更好地为农业生产和社会生活服务。据文献记载，帝尧时期就已有了专职的天文官从事天象观测工作，当时的人们已经知道一年有 366 天，懂得划分春夏秋冬四季。夏朝流传下来的《夏小正》中记录了许多天文知识，甲骨卜辞中也可考证出商代用干支纪日、数字纪月，月分大小，大月30日、小月29日，闰月置于年终等，此外，甲骨卜辞中还有日食、月食和新星的记载。我国第一部文学圣典《诗经》中就包含有丰富的天文知识，这也反映出古人对天文学的重视以及天文知识的普及性。春秋战国时期，中国天文学开始由一般观察发展到数量化观测，《礼记·月令》中以二十八宿为参照系描述了太阳和恒星的位置变化。《春秋》和《左传》中记录的天文资料更为丰富，如中国古代很早就开始了对月亮运动的观测和研究，春秋时期的《四分历》已经相当准确地掌握了朔望月的长度。

如果说此前的天文历法知识还散存于各种文献中，战国时期则出现了专门的天文学著作，齐国甘德的《天文星占》、魏国石申的《天文》（又称《石氏星经》），是当时天文观测资料的集大成之作，也是世界上最古老的星表。这表明最迟在战国时期，我国的天文学已经发展到了相当高的程度，开始独立于其他科学学科之外。大约到了汉代，我国已经形成了自己的天文和历法体系，并且在某些方面走在了世界各文明古国的前列。

数学在中国古代称为算学，其出现同样是为了解决生活中出现的实际问题。由于天文历法中有许多计算问题，所以中国的历法与算学的发展一直密切相关。中国的算学出现得较早，商周时期的甲骨文中已经有了十进制的记数方法，春秋战国时期普遍运用的筹算完全是建立在十进位制的基础上的，这是当时世界上最先进的记数法，是我国人民对世界文明的重大贡献。汉代出现的《九章算术》标志着我国古代数学体系的初步形成。但中国的数学同其他科技一样，是出于解决实际的计算问题而出现的，而不大注重逻辑推理。

生老病死是人类社会不可避免的自然现象，寻找减免人类痛苦或延缓死亡的方法是人类的本能。自原始社会起，中国就已经出现了利用一些迷信方法并辅以一定的药物来治疗疾病的现象。西周时已经出现了专职的医生和医事制度。此后，国人在生活中越来越多地认识到一些动植物和矿物在治疗疾病中的作用，药物的种类越来越丰富。随着冶金术的发展，各种金属制作的医疗器具也开始出现。春秋时期，中国的医学体系初步建立起来，出现了一些对后世影响深远的诊疗方法和医学著作，如名医扁鹊所采用的望、闻、问、切四诊法，以及一些针灸、按摩、熨帖、吹耳、导引等医疗方法，在今天仍然使用；在医学著作方面，战国晚期出现的《黄帝内经》广泛论述了医学理论的各个方面，奠定了我国中医药学的基础，两千多年来，一直指导着中医的临床实践，是中医学界的宝贵遗产。

中国上古时期的冶炼技术和丝织技术发展也很快，商周时期已是使用青铜器的极盛时代，出现了大量的青铜生活和生产工具。此后出现的冶铁技术后来者居上，春秋战国时期已掌握了生铁冶铸技术和铸铁柔化技术，这两项技术水平领先欧洲上千年。同时，铁器还广泛应用于生产和生活，铁器的使用，进一步推动了农业和手工业的发展，促进了国家经济的发展。

中国是世界上最早利用蚕丝的国家，早在殷商时期，我国就有了养蚕和丝织业，周代出现了官办的丝织业，民间丝织业也发展起来。汉代则出现了品种繁多、色彩艳丽、图案丰富多样的丝织品，在丝织技术方面也取得了长足的进步，有织、绣、绘等织制方法。自魏晋南北朝以来，丝织技术又有了进一步的发展，从而为唐代丝织业的辉煌奠定了坚实的基础。

中国的瓷器驰名世界，其发展经历了由陶器到瓷器，由青瓷到白瓷，再由白瓷到彩瓷的过程。据考古发现，早在一万年前，中国人就开始烧制陶器，商朝时已出现了原始瓷，三国、两晋时期的瓷器在质量上有了显著的提高。隋唐时期，北方白釉瓷的烧制技术日益成熟，南方的青瓷烧制技术也达到了很高水平。

中华先民的科技成就远不止于此，正是在这些科学技术成就取得的基础上，经过唐人的继续努力，推陈出新，大胆创造，唐代的科学技术才突飞猛进地发展起来了，否则便是无源之水、无本之木。

2. 经济原因

唐朝在当时的世界上经济实力最为雄厚，以人口为例，唐玄宗天宝十四载（755年），计有891.4709万户，5291.9309万口[①]，在当时世界各国中人口数居首位。在古代社会人口众多，则劳动力充足，在工业化之前，其经济意义不可低估。唐朝的耕地面积也非常广大，据《通典》卷二《食货典二》："天宝中，应受田一千四百三十万三千八百六十二顷十三亩。"汪篯先生认为"应受田"额实即占田最高限额，并非实际耕地面积。他根据《通典》卷六《食货典六》所载的天宝计账，"其地税约得千二百四十余万石（原

① （唐）杜佑：《通典》卷七《食货典七》，北京：中华书局，1984年，第41页。

注：两汉每户所垦田不过七十亩，今亦准此约计数）"，推算出全国垦田为 620 余万顷，即 6.2 亿亩，此为唐政府掌握的税田面积，隐匿田亩不在其内。[①]这个数据在当时的世界各国中也是居于最前列的，没有哪一个国家能够超过唐朝。

在水利工程方面，据不完全统计，有唐一代，共兴修了 253 处水利工程，其中不乏能够灌溉几十万亩的大型工程。[②]唐朝的粮食总产量也非常之高，天宝中，年产量为 2506 万石[③]，这个数据是将天宝中的地税与租庸调收入中的谷物数相加而来。此外，天宝八载（749 年），唐朝屯田收入为 191.3960 万石[④]，两者相加为 2697.3960 万石。这并非唐朝粮食的实际产量，而是政府的赋税收入，其实际粮食总产量肯定要大大超过这一数据，只是由于史书缺载，已无法考知了。唐朝的粮食亩产量也是很高的，从江南情况看，通常水稻亩产可达 2～3 石，偏僻山区生产水平较低，亩产 1 石上下或者更低。北方旱作种粟麦，亩 1 石左右，高者可达 2 石。南北平均亩产应在 1.5 石左右，比较符合实际情况。[⑤]此外，唐朝的农业经济作物种植非常广泛，茶叶、水果、蔬菜、药材、花卉等，产量也都十分可观，农村养殖业也有一定程度的发展，笔者就不详细介绍了。这一成就的取得是唐朝农业生产技术不断提高的结果。

在手工业方面，唐朝同样有着骄人的成就，仅从政府每年的税收情况看，丝织品 740 万匹、银 2.5 万两、铜 65.5 万斤、铁 207 万斤、铅 11.4 万斤。盐的实物收入史书缺载，盐税收入为 727.816 万贯，根据唐代各地盐价和税率，可以推算出全国每年盐产量为 285.793 万石。唐朝酒税收入为 156 万贯，每年铸钱 32.7 万贯。以上这些数据均为政府税收，并非实际产量，虽然我们无法确切知道唐朝手工业的实际总产量，但仅从这些数据看，已是非常惊人了。

---

① 唐长孺、吴宗国、梁太济，等编：《汪籛隋唐史论稿》，北京：中国社会科学出版社，1981 年，第 51、56 页。

② 李剑农：《中国古代经济史稿》第 3 卷，武汉：武汉大学出版社，1990 年，第 18 页。

③ 梁方仲编著：《中国历代户口、田地、田赋统计》乙表 1，上海：上海人民出版社，1980 年，第 284 页。

④（唐）杜佑：《通典》卷二《食货典二·屯田》，北京：中华书局，1984 年，第 19 页。

⑤ 杜文玉：《唐宋经济实力比较研究》，《中国经济史研究》1998 年第 4 期，第 37—52 页。

唐朝每年的财政收入非常可观，由于其收入中既有现钱，也有实物，包括粮食、丝织品、绵、布、各种矿产品、草、茶、香药、珠犀、木炭、竹箭等，再根据当时的物价情况进行折算，可以推算出唐朝每年的财政收入总计为 3411.49 万贯。[①]

在一千多年前，中国就具有如此雄厚的经济实力，不仅当时世界上任何一个国家无法比拟，保守地说，即使把若干个国家的经济总量加起来，可能也不比唐朝更多。唐朝经济的高度发展，是建立在科学技术不断提高的基础之上的，为了更快地发展经济，唐朝政府大力推广先进的生产技术，这在史书中有大量的记载，许多唐朝官员尤其地方官员都做出了很大的贡献。经济发展是生产技术支持的结果，反过来又促进了生产技术的不断提高，两者互为因果。前面已经讲到，我国古代科学技术具有实践性的特点，也就是说从生产实践中不断地总结经验、提高技术，很难想象一个生产衰退的历史时期，其生产技术会有大幅度的提高。

3. 政治原因

为了治理国家，中国历代都从政策方面给科技发展提供某些保障，尤其是与国家发展息息相关的科技。如在数学方面，中国的数学教育开始得很早，早在西周时期，数学就作为"六艺"之一被列入教育的内容。《周礼·地官·保氏》记载："保氏掌谏王恶，而养国子以道。乃教之六艺：一曰五礼，二曰六乐，三曰五射，四曰五御，五曰六书，六曰九数。"可见数学已成为上层社会必修的学识之一。《礼记·内则》还记载道："六年教之数与方名……九年教之数目，十年出就外傅，居宿于外，学书计。"可见，数学在当时的教育中已经受到相当的重视，而且对修业的年龄和时间也有具体的规定。

唐代科举考试中有"明算"一科，唐制，取士"其科之目，有秀才，有明经，有俊士，有进士，有明法，有明字，有明算，有一史，有三史，有开元礼，有道举，有童子。……此岁举之常选也"[②]。唐代的官员也大多是从这些科目中产生的，所谓"有唐已来，出身入仕者，著令有秀才、明经、进士、明法、书算"[③]。明算科作为一个科目，能与唐代几个比较重要的常科

---

① 杜文玉：《唐宋经济实力比较研究》，《中国经济史研究》1998 年第 4 期，第 37—52 页。

② 《新唐书》卷四四《选举志》，北京：中华书局，1975 年，第 1159 页。

③ 《旧唐书》卷四二《职官志一》，北京：中华书局，1975 年，第 1804 页。

科目并列成为一个常设科目，这在唐代这个以学习儒家经典为主要内容、以培养掌握统治思想与方法的人才为目标的古代中国来讲实属难能可贵。需要说明的是，尽管明算科跻身于六大常科之列，但是其在六科中录取人数相对最少，至宋代以后就消亡了。

唐代明算科具体设置于哪一年，史书中没有明确记载，据有的学者分析，其当设立于高宗显庆元年（656 年）到永隆二年（681 年）。[①] 其设立后的具体废置情况已不详，但据以下史料可知，其设置的频率还是相当高的。

《旧唐书》卷一八下《宣宗记》载，大中十年（856 年）三月，中书门下奏："据礼部贡院见置科目，《开元礼》、《三礼》、《三传》、《三史》、学究、道举、明算、童子等九科，近年取人颇滥，曾无实艺可采，徒添入仕之门，须议条疏，俾精事业。臣已于延英面论，伏奉圣旨将文字来者其前件九科，臣等商量，望起大中十年，权停三年，满后，至时赴科试者，令有司据所举人先进名，令中书舍人重复问过，如有本业稍通堪备朝廷顾问，即作等第进名，候敕处分，如有事业荒芜，不合送名数者，考官即议朝责。"这里，明算科因为连年取人过滥而遭到中书门下省弹劾，可见，明算科在唐代通常还是常设的。而且从中书门下的关心程度来看，其中举者在唐代官僚队伍中当占有一定的数量和地位。据此可见，唐代社会对算术还是非常重视的。

与其他科举考试科目不同的是，明算科及第便可取得做官的资格，其叙任的品阶是从九品下。《唐六典·尚书吏部》云："书、算于从九品下叙排。"这与进士出身者相当，因为按照唐朝的叙阶之法，进士明法甲第，从九品上叙阶，乙第降一等。实际上，武德以来，进士只有乙第，所以一般进士及第，都是按乙第从九品下叙阶的。[②] 这样，明书科、明算科出身者可以和唐代最炙手可热的进士科出身者站在同一起跑线，但是，与其他常科相比，明书、明算科出身者做官的升职空间不大，所以士子一般都不愿意参加这类考试。

唐代科举考试制度对东西方都有很大影响，据《三国史记》卷一〇载，新罗元圣王四年（788 年），参考唐朝的科举制设立了读书三品科制度，国

① 盛奇秀：《唐代明算科》，《齐鲁学刊》1978 年第 2 期，第 41—42 页。
② （宋）王溥：《唐会要》卷八一《阶》，北京：中华书局，1955 年，第 1493 页。

家统一考试，以选拔官吏。按所习教材及考试科目的不同将考生分为上、中、下三品，习《春秋左氏传》《礼记》《文选》《论语》《孝经》者为上品，习《曲礼》《论语》《孝经》者为中品，习《曲礼》《孝经》者为下品，依所分品级授以相应官职，"若博通五经、三史、诸子百家书者，超擢用之"。由此条可见，新罗朝只是仿照唐朝科举制设立了相应制度，主要学习内容及教材还只是儒家经典，分类不够细，未涉及其他专业。到高丽朝朝鲜开始正式设立科举制，据《高丽史》卷七七《选举志》载，高丽朝光宗九年（958年），"始设科举，试以诗、赋、颂及时条策，取进士兼取明经、医卜等业"，此后一直沿用至李朝。此时朝鲜的考试制度无论是形式还是科目上，都与唐朝不相上下，但已是五代后期。

越南开设科举考试更晚，据《大越史记全书》卷三载，李朝仁宗太宁四年（1075年）"诏选明经博学及试儒学三场"，这是越南实行科举制之始，此后各朝继续开科取士，直到20世纪初才废除。

中国科举制对近代欧美公务员考试制度的确立也产生了一定的影响。1696年法国耶稣会士李明介绍了中国的科举考试制度，并指出了其四大好处。[1]1735年法国耶稣会士杜阿德在巴黎也报道了中国的科举制度，指出了其考试形式和任官程序。[2]18世纪法国启蒙运动思想家伏尔泰也对科举制大加赞扬，指出中国政府的行政组织是世界上最好的组织。此后，法国多位学者也都对科举制表示了赞扬。在中国科举制度的影响下，法国在1791年首先建立了文官考试制度，18世纪时又有英国人称赞中国考试制度，甚至有人鼓吹在英国推行类似制度。1806年英国东印度公司首先推行了文官考试制度，1855年英国正式推行文官考试制度。此后，美国也在中国和英国的双重影响下确立了文官考试制度。正如汉学家卜德所说："文官考试制度无疑是中国送给西方的一个最珍贵的智慧礼物。"[3]

鉴于历法和农业的紧密关系，并且作为农业大国，农业生产的发展又关系到国家的稳定、政权的稳固，所以唐王朝对天文历法尤为重视。唐朝政府

① Le Comte L D. *Nouveaux Mémoires sur I'Etat Présent de la Chine*, toml, 3ᵉéd. Paris, 1698, pp. 61-62.
② du Halde J B, réd. *Description de I'Empire de la Chine*, vol. 2. Paris: Le Mercier, 1735, p. 28.
③ Bodde D. *Chinese Ideas in the West*. Washington, D. C. : American Council on Education, 1948, pp.23-31.

中设置了专门掌管观察天文及编制历法的机构——太史局，后改为司天台。司天台的官员不仅要精通天文历法，还要负责为国家培养这方面的人才。司天台的长官司天监是从三品，其地位与秘书省、御史台、九寺等国家机构相当，可见唐朝对其之重视程度。这一时期的司天台拥有一大批十分优秀的天文学家，如李淳风等，除了本国学者外，还大力吸收外国学者，如印度天文学家瞿昙悉达、瞿昙罗、俱摩罗、迦叶波，波斯天文学家李素等，都先后在司天台（太史局）工作过，有的还担任了司天台的长官职务。此外，唐政府为了提高历法的编制水平，还广泛吸收社会人士参与此项工作，如著名的天文学家一行就曾主持编制过《大衍历》，并且负责制造了不少天文仪器。从这一点可以看出，唐朝在发展某些科学技术方面实际上采取了宽松、开放的政策，从而使具有真才实学的学者能够自由地发挥重要的作用。

唐朝的国家机构中还设置了少府监、将作监、都水监、铸钱监等掌管各种手工业和水利工程的部门，也集中了各种专门人才和大量的优秀工匠。如此之多的优秀人才聚集在一起，有利于互相交流生产技术和经验，对提高生产技术具有积极的意义。此外，唐朝的太常寺太医署既是国家的最高医疗机构，又是国家的医科大学，除了负责为官民治疗疾病外，还培养了各种医药方面的人才。

美国学者詹姆斯·E. 安德森指出："政策是政府的一个有目的的活动过程，而这些活动是由一个或一批行为者为处理某一问题或事务采取的，这一过程是有着明确活动方向的过程，是政府官员的活动过程，是政府实际做的而不是政府打算做的或将要做的事情。"[1]即政策被政府有目的地为处理某种事务而制定并在实际活动中采用。有时，某些政策在实施时，也会在其他方面起到一些不可预期的作用。唐代政府出于促进经济发展、维护统治稳定的需求，制定和实施了一系列与科技有关的政策，在客观上推动了科技的发展。如唐代实施科技奖励政策，以此来推动科技进步。"二十四史"中记载获得科技奖励的人物约为275人，唐代有32人，仅次于明代的43人，排名第二[2]，这反映出唐代统治者对科技的重视。这些奖励大多以物质奖励为主，

---

①〔美〕詹姆斯·E. 安德森著，唐亮译：《公共决策》，北京：华夏出版社，1990年，第4—5页.
② 姚昆仑：《中国科学技术奖励制度研究》，厦门大学2007年博士学位论文，第53页.

有的甚至凭此加官晋爵，如李淳风发明了浑天仪，太宗加授其为承务郎[①]；姜师度因在农田水利建设方面做出很多贡献，多次得到玄宗的提拔[②]。需要强调的是，唐朝在政府中设置这些机构，实际是对一些关系到民生的科技事业实施的保护政策，如为了保障医学、天文历法等科技的发展，设置了太医署、司天台等机构，并且在各州设置了医学，置医学博士以教授学生，既保证了民生和社会的需求，又有利于科技事业的发展，对促进科学技术的进步也有一定的积极意义。

唐朝实行高度开放的对外政策，政治上怀柔远人，经济上听其商贾往来，宗教上兼收并蓄，这种海纳百川的气度吸引了大量的域外文化，域外科技作为文化的一个重要组成部分，也同时输入中国，为唐朝的科技发展做出了一定的贡献，而这一切来源于其政治的开明性。

4. 文化原因

唐朝经济发达，国力雄厚，其他国家及地区纷纷同中国建立起密切的关系。经济交往的日益频繁，带动了科技、文化、宗教等各方面的交流，这一时期通过海上丝绸之路和陆上丝绸之路，中国与中亚、南亚、阿拉伯甚至欧洲等国家的科技文化的交流进一步加深，一方面使得在当时处于领先地位的中国科技成就向外传播，为世界科学技术的发展做出贡献，另一方面也使中国从各国的科技文化中汲取了先进成分，充实和完善了中国的科技体系，给唐代的科技文化以非常有益的补充。具体情况，前面已经有了详尽的论述，这里就不重复了。

重视对外文化交流，善于吸收域外文明的精华，是唐代科学技术高度发达的一个重要因素，但是这种交流也是有条件的，受当时社会发展阶段等因素的制约。唐以前佛教在中国已经有所发展，但到唐代发展到鼎盛，信徒众多。佛教要求教徒反复抄写经文或经咒以积福根，手工操作需要大量时间，所以省时准确的印刷术应运而生，从现存史料来看，印刷术也确实是最先应用于印制佛教典籍。所以，可以说文化发展因素对科技发展具有一定的促进作用。有一个更好的例子可以说明文化在科技发展中的作用，

---

① 《旧唐书》卷七九《李淳风传》，北京：中华书局，1975 年，第 2718 页。
② 《新唐书》卷一〇〇《姜师度传》，北京：中华书局，1975 年，第 3946 页。

即印刷术的传播：中国的印刷术发明不久后在日本、朝鲜等国得到迅速传播，与佛教在这一地区的广泛传播是密不可分的。可以说，正是由于佛教才最终刺激了印刷术在东亚各国的迅速发展。与此不同的是，阿拉伯地区作为中国科技文化和西方世界沟通的中转站，常常能够快速地学到中国的先进技术，却在印刷术的引进方面晚于日本等亚洲国家，与其信奉的宗教不无关系。阿拉伯地区所信奉的伊斯兰教与佛教不同，其不要求信徒以抄写经文来谋求幸福，所以对印刷术的需求不是很大。而"当信奉佛教的蒙古人入主原属于伊斯兰教国的中亚、西亚地区后，印刷术很快就在这里发展起来了"[①]。印刷术的外传可以很好地证明，文化在科技发展中起到的作用不可小视。

中国科学技术对外流传时如此，外国科学技术被中国吸收和引进时也存在这方面的问题。从唐代的情况看，这一时期吸收外来科技最多的是医学、药学、天文历法和各种生产技术，而其他科学领域则很少引进。这种状况的出现，与中国当时的社会发展阶段密切相关，也与中国科学技术所具有的实践性和经验性的特点有着直接的关系，正因为如此，唐朝对理论性、逻辑性强的纯科学理论的东西往往重视不够，甚至产生排斥现象。在肯定唐代对外文化交流的成就的同时，这种明显的不足也应该指出来。

5. 社会原因

众所周知，唐代是一个社会开放程度较高的历史时期，这一点不仅表现在对外方面，即使对内也是非常宽松的，与其他历史时期形成了鲜明的对照。

唐代社会环境比较宽松，禁忌较少，如在朝廷中虽然实行的仍是专制主义制度，然在程度上却不十分严酷，在制度上对皇权甚至有一定的制约与限制。比如，唐朝的谏议制度比较健全，除了沿袭前代的一些职官如散骑常侍、谏议大夫等外，还增置了左右补阙、左右拾遗等职官。这些职官的主要责任不是监察百官，而是专门针对皇帝的过失提出谏诤意见，所谓"凡发令举事，有不便于时，不合于道，大则廷议，小则上封。若贤良之遗滞于下，忠孝之不闻于上，则条其事状而荐言之"①。对皇帝的权力限制主要表现在中书省和门下省的一些职能上，中书省是出令机关，负责诏令的起草，具体由知制诰负责起草，如果皇帝的命令不当，知制诰有权拒绝并提出修正意见，所谓"制敕既行，有误则奏而正之"②。门下省为审议机关，负责对中书省起草的诏令进行审议，如果中书省没有抵制住皇帝的错误命令，则由门下省进行把关。门下省具体负责此事的官员是给事中，在唐代给事中打回皇帝诏令的事屡见于史籍记载，有时皇帝亲自出面求情被严词拒绝的事例也有发生。因此，在唐朝一度出现过所谓"墨敕"现象，就是门下省拒绝皇帝诏令的通过，使皇帝无法加盖"天子八宝"，即俗语所说的玉玺。这种墨敕虽然在一定程度上能得到执行，但从制度上看，毕竟是非法的文件。唐代出现的这些现象在专制主义严重的明清时期是不可想象的。

正因为唐代禁忌较少，加之又有制度的保障，故这一时期的士大夫阶层思想比较活跃，敢于向皇帝提出谏诤，魏徵一类的人物之所以能出现在唐代，与当时这种宽松的社会环境有着直接的关系。

此外，唐代的文禁比较松弛，类似于后世的"文字狱"在唐代绝无出现。翻开《全唐文》与《全唐诗》，讥讽社会、批评皇帝、攻击官场的作品比比皆是。如杜甫的《三吏》《三别》，白居易的讽喻诗，其中最著名的《长恨歌》便是直接批评唐玄宗的。这种情况在自宋以来的历朝中，简直是不可想象的事。再比如唐太宗主张恢复封建，当时就遭到了不少人的反对，以至于很多年后，柳宗元还写了《封建论》一文进行抨击。

唐代士人思想活跃，传统伦理观念对人们的行为束缚较小，士人可以大胆地追求自己的理想，如在婚姻方面就是如此。唐代文学作品中对士人与女子勇敢追求爱情的描写比比皆是，这实际上是当时社会现实在文学中的反映。唐律规定妇女可以再嫁，在一定的条件下，也可以与丈夫离婚。因此，有唐一代，妇女再嫁、三嫁的现象非常之多，这种情况在公主中也比较普遍地存在着。

唐代社会开放的另一标志便是实行了兼收并蓄的宗教政策，允许各种宗教在中国自由传教，遂使当时世界上的各大宗教都在中国有所流传，除了佛

---

① 《旧唐书》卷四三《职官志二》，北京：中华书局，1975年，第1845页。
② 《旧唐书》卷四三《职官志二》，北京：中华书局，1975年，第1850页。

教、道教外，景教、摩尼教、伊斯兰教等都允许在中国自由传教。这一政策对唐代科技的发展同样具有十分重要的意义，以佛教为例，许多外来的高僧本身就精通医术或天文历法，有的在生产技术方面也有独到之处，他们来到中国后，除了讲经说法，在一定程度上也参与了社会生产的某些方面，或给人医治疾病，或参与历法的编制。在唐代传教的其他宗教的传教士，也有不少人精通某种科学技术，关于这方面的情况，学术界已有不少研究，如李斌城先生主编的《唐代文化史》就用不少篇幅介绍外来宗教人士在中国从事文化传播，包括科学技术在内的史实。此外，中国土生土长的道教，由于和唐朝的皇帝攀上了亲，因此地位十分崇高，甚至一度凌驾于佛教之上。唐玄宗还把道教事务从祠部转划到本来是主管皇室宗族事务的宗正寺管理，进一步抬高了道教的地位。正是由于道教在唐代具有这样的特殊地位，所以道士们的活动基本不受约束，炼制丹药成风，一些道士还能得到皇室财力的支持。通过这些活动，人们也在一定程度上观察到了一些化学变化的现象，增长了化学知识，火药之所以能在唐代发明与这种热衷于炼丹的风气不无关系。

二、唐代科技发展的特点

唐代科技除了前面已经论到的实践性和独立性的特点外，还具有系统性的特点。我国古代的科技发展是建立在劳动人民千百年来智慧和经验的基础上的，至唐代，许多学科都已经形成了一定的体系，如天文学、数学、医学等学科，这些学科因为与生活密切相关，所以形成较早，发展也比较迅速，已经具有了相当成熟的理论或技术基础。唐代科技中的主要学科大都是建立在前代的基础之上，并有所发展，具有前后承继的密切关系。

唐代科技发展的系统性之一体现在学科门类比较齐全。无论是与前代相比，还是与同时代世界各国相比，唐代科技都是比较完善和成熟的，其内容丰富，体系完备，不仅在医学、天文学、算学、农学等科技领域得到了极大发展，在纺织、冶铸、陶瓷、造纸、印刷等技术科学上也有了新的突破。

另外，唐代科技发展的系统性还体现在各学科内部结构的发展方面，许多发展较成熟的学科开始出现了更细的分科，如数学、医学等学科就是如此。这种现象无论从传播还是从学习的方面看，都具有了更强的针对性。各学科从人才的培养到选用方面环节更完善，如在中央设立了医学、天文学、算学等各科的专门学校教育，在地方上还设立了州学，分科招生，有针对性地进行培养。此外，有些学科还出现了家学、私学，这一点在医学和天文历法方面表现得非常明显，某些手工业技术也存在这种状况。完善的教育系统促进了科技的进一步发展。

唐代科技发展的官方色彩浓厚，功利性较强。亚里士多德在《形而上学》中认为，哲学和科学的诞生有三个条件，第一是"惊异"，即人们对自然现象和社会现象所表现出来的困惑和惊奇，有了困惑和惊奇就会有探索的欲望。第二是"闲暇"，即从事脑力劳动的人必须有一定的空闲，不需要整日为生活奔波劳碌。第三是"自由"，即对于知识的探索要纯粹出于对知识本身的了解，要能自由地思考和发表意见，不能受其他目的或利益的支配。总结起来，即真正的哲学和科学研究要求非功利性。希腊之所以成为欧洲科学和哲学的发源地，就源于其城邦民主制，其政治上所推行的民主体制为其文化的繁荣和发展创造了良好的社会环境；而其奴隶制则保证了贵族和自由民具有优裕且空闲的生活，有足够的财力和时间去从事脑力劳动，从而发展了高度发达的思维技巧，当然不参加实际劳动使得他们在实验科学方面存在不足，这也是希腊科学的一大特点。

中国古代科技的发展与希腊的情况既有相同之处，也存在较大的差异，所谓相同之处，主要是指其所具有的官方色彩，尤其是数学和天文学，自先秦以来一直为官方所重视、所垄断（指天文学），从而使从事这些学科的人员在生活上有了充分的保障，衣食无忧，当然，同样也有"闲暇"的时间。在中国传统思想中，"天"享有至高无上的地位，因此天文历法工作也一直为皇家所重视，天文学家除了为农业生产服务，还要为皇帝服务，这种特殊地位使得中国天文学在发展上能够获得一些政策倾斜，这成为天文学发达的一个原因。到了唐代，医学也越来越多地具有了官方色彩，此外，官办的手工业在提高生产技术时，同样也具有这样的有利条件，如丝织技术、葡萄酒酿造技术的改进和提高均是如此。中国古代科技与希腊的不同之处，就在于其所具有的实践性特点，甚至在数学与天文学方面这一特点也都表现得非常明显。中国古代的数学就是在解决生产和生活实践问题中发展起来的，天文学的发展与中国为农业社会直接相关，除了满足农业生产的需要外，"天人合一"的思想也使天文观察更多地具有了针对性和"实践性"，至于技术科学的实践性更是不言而喻。

　　某些科技的发展具有很大偶然性，如统治者的喜好对某些科技的发展起到了一定的影响，这些个人因素在客观上对科技的发展起到了推动作用。典型的如化学中的炼丹术，唐代皇帝在追求长生不老方面比历代王朝统治者有过之而无不及，唐太宗、唐宪宗、唐武宗等都喜服丹药，再加上唐朝皇帝以老子之后自居，使得许多丹师都以道家的名义炼制各种丹药以迎合上意，朝中大臣中服食丹药、结交丹师者也比比皆是，在这种氛围下，唐代的炼丹术得到了空前的发展，而丹师们在炼制丹药的过程中也逐渐地掌握了一些药物的品性和反应，从而掌握了不少物质化学反应方面的知识。

　　科学技术的开放与交流在科技发展中的作用是人所共识的，唐代在科技领域是开放和兼容的。前面讲到过中国古代科技发展具有独立性的特点，这一特点在中国古代科技发展的初期阶段是很明显的。但是自西汉以来，随着丝路的开通，其已经有了初步的改变，至唐代更是发生了巨大的变化，交融性逐渐地取代了独立性。当然这里所说的取代，是相对于前代而言的。

　　唐代不仅在科技方面是开放和兼容的，在经济、文化、思想等方面也是开放和兼容的，通过陆上丝绸之路和海上丝绸之路，唐代的对外交流也比前代更为频繁。这种交流的发展使唐代科学技术不断地向外输出，同时也吸收和引进了不少外来的科学技术，这为唐代科技的发展创造了一定的条件，因而具有重要的意义。通过交流，唐人获得了新的科技知识和理论书籍，丰富了科技知识，同时还引进了许多外来的医药、手工业制品和动物、植物，丰富了我国的物种，对社会生活和社会生产都具有重要的意义。因此，交融性是唐代科学技术的又一个重要特点。

三、如何看待唐代科技的局限性

　　唐代科技从整体来看，无论是内容还是体系，在当时世界上都是比较成熟和完善的，但从整个世界科技发展的历史来看，明显存在着一些局限性。

　　首先，唐代的科学思想具有时代局限性。思想是理论的先驱，科技思想的先进与否直接影响着科技发展的步伐。两千多年来，中国社会一直处于超稳定的状态中，不论改朝换代与否，其社会基本结构、思想观念，并无大的改变，专制主义与儒学思想始终稳定地占据着统治地位，一切学问无不以"经世致用”为目的，追求的不是客观世界的纯知识，也不关注知识之间思辨性的逻辑关系。在认识论上，中国传统思维方式是以主体自身为对象而不是以自然为对象，通常进行的是自我反思而不是对对象的深入剖析。这种思维方式在唐代仍然牢固地占据了知识分子的头脑，深刻地影响了唐代科技的发展方向。唐朝官方重视的数学、医学、天文学等学科，无一不是所谓“致用”的学科。此外，中国古代技术科学比较发达，创造了许多个世界第一，也是这种思想主导的结果。唐代科技偏重归纳、整理，集前人成就之大成，也是重视实用性特点的一种体现。

以希腊为代表的西方人的思维取向则是重视智慧的开发和认识自然，以研究人与自然的关系为主要目的。这些思想的存在导致了为学术而学术倾向的出现，重视思辨、重视精神价值，是西方知识分子共同的特征。与中国古代科学正好相反，西方的知识分子往往忽视了科学的实用性，只注重理论的抽象性，解决实际生产和生活的问题，不是他们的研究目的。

中西传统思想的这些差异，导致了中国式的思维往往又具有模糊性的特征，多关注事物整体的一面，而忽视事物细致的一面，因此难以追索事物的因果关系，形成严谨的科学理论。而古希腊人的这种思想特征却恰恰成为现代科学形成的温床。正是由于中西方思想存在着这些差异，所以唐代虽然在科学技术方面取得了不小的成就，但却难以形成精谨严密的科学理论，严重影响了科学技术的发展速度。尽管如此，仍需要指出的是，中国虽不是现代自然科学的发源地，但是现代科学的诞生得益于许多外在和内在的条件，中国文明为之创造了一定的条件。

其次，唐代科技存在着重经验而轻实验的局限性。中国古代科技的延续与发展往往呈现出经验传授的特点，而不是理论传授。且不说近代以来西方实验科学突飞猛进的发展速度，即使在古希腊、古罗马，当时的人也非常重视观察自然，研究各种事物，并从中抽象出理论，再用这些理论指导研究，并在实验中进一步修正或丰富理论。唐代的科技虽然重视实践的重要作用，但往往是在社会生产中进行的，而不是在实验室中进行的，实践的目的是解决生产中的问题，而不是抽象出某种理论或者验证理论的正确性。即使在一些非生产领域中，这种现象也是非常明显的。以唐代盛行的炼丹术为例，尽管唐人观察到了许多物质的化学变化，并且做了记录，但却没有研究为什么在一定条件下，一些物质会发生这种化学变化。其所做的记录往往也是一些经验的记录，这些经验尽管可以避免再发生类似问题，但由于没有形成理论，所以就不能在更广泛的领域发挥指导作用。唐代的数学也是如此，除了算筹以外，数学著作往往采用文字描述的方式，而没有采用数学符号去推导复杂的数学问题。所举的例题也以生产和生活性的居多，纯理论的、抽象性强的例题非常少见。所以一旦西方走出中世纪黑暗的阴影，哥白尼的日心说便使自然科学从神学中解放出来。伽利略等一批科学家，开始创建以实验为基础的自然科学新体系。培根、笛卡尔等哲学家也开始创立归纳的、实验的哲学体系。而中国则从原来领先的科学地位上滑落下来，反倒处于落后的地位。有人对唐代科技作了一个粗略统计，认为唐代的科学理论、实验和技术所占的比例分别是 8%、11%和 81%。[①]可见，唐代的科技中，获得大发展的基本还是技术层面的东西，在理论思维空间做出的成就很少。技术的上升总是有一定高度的，达到一定高度后，要想再取得新突破就很困难，除非改变思维、改进生产模式，才有可能获得新的发展，否则当某项工艺达到成熟之后，走向停滞是不可避免的。这种不重视理论、实验的发展后果就使得科学只能以技术的形式流传后世，限制了自身的发展。出现这种现象的原因主要是唐代的科学技术主要是为当时的生产和经济发展服务，为统治者的享乐服务，劳动者地位低下，仅是凭借技艺谋生，并非对它有浓厚的兴趣，而且繁杂的日常劳动使他们也没有闲余的时间去思考更多，所以技术在他们手中只能起到一个传承的作用，而无法在理论上获得提升，进而开发出新技术；士人阶层有足够的时间和财力，但在中国传统社会中，士人但以修身、齐家、治国、平天下为己任，修身养性、治理天下才是他们的目标，研究科技最多只能是业余爱好。因此，中国的劳动阶层忙于靠技术糊口，而知识阶层忙于学习治理天下的大计，所以科学技术就只能一代代凭借口手流传下来。

再次，唐代的科学技术具有强烈的政治依附性，这种局限在很大程度上影响了中国科技的发展速度。唐代统治者在看到科学技术对促进生产和发展

---

① 刘青峰：《让科学的光芒照亮自己：近代科学为什么没有在中国产生》，北京：新星出版社，2006年，第 11 页。

经济的重要意义的同时，为了适应日益发展的生产力、维护社会稳定，确实为科技发展提供了良好的政策支持和社会条件，如在关系民生的医学、农学等方面，采用兴办各类学校或者各种宣传的办法普及相关科技知识；但同时，又在一定程度上限制科技的进一步发展，如在天文历法方面，统治者一直实行严厉的垄断措施，以杜绝平民与上天交通的权利，以便更好地维持统治。从事天文工作的官员，也必须用所研究出的成果去附会迷信学说。这样，对于实际工作中遇到的无法解释的问题，就没有足够的动力深入论证，反而要为之披上一层神秘的外衣。不独天文学如此，医学这种统治者极力推广的传统科技也出现了这种情况，如医学中的咒禁术，虽有一定的精神作用，其实质还是附会于宗教迷信，具有很强的神秘色彩。对于一些一时不能解释的问题，也一概赋予神学色彩。这样就严重束缚了人们的思想，抑制了人们探索大自然的兴趣，阻碍了科学发展的步伐。不仅唐代，实际上我国历代都把科学技术限制在传统生产关系允许的范围内，科学技术必须为巩固统治阶级的统治服务，否则就会受到压制和打击。而文艺复兴以来的西方科学则具有强烈的反宗教和反对专制主义的倾向，科学家们通过实验、观察来揭露神学的荒谬。一句话，西方科学技术的发展与统治思想相背离，而中国的科学技术发展则努力与统治思想相吻合、相适应，从而使科学技术成为统治阶层恭顺的婢女，这也在很大程度上影响其发展的步伐。

最后，农业社会的特点阻碍了唐代科学技术的发展。唐朝作为一个专制王朝，尽管是比较开明的，但其基本经济结构仍是个体农业和家庭手工业相结合的小农经济，这种小农经济流动性小，生产方式个体性导致创造性差，仅仅满足于自给自足，而缺乏技术革新的要求和动力。此外，商品经济的不发达，无法有力地促进生产力发展。

四、唐代科技对世界文明的贡献

唐代科学技术对世界的影响是非常广泛的，对推动世界文明的进程发挥了重要的作用，但是仔细分析，对不同的地区，其影响程度与影响方式又有不同，对亚洲地区尤其是东亚地区影响程度最大，影响方式最为直接。关于世界文明体系的说法有多种，如四大文化体系（中华文化体系，印度文化体系，阿拉伯文化体系，古希腊、古罗马为代表的欧美文化体系）、五大文化圈（希腊文化圈、东亚汉文化圈、希伯来基督教文化圈、印度文化圈、伊斯兰阿拉伯文化圈）、四大文明（古埃及、古巴比伦、古印度、中国）以及八大文明中心、六大文化区等。无论从哪一个角度来看，中国文化都是世界上这些原生文化中最重要的一极，而且是这些原生文化中唯一延续时间最长、未曾中断、古今绵延的文化类型。这一点无论是比中国文明更早的古埃及、古巴比伦、古印度文明，还是比中国文明晚的古希腊、古罗马文明，都是无法比拟的。由于中国所处的地理与交通等方面的原因，中华文明向周边地区传播与辐射时，只能向包括朝鲜半岛、日本群岛、东南亚等地扩展，从而形成了以中国为中心的"汉文化圈"，或称为"东亚文化圈"。这就是唐代科技对东亚地区影响最大也最为直接的原因。

关于唐代科学技术对日本、朝鲜半岛三国以及越南影响的具体情况，前面已经进行了详细的论述。这里仅就唐代科学技术对东亚地区影响的意义，谈一些看法。朝鲜半岛与中国山水相连，受中国文化影响较早，至唐代双方的关系更加密切，所以凡唐朝正在使用的技术和科学论著，用不了多久就在朝鲜半岛流传了，可以说几乎与中国同步。唐朝的统治者凡新修的典籍往往首先"赏赐"给朝鲜半岛各国。日本在与唐朝建立外交关系之前，科技水平还比较落后，因此全面向唐朝学习，把中国的历法、音乐、礼仪、服饰、美术、建筑、医学等都带了回去。一个较长的历史时期内，日本一直使用唐朝的历法，其编制自己的历法还是后来的事情。为了更好地学习中国的科学技术，日本除了派留学生到长安的国子监各学中学习外，还仿效唐制，在本国开办学校，其中有关科技方面的有天文、历法、医学、数学等，设天文博士、历博士、算学博士、医学博士、医师等教官以教授学生。在建筑科技方面，日本学习唐朝也非常彻底，平城京（奈良）就是仿长安而建设起来的。724年，日本允许官吏在有财力的情况下学习唐朝，可以在屋顶上铺瓦，墙壁涂白，柱子漆红。除了派人到唐朝学习外，也有唐人赴日，如鉴真等，对日本的科技发展也做出了很大的贡献。754年，中国高僧鉴真到达日本，在奈良建立了唐招提寺。他对日本的雕塑、建筑、医学都有重要的影响。正是由于唐朝科技的直接影响，东亚地区各国的科学技术水平提高很快，在7～10世纪，整个东亚地区的科学技术都走在了当时世界的前列。

　　唐代科学技术对印度、中亚、西亚以及欧洲的影响也很大，其中对印度、中亚、西亚的影响方式是直接的，对欧洲的影响更多是间接的，主要是通过阿拉伯人传播过去的，这与东亚的情况有很大的不同。阿拉伯帝国在中世纪时是一个多民族国家，其文化是境内各民族共同创造的，同时又吸收了古希腊、中国和古印度文化，使得其科学与文化出现了大繁荣的局面。欧洲本来有着古老的文明，但随着古罗马的分裂和西罗马帝国的灭亡，欧洲进入了中世纪的黑暗时代，古希腊文明逐渐消逝，在教会的黑暗统治下，欧洲文化发展缓慢，科学技术水平长期处于落后地位。在 7～10 世纪初，欧洲与中国虽然也有所往来，但与世界其他各国相比，显然要稀疏得多，中国的科技影响也小得多，具体情况在前面的论述中已经都提到了。其实中国科技对欧洲产生较大的影响，是在唐代之后，11～14 世纪以来，罗马教皇和西欧封建主发动的宗教战争将先进的阿拉伯文化介绍到了欧洲，并通过阿拉伯引进了一些来自中国的科学技术发明，如造纸术、指南针等。1085 年欧洲天主教士兵攻陷西班牙的托莱多城后，发现了大批阿拉伯文的纸写本，随后，雷蒙德大主教筹办了翻译机构，以翻译阿拉伯文著作。1125～1280 年翻译工作达到了高潮，意大利人杰拉德一人就译出 80 种阿拉伯文著作，其中包括亚里士多德、托勒密著作译本和伊本·西那等阿拉伯学者的著作。而西班牙人、意大利人和阿拉伯人、犹太人合作将欧几里得几何学和阿拉伯代数学、天文学、炼丹术、医学等书译成拉丁文。[①]这些拉丁文译本的出现，使欧洲人的知识获得爆炸性的增长。在这些阿拉伯文著作中，不少科技方面的内容都来自中国，从而使中国的科学技术也为欧洲人所了解。

　　尽管如此，对于中国科学技术对世界文明的影响，包括欧洲在内的各国学者还是给予了客观的评价。其中，隋唐时期政治统一，社会稳定，政策开明，农业、手工业和科学技术都获得了全面而均衡的发展，如英国史学家韦尔斯就认为，"在唐初诸帝时代，中国的温文有礼、文化腾达和威力远被，同西方世界的腐败，混乱和分裂对照得那样鲜明"，以致中国在世界上处于全面领先的地位。[②]探讨唐代科技文化迅速发展并对世界文明的

---

① Sarton G. *Introduction to the History of Science*, vol. 2, pt. 2. Baltimore: William & Wilkins Co., 1931, pp. 832-833.

② 〔英〕赫·乔·韦尔斯著，吴文藻等译：《世界史纲》，北京：人民出版社，1982 年，第 629 页。

深远影响，有利于了解人类社会互相往来、互相交流、和谐相处的历史，使人们更加珍惜来之不易的和平局面，可以增强世界各国人民的友好关系，同时，也有利于弘扬传统科技文化知识，把前人可贵的科学文化积累一代一代传下去，从而开创更加光明的未来。研究中国科技对世界文明的贡献，还可以起到消除一些人的崇洋媚外的自卑情绪，弘扬民族自豪感，对一些对东方文明存在偏见的西方人也可以起到教育作用，使他们了解到世界各民族大家庭都有各自的优势和长处，都在不同程度上对人类文明的发展做出过贡献，不存在所谓优等民族和劣等民族的问题，只有发展快慢的问题，只要世界各国人民加强交流、取长补短，就能共同促进人类社会的进步和发展。

五、结语

中国与欧洲都有各自独立发展的科学技术传统，不可否认，近代中国科学技术与欧洲科学技术发展相比较趋于落后，这与中国科技传统的长期积累有关。中国古代的科技体系，突出特点是具有极强的实用性，其发展的动力是现实的需要，这与希腊人所开创的科学体系不同，希腊人为理论而理论，这就为科学的发展开辟了无限的空间。希腊人的数学和自然哲学在一千多年后仍然能够推动欧洲科学的发展，就源于其理论的力量。另外，中国科技直接服务于古代社会的需要，社会结构本身就为它设定了一个发展极限，过了这个极限，除非社会结构发生重大变化，否则这种实用型科技便只能停滞不前。中国的古代社会时间太长，其实用型科学技术体系在宋元时期达到高峰以后，由于社会结构本身没有发生变化，在这种机制的约束下，它也不可能有太大的突破和发展，这就是为什么明清时期虽然做了一定努力，然而科技发展步伐还是愈来愈缓慢。

综观唐代科学史，在天文、历法、数学、医学、农业生产技术、手工业生产技术等方面，不论哪个部门，都有比较惊人的成就，很多方面甚至超过了西方古代科学，这表明中国古代科学技术在当时的世界上处于领先的地位。不过在取得基本体系化的发展之后，一切都不再前进，伟大的业绩缺乏强劲的后续发展动力，没有取得积累性的发展，这实际上是中国古代社会结构和传统文化之缺陷所导致的一个必然的结果。

　　春秋战国时期是中国古代历史上一个发展变革的时代，人们的思想和行动相对自由，各种学术具备了自由成长的条件。秦始皇建立中央集权政治以后，中国的学术发展便开始隶属于政治。自汉至隋唐，随着专制官僚政治的发展，学术文化趋于现实的、处世的倾向越发浓厚起来，学问变为官僚的处世之术。在这样一种风潮下，古代科学文化的成长就不再有持续的动力，只能转变为一种实在的技术存在下来。

　　中国古代尤其是唐代，从数学、医学、天文、历法、物理、化学、农学、建筑、陶瓷、印刷到冶金等的伟大发明都硕果累累，灿若繁星，极大地丰富了人类文化的宝库，推动了整个世界文明的进程。了解中国传统科学的伟大成就，是对中国悠久科学传统文化的一个再发现，有助于我们改变过去的片面认识，增强民族自尊心和自豪感。同时，通过对这一时期科技的深层发掘，可以揭示出一个道理，即只有东西方科学的结合，才能更好地推动 21 世纪科学的发展。

　　欧洲尽管是近代科学的起源地，但很显然，单纯依靠古希腊的科学遗产和中世纪欧洲零散的技术资料，是构筑不起整个世界近代科学技术大厦的。恩格斯 1875 年在《自然辩证法》中谈到近代科学出现前的科技背景时，列举了大约 34 项中世纪（344～1453 年）发明。[①]由这个不完全统计可以看出，其中 50% 以上都是来自中国。所以，近代科学中有中国科学的血液，近代科学技术的大厦是融合了中国和欧洲科技文明后建成的。

　　可以说，东西方各民族和地区在近代科学产生的过程中，都做出了自己的贡献，近代科学之所以产生在欧洲，既是一个偶然也是一个必然，因为当时的欧洲恰好具备了新科学产生的社会条件，但并不能因此抹杀中国古代科学技术在近代科技产生中的作用。应当说，中国古代科技在近代科学的产生过程中，不但有作用，而且还具有决定意义的作用。因为中国的许多新技术在引入欧洲后，才导致其出现大量的新兴产业。所以说中国科技在近代科技的产生中发挥了至关重要的作用。

　　近三百多年来，中国在科技发展方面落后于西方国家，这使得一部分国人产生了悲观、失望情绪，但是回顾历史，在汉唐盛世时我们的科学技术远

---

　　①〔德〕恩格斯著，于光远等译编：《自然辩证法》，北京：人民出版社，1984 年，第 41—42 页。

远走在世界的前列，这表明我们并非不善于发展科学技术，只是由于某种原因，我们放慢了发展的脚步。笔者要做的不仅仅是简单地回顾历史，还希望通过分析当时的社会环境，以期发现当时推动科技发展的动力，增强国人的自信心，以便迎头赶上。

参 考 文 献

A. 文献类

管子. 百子全书本, 杭州: 浙江人民出版社, 1984.

吕氏春秋. 上海: 上海古籍出版社, 1989.

鬼谷子. 杭州: 浙江人民出版社, 1984.

（战国）黄帝内经素问. 上海: 人民卫生出版社, 1956.

（汉）司马迁. 史记. 北京: 中华书局, 1959.

（北魏）贾思勰. 齐民要术//文渊阁四库全书. 上海: 上海古籍出版社, 1987.

（北齐）颜之推. 颜氏家训//文渊阁四库全书. 上海: 上海古籍出版社, 1987.

（唐）白居易. 白氏长庆集//文渊阁四库全书. 上海: 上海古籍出版社, 1987.

（唐）杜佑. 通典. 北京: 中华书局, 1988.

（唐）段成式. 酉阳杂俎//文渊阁四库全书. 上海: 上海古籍出版社, 1987.

（唐）段公路. 北户录//文渊阁四库全书. 上海: 上海古籍出版社, 1987.

（唐）范摅. 云溪友议//文渊阁四库全书. 上海: 上海古籍出版社, 1987.

（唐）冯贽. 云仙杂记//文渊阁四库全书. 上海: 上海古籍出版社, 1987.

（唐）慧超. 往五天竺国传. 北京: 中华书局, 2000.

（唐）李吉甫. 元和郡县图志. 北京: 中华书局, 1983.

（唐）李林甫等. 唐六典. 北京: 中华书局, 1992.

（唐）李濬. 松窗杂录//文渊阁四库全书. 上海: 上海古籍出版社, 1987.

（唐）李肇. 唐国史补//文渊阁四库全书. 上海: 上海古籍出版社, 1987.

（唐）刘恂. 岭表录异//文渊阁四库全书. 上海: 上海古籍出版社, 1987.

（唐）司空图. 司空表圣文集//文渊阁四库全书. 上海: 上海古籍出版社, 1987.

（唐）苏敬等. 新修本草. 合肥: 安徽科学技术出版社, 2004.

（唐）孙思邈. 备急千金要方//文渊阁四库全书. 上海: 上海古籍出版社, 1987.

（唐）王焘. 外台秘要方//文渊阁四库全书. 上海: 上海古籍出版社, 1987.

（唐）王孝通. 缉古算经//文渊阁四库全书. 上海: 上海古籍出版社, 1987.

（唐）玄奘. 大唐西域记. 章巽校点本, 上海: 上海人民出版社, 1977.

（唐）义净. 南海寄归内法传校注. 北京: 中华书局, 2000.

（唐）长孙无忌等. 唐律疏议//文渊阁四库全书. 上海: 上海古籍出版社, 1987.

（后晋）刘昫. 旧唐书. 北京: 中华书局, 1975.

（宋）高似孙. 剡录//文渊阁四库全书. 上海: 上海古籍出版社, 1987.

（宋）洪迈. 容斋四笔. 北京: 中华书局, 2006.

（宋）乐史. 太平寰宇记//文渊阁四库全书. 上海: 上海古籍出版社, 1987.

（宋）李昉. 太平广记. 北京：中华书局，1961.

（宋）李昉. 太平御览. 北京：中华书局，1960.

（宋）路振. 九国志. 五代史书汇编，杭州：杭州出版社，2004.

（宋）罗濬. 宝庆四明志//文渊阁四库全书. 上海：上海古籍出版社，1987.

（宋）欧阳修，宋祁. 新唐书. 北京：中华书局，1975.

（宋）欧阳修. 新五代史. 北京：中华书局，1974.

（宋）司马光. 资治通鉴. 北京：中华书局，1956.

（宋）宋敏求. 唐大诏令集. 北京：中华书局，2008.

（宋）陶毅. 清异录//文渊阁四库全书. 上海：上海古籍出版社，1987.

（宋）王谠. 唐语林. 北京：中华书局，1981.

（宋）王溥. 唐会要. 北京：中华书局，1990.

（宋）王钦若等. 册府元龟. 北京：中华书局，1960.

（宋）王应麟. 玉海//文渊阁四库全书. 上海：上海古籍出版社，1987.

（宋）佚名. 锦绣万花谷续集//文渊阁四库全书. 上海：上海古籍出版社，1987.

（宋）郑樵. 通志. 北京：中华书局，1987.

（宋）周密. 癸辛杂识//文渊阁四库全书. 上海：上海古籍出版社，1987.

（元）马端临. 文献通考. 北京：中华书局，1986.

（元）脱脱等. 宋史. 北京：中华书局，1977.

（元）王桢. 农书//文渊阁四库全书. 上海：上海古籍出版社，1987.

（元）陶宗仪. 说郛//文渊阁四库全书. 上海：上海古籍出版社，1987.

（明）胡应麟. 少室山房笔丛正集//文渊阁四库全书. 上海：上海古籍出版社，1987.

（明）彭大翼. 山堂肆考//文渊阁四库全书. 上海：上海古籍出版社，1987.

（明）徐应秋. 玉芝堂谈荟//文渊阁四库全书. 上海：上海古籍出版社，1987.

古今图书集成. 上海：中华书局影印本，1934.

天一阁藏明钞本天圣令校证. 北京：中华书局，2006.

（清）陈元龙. 格致镜原//文渊阁四库全书. 上海：上海古籍出版社，1987.

（清）董诰等. 全唐文. 北京：中华书局，1983.

（清）彭定求. 全唐诗. 北京：中华书局，1999.

（清）谢旻等. 江西通志//文渊阁四库全书. 上海：上海古籍出版社，1987.

六艺之一录//文渊阁四库全书. 上海：上海古籍出版社，1987.

御定佩文斋广群芳谱//文渊阁四库全书. 上海：上海古籍出版社，1987.

袁珂. 山海经校注. 上海：上海古籍出版社，1980.

大正新修大藏经. 大正新修大藏经刊行会，1962.

〔日〕菅原真道著. 续日本纪. 宇治谷孟，译. 东京：讲谈社，2000.

〔日〕舍人亲王. 日本书记. 坂本太郎等校注本. 东京：岩波书店，2000.

〔日〕真人元开. 唐大和上东征传. 北京：中华书局，2000.

〔高丽〕金富轼. 三国史记. 长春：吉林文史出版社，2003.

〔朝〕李圭景. 五洲衍文长笺散稿. 写本影印本上册. 汉城：明文堂，1982.

〔朝〕许浚. 东医宝鉴. 上海：校经山房石印本，1980.

〔朝〕郑麟趾. 高丽史. 平壤：朝鲜科学院出版社，1957.

朝鲜科学院古典研究所. 李朝实录分类集. 平壤：朝鲜科学院出版社，1961.

越南社会科学委员会. 越南历史. 河内：社会科学出版社，1971.

B. 著作类

曹孚，滕大春，吴式颖，等. 外国古代教育史. 北京：人民教育出版社，1981.

陈久金. 陈久金集. 哈尔滨：黑龙江教育出版社，1993.

陈久金. 天文学简史. 北京：科学出版社，1985.

陈维稷. 中国纺织科学技术史. 北京：科学出版社，1984.

陈遵妫. 中国天文学史. 上海：上海人民出版社，2006.

崔振华，陈丹. 世界天文学史. 长春：吉林教育出版社，1993.

邓荫柯. 中国古代发明. 王平兴，译. 北京：五洲传播出版社，2005.

杜石然，范楚玉，陈美东，等. 中国科学技术史稿. 北京：科学出版社，1982.

杜文玉，林兴霞. 图说中外文化交流. 西安：世界图书出版公司，2007.

傅维康. 中国医学史. 上海：上海中医学院出版社，1990.

高明士. 东亚教育圈形成史论. 上海：上海古籍出版社，2003.

郭金彬. 中国传统科学思想史论. 北京：知识出版社，1993.

侯仁之. 中国古代地理学简史. 北京：科学出版社，1962.

胡戟. 二十世纪唐研究. 北京：中国社会科学出版社，2002.

季羡林. 文化交流的轨迹——中华蔗糖史. 北京：经济日报出版社，1997.

季羡林. 中印文化关系史论文集. 北京：生活·读书·新知三联书店，1982.

江晓原，钮卫星. 天学志. 上海：上海人民出版社，1998.

孔健民. 中国医学史纲. 北京：人民卫生出版社，1988.

乐爱国. 儒家文化与中国古代科技. 北京：中华书局，2002.

李斌城. 唐代文化史. 北京：中国社会科学出版社，2002.

李伯重. 唐代江南农业的发展. 北京：北京大学出版社，2009.

李家治，陈显求，张福康，等. 中国古代陶瓷科学技术成就. 上海：上海科学技术出版社，1985.

李剑农. 中国古代经济史稿. 武汉：武汉大学出版社，1990.

李经纬，李志东. 中国古代医学史略. 石家庄：河北科学技术出版社，1990.

李经纬. 中外医学交流史. 长沙：湖南教育出版社，1998.

李仁溥. 中国古代纺织史稿. 长沙：岳麓书社，1983.

李兆华. 汉字文化圈数学传统与数学教育. 北京：科学出版社，2004.

李兆华. 中国数学史. 台北：文津出版社，1995.

梁方仲. 中国历代户口、田地、田赋统计. 上海：上海人民出版社，1980.

刘仙洲. 中国机械工程发明史. 北京：科学出版社，1962.

卢嘉锡，路甬祥. 中国古代科学史纲. 石家庄：河北科学技术出版社，1998.

潘吉星. 中国、韩国与欧洲早期印刷术的比较. 北京：科学出版社，1997.

潘吉星. 中国古代四大发明——源流、外传及世界影响. 合肥：中国科学技术大学出版社，2002.

潘吉星. 中国金属活字印刷技术史. 沈阳：辽宁科学技术出版社，2001.

钱宝琮. 中国数学史. 北京：科学出版社，1964.

任继愈. 中国科学技术典籍通汇. 郑州：河南教育出版社，1993.

荣新江. 一个入仕唐朝的波斯景教家族//中古中国与外来文明. 北京：生活·读书·新知
　三联书店，2001.

陕西博物馆. 隋唐文化. 上海：学林出版社，1990.

尚会鹏. 印度文化史. 桂林：广西师范大学出版社，2007.

孙培青，任忠印. 中外教育比较史纲. 济南：山东教育出版社，1997.

唐长孺、吴宗国、梁太济，等. 汪篯隋唐史论稿. 北京：中国社会科学出版社，1981.

藤大春. 外国教育史和外国教育. 保定：河北大学出版社，1998.

万迪棣. 中国机械科技之发展. 台北："中央文物供应社"，1987.

王金林. 简明日本古代史. 天津：天津人民出版社，1984.

王孝先. 丝绸之路医药学交流研究. 乌鲁木齐：新疆人民出版社，1994.

王渝生. 中国算学史. 上海：上海人民出版社，2006 年.

王振铎. 科技考古论丛. 北京：文物出版社，1989.

吴国盛. 科学的历程. 北京：北京大学出版社，2002.

席泽宗. 古新星新表与科学史探索. 西安：陕西师范大学出版社，2002.

席泽宗. 中国科技史研究的回顾与前瞻//科学史八讲. 台北：联经出版事业公司，1994.

谢海平. 唐代留华外国人生活考述. 台北：商务印书馆，1978.

杨宽. 中国古代冶铁技术发展史. 上海：上海人民出版社，1982.

张奎元，王常山. 中国隋唐五代科技史. 北京：人民出版社，1994.

张铁生. 中非交通史初探. 北京：生活·读书·新知三联书店，1973.

张星烺. 中西交通史料汇编. 北京：中华书局，2003.

张秀民. 中国印刷术的发明及其影响. 上海：上海人民出版社，2009.

张泽咸. 唐代工商业. 北京：中国社会科学出版社，1995.

张子高. 中国化学史稿. 北京：科学出版社，1964.

周一良. 纸与印刷术——中国对世界文明的伟大贡献//中国科学技术发明和科学技术人
　物论集. 北京：生活·读书·新知三联书店，1955.

朱云影. 中国文化对日韩越的影响. 桂林：广西师范大学出版社，2007.

祝慈寿. 中国古代工业史. 上海：学林出版社，1988.

〔日〕富士川游. 支那思想——科学（医学）. 东京：岩波书店，1934.

〔日〕关义城. 手漉纸史的研究. 东京：木耳社，1976.

〔日〕廖温仁. 支那中世医学史. 东京：科学书院，1981.

〔日〕木宫泰彦. 日本古印刷文化史. 东京：富山房，1932.

〔日〕木宫泰彦. 日中文化交流史. 胡锡年，译. 北京：商务印书馆，1980.

〔日〕桥本增吉. 支那古代历法史研究. 东京：东洋书林，1982.

〔日〕三上义夫. 支那思想——科学（数学）. 东京：岩波书店，1934.

〔日〕杉木勋. 日本科学史. 郑彭年，译. 北京：商务印书馆，1999.

〔日〕寿岳文章. 和纸的旅. 东京：芸草堂，1973.

〔日〕薮内清. 隋唐历法史的研究. 东京：三省堂，1944.

〔日〕薮内清. 中国的科学文明. 东京：岩波书店，1970.

〔日〕薮内清. 中国的数学. 东京：岩波书店，1974.

〔日〕薮内清. 中国古代科学技术史的研究. 京都：京都大学人文科学研究所，1959.

〔日〕薮内清. 中国中世科学技术史的研究. 东京：角川书店，1963.

〔日〕天野元之助. 中国农业史研究. 东京：御茶水书房，1979.

〔日〕秃氏祐祥. 东洋印刷史研究. 东京：青裳堂书店，1981.

〔日〕小川琢治. 支那历史地理研究. 东京：弘文堂，1928，1929.

〔日〕新城新藏. 支那思想——科学（天文）. 东京：岩波书店，1934.

〔日〕伊藤武敏. 中国古代绢织物史的研究. 东京：风间书房，1977-1978.

〔日〕竹岛卓一. 中国的建筑. 东京：中央公论美术出版社，1970.

〔韩〕洪以燮. 朝鲜科学史. 汉城：正音社，1946.

〔韩〕全相运. 韩国科学技术史. 汉城：科学世界社，1966.

〔英〕P. 穆尔. 天文史话. 张大卫，译. 北京：科学出版社，1988.

〔英〕赫·乔·韦尔斯. 世界史纲. 吴文藻等，译. 北京：人民出版社，1982.

〔英〕李约瑟. 中国科学技术史.《中国科学技术史》翻译小组，译. 北京：科学出版社，1975-1990.

简明不列颠百科全书. 北京：中国大百科全书出版社，1985.

〔美〕戴维·林德伯格. 西方科学的起源. 王珺，刘晓峰，周文峰，等译. 北京：中国对外翻译出版公司，2001.

〔美〕卡特. 中国印刷术的发明和它的西传. 吴泽炎，译. 北京：商务印书馆，1957.

〔美〕凯兹. 数学简史. 北京：机械工业出版社，2004.

〔美〕罗伯特·K. G. 坦布尔. 中国：发明与发现的国度——中国科学技术史精华. 陈养正，陈小慧，李耕耕，等译. 南昌：21世纪出版社，1995.

〔美〕谢弗. 唐代的外来文明. 吴玉贵，译. 北京：中国社会科学出版社，1995.

〔美〕詹姆斯·E.安德森. 公共决策. 唐亮，译. 北京：华夏出版社，1990.

〔德〕恩格斯. 马克思恩格斯全集. 北京：人民出版社，1979.

〔德〕恩格斯. 自然辩证法. 于光远，等译编. 北京：人民出版社，1984.

〔法〕G.de 伏古勒尔. 天文学简史. 李晓舫，译. 上海：上海科学技术出版社，1959.

C. 论文类

陈玲.《唐会要》科技思想研究. 厦门：厦门大学，2007.

陈文平. 唐五代中国陶瓷外销日本的考察. 上海大学学报(社会科学版)，1998(6)：93-98.

陈习刚. 唐代葡萄酒酿酒术探析. 河南教育学院学报(哲学社会科学版)，2001(4)：70-72.

杜文玉. 唐宋经济实力比较研究. 中国经济史研究，1998(4)：37-52.

范洪义. 唐诗中飘出的科技信息. 世界科学，2007(8)：7.

郭书兰. 印度古代天文学概述(哲学社会科学版). 南亚研究，1989(2-3).

韩毅. 传统地理学的发展与宋代社会. 保定师范专科学校学报，2007(1)：63-68.

何爱华.《新修本草》东传日本考. 中华医史杂志，1982(1-2)：54-56.

胡戟. 试论为唐代文学的繁荣付出了牺牲科学的代价. 陕西师范大学学报（哲学社会科

学版），1996（2）：100-103.

季鸿崑. 中国本草学和炼丹术中的化学成就及其在化学史上的地位. 扬州师院学报（自然科学版），1982（1）：40-53.

季羡林. 中国纸和造纸法输入印度的时间和地点问题. 历史研究，1954（4）：25-53.

江晓原. 古埃及天学三问题及其与巴比伦及中国之关系. 大自然探索，1992（2）：120-125.

金虎俊. 历史上的中国天算在朝鲜半岛的传播. 中国科技史料，1995（4）：3-7.

梁华东. 隋唐五代时期皖南地区工矿业发展概述. 巢湖学院学报，2003（1）：49-53.

林文照. 中国科学史研究的回顾与展望. 中国科技史杂志，1981（3）：1-4.

刘文波. 五代时期泉州的海外贸易. 江苏商论，2006（8）：160-161.

刘兆伟. 朝鲜半岛与中国文化交流史概说. 锦州师范学院学报（哲学社会科学版），1998（1）：54-56.

陆敬严. 中国古代机械发展概况. 机械工程，1989（2）：39-42.

潘吉星. 敦煌石室写经纸的研究. 文物，1966（3）：39-47.

潘吉星. 论日本造纸与印刷之始. 传统文化与现代化，1995（3）：67-76.

钱兆华. 对"李约瑟难题"的一种新解释. 自然辩证法研究，1998（3）：55-59.

曲安京. 中国古代历法与印度及阿拉伯的关系——以日月食起讫算法为例. 自然辩证法通讯，2000（3）：58-68.

盛奇秀. 唐代明算科. 齐鲁学刊，1978（2）：41-42.

石云里. 古代中国天文学在朝鲜半岛的流传和影响. 大自然探索，1997（2）：120-125.

苏垂昌. 唐五代中国古陶瓷的输出. 厦门大学学报（哲学社会科学版），1986（2）：93-101.

唐耕耦. 唐代水车的使用与推广. 文史哲，1978（4）：73-76.

王双怀. 论盛唐时期的水利建设. 陕西师大学报（哲学社会科学版），1995（3）：54-60.

吴少祯. 论隋唐时期我国的小儿医学. 中医药信息，1989（6）：2-3.

姚昆仑. 中国科学技术奖励制度研究. 厦门：厦门大学，2007.

于年湖. 从唐诗看唐代的手工业和商业状况. 商场现代化，2007（9）：199-200.

张骅. 唐代的水利科技. 河北水利科技，2000（1）：44-47.

张兆华. 中国古代科学技术是西方近现代科学技术发展的重要基础. 滨州师专学报，1996（2）：77-80.

赵刚. 隋唐时代的医学教育. 辽宁师范大学学报（社会科学版），1990（5）：7-13.

周桂钿. 讨论关于科学的几个问题. 自然辩证法研究，1999（6）：60-64.

周嘉华. 中国蒸馏酒源起的史料辨析. 自然科学史研究，1995（3）：237-238.

朱晓军，钟书华. 从中国古代造船史看科学和技术发展的规律. 船舶工程，2006（6）：75-77.

庄葳. 唐开元《心经》铜范系铜版辨——兼论唐代铜版雕刻印刷. 社会科学，1979（4）：151-153.

D. 外文类

Andrés J. Dell'origin dei Progressi, dello Stato Attuale d'Ogni Letteratura, vol. 1. Parma, 1782. Cited by Thomas I. *The History of Printing in America*.

Blum A. Les origines du papier. *Revue Historique*, 1932, 170.

Blum A. *On the Origin of Paper*. Lydenberg H M, tr. New York: Bowker, 1934.

Bodde D. *Chinese Ideas in the West*. Washington, D. C. : American Council on Education, 1948.

Bromehead C E N, tr. Alexander Neckam on the compass needle. *Geographical Journal*, 1944, (104).

Carter T F. *The Invention of Printing in China and Its Spread Westward*. 2nd ed. New York: Ronald Press Co., 1955.

Chatley H. The development of mechanisms in ancient China. *Transactions of the Newcomen Society*, 1941, (22).

Curzon R. The history of printing in China and Europe. *Philobiblon Society Miscellanies*, 1860, 6(1).

de Vine T L. *The Invention of Printing*. New York: F. Hart, 1876.

Dickson L E.*History of the Theory of Numbers*,vol. II. *Diophantine Analysis*. New York: Dover Publication,1952.

du Halde J B, réd. *Description de I'Empire de la Chine*, vol. 2. Paris: Le Mercier, 1735.

Dubois J A, Description of the Character, *Manner and Customs of the People of India*, Vol. 2, Philadelphia, 1818.

Gode P K.*History of Fireworks in India Between 1400-1900*, Bangalore, 1953.

Hirth F. Die Erfindung des Papiers in China. Toung Pao, 1890, (1).

Hunter D. *Papermaking*: *The History and Technique of an Ancient Craft*. 2nd ed. New York: Dover, 1978.

Jacobs J. *Jewish Encyclopaedia*, vol. 6. London, 1904.

Karabacek J. *Das arabische Papier: Ein historis che-antiquarische Untersuhung. Mittelungen aus der Sammlung der Papyrus Erzherzog Rainer*. III. Wien, 1887.

Laufer B. *Sino-Iranica, Chinese Contribution to the History of Civilization in Ancient Iran*. Chicago: University of Iuinois, 1919.

Le Comte L D. *Nouveaux mémoires sur I'Etat présent de la Chine*，toml, 3ᵉéd. Paris, 1698.

Minorsky V. Tamin ibn-Bahr's journey to the Uyghurs. *Bulletin of the School of Oriental and African Studies*, 1948, 12(2).

Needham J, et al. *Science and Civilization in China*, vol. 5, pt. 7. Cambridge: Cambridge University Press,1987.

Needham J, Wang Ling, Lu Gwei-Djen. *Science and Civilization in China*, vol. 4, pt. 3. Cambridge University Press, 1971.

Purchas S. *Purchas His Pilgrimes*, pt. 1, bk ii, chap. 1. London, 1625.

Reinaud J T, Favē I. De Feu Grégeois, de feux de guerre, et des origins de la poudre à canon chez les Arabes, Persans et les Chinois. *Journal Asiatique*, 1849, (14).

Sabra A L. Al—Farghani. In C Gillispie (Ed.). *Dictionary of Scientific Biography*, vol. 4. New York: Scribner's Sons, 1981.

Sachau E, tr. *Al-Biruni's India*, vol. 1. London, 1910.

Sarton G. *Introduction to the History of Science*, vol. 2, pt. 1. Baltimore: Williams & Wilkins Co. , 1931.

Sarton G. *Introduction to the History of Science*, vol. 2, pt. 2. Baltimore: William & Wilkins Co. , 1931. 832—833. Reprinted in 1950.

Smith J. Precursors to peregrinus. *Journal of Medieval History*, 1992, (18).

Spagyrical Discovery and Inventions: Apparatus, Theories and Gifts. Cambridge: Cambridge University Press, 1980.

Stein M A. *Preliminary Report on a Journey of Archaeological and Topographical Exploration in Chinese Turkestan*. London: Eyre and Spottiswoode, 1901.

The Gunpowder Epic. Cambridge: Cambridge University Press, 1986.

Voltaire. De la Chine au 17ème Siècle et au Commencement du 18ème Siècle, *Essai sur les Moeurs*, chapitre 195. Paris, 1756.

Von Romocki S J. *Geschichte der Explosivestoffe*, Bd. 1. Berlin: Oppenheim, 1895.

Wiedemann E. *Zur Geschichte des Kompasses bei den Arabern*. Berlin: Verhandlungen der Deutschen Physikalischen Gesellschaft, 1907, 9(24); 1909, 11(10-11).

后　记

　　科学技术史的研究是一个越来越被人关注的论题，20 世纪中外学者在中国科技史的发展上已经进行了许多研究，取得了很多成果。但想要研究好科技史，却并不是一件简单的事情。众所周知，科技史是一个横跨自然科学与社会科学的综合性学科，要想研究它，研究者既需要有一定的自然科学知识，又需要有深厚的社会科学知识。

　　笔者在读博士期间，因为偶然的机会接触到了"唐代科技文明"这个选题。鉴于科技史研究需要多学科知识的难度，笔者最初也经过了痛苦的徘徊，最后还是决定硬着头皮将它确定为自己学位论文的题目。随后就是漫长的恶补相关自然科学知识的过程，所幸在经过几年的努力后，笔者总算顺利地完成了学位论文，并通过了答辩。当然，由于积淀不够，笔者对自己的博士学位论文并不满意，觉得它还有更进一步研究的必要。

　　2010 年从陕西师范大学毕业后，笔者进入咸阳师范学院工作，初为人师，在进行科研工作的同时，还有繁重的教学任务。为了讲好每一堂课，笔者努力去充实教学内容，研究教学技能，这花费了大量的时间，以至于对学位论文的修改和完善工作一拖再拖，直至今天。不过，在教学过程中，为了对教学内容思考得更深刻，对知识把握得更准确，实现教学相长，笔者一直在关注科技史前沿的学术成果，并将其不断充实到自己的课堂中，既吸引了学生的学习兴趣，也使笔者对科技史的研究不断深入。近年来，笔者一直致力于唐代科技史的研究，并在这方面陆陆续续取得了一些成果，具有了一定的学术积淀，为本书的继续完善打下了基础。如笔者所主持的陕西省社会科学基金项目就是对隋唐时期西北地区中外科技文化交流的研究，在完成此项目的过程中，笔者发现隋唐时期西北地区的科技成果灿烂辉煌，代表了隋唐时期中国科技的最高水平，也是中外科技文化接触的前沿阵地，它具有鲜明的时代性和地域性。笔者将该项目研究中取得的部分研究成果收入了本书，也是对过去认识的一个深化。

对科学技术史的研究有助于我们把握住科学技术发展的潮流，了解科学技术发展的规律性，掌握科学方法，培养科学精神，强化科技意识，更好地实践"科技兴国"的理念。因此，相信在未来，还会有更多的学者加入到科技史研究的队伍中来，取得更多的成就。

最后，要诚挚地感谢笔者的导师杜文玉教授，杜教授对本书给予了大力指导和精心修改，付出了辛苦的劳动。在他的耐心帮助下，本书得以顺利完成，在此表示诚挚的感谢。

由于笔者的研究尚处于初级阶段，以及个人学识水平所限，本书还有许多不足之处，恳请各位读者不吝指正。

谢谢各位读者！

王　颜

（咸阳师范学院资源环境与历史文化学院）

2018 年 4 月 10 日